U0793150

"十三五"普通高等教育规划教材

基于 NI myDAQ 的自主电路实验

应柏青　赵彦珍　邹建龙　沈　瑶　编著

马西奎　主审

机 械 工 业 出 版 社

本书是为“电路”课程编写的基于NI myDAQ教学平台的实验与上机指导书。内容分为5章，包括NI综述、NI myDAQ电路基础实验、Multisim电路仿真、电路综合实验以及基于LabVIEW的电路设计。

本书以验证、巩固和加深电路的理论知识为主，以注重培养学生的实验操作能力、综合分析能力、解决问题能力以及科研创新能力为目标，对传统的电路基础实验和电路仿真实验内容进行了丰富和完善；基于多年的教学成果，紧扣电路原理，结合大学本科一年级、二年级其他课程，适当引入后续课程的知识，增加了综合实验和设计实验内容。

本书强调自主实验，即以学生作为主体，自行开展实验，可作为电气信息类专业本科生“电路”课程的实验与上机教学用书，也可作为网络注册学生在教学授课点或参与“MOOC”的学生在翻转课堂的“电路”课程的实验用书，还可作为其他相关专业教师、研究生以及工程技术人员的参考用书。

图书在版编目(CIP)数据

基于NI myDAQ的自主电路实验/应柏青等编著.—北京：机械工业出版社,2016.6(2022.1重印)
“十三五”普通高等教育规划教材
ISBN 978-7-111-54198-1

Ⅰ.①基… Ⅱ.①应… Ⅲ.①电路-实验-高等学校-教材 Ⅳ.①TM13-33

中国版本图书馆CIP数据核字(2016)第153551号

机械工业出版社(北京市百万庄大街22号 邮政编码 100037)
策划编辑：时 静
责任编辑：时 静
责任校对：张艳霞
责任印制：单爱军

北京虎彩文化传播有限公司印刷

2022年1月第1版·第3次印刷
184mm×260mm·13印张·318千字
标准书号：ISBN 978-7-111-54198-1
定价：49.00元

电话服务
客服电话：010-88361066
010-88379833
010-68326294

网络服务
机 工 官 网：www.cmpbook.com
机 工 官 博：weibo.com/cmp1952
金 书 网：www.golden-book.com
机工教育服务网：www.cmpedu.com

前　言

实验教学对于培养学生的实验技能、科学精神和创新能力具有无可替代的意义。“电路”课程是高等学校电气信息类专业本科生必修的一门专业技术基础课。为配合“电路”课程建设,更好地进行电路实验教学,保证和提高实验教学质量,我们积极开展了基于 NI myDAQ 的自主电路实验教学改革,对原有的电路实验和电路仿真内容进行了充实和丰富,并结合多年的教学成果,开设了综合和基于 LabVIEW 的电路设计实验。

本书是基于 NI myDAQ 的自主电路实验教材,在编写过程中强调自主实验,即以学生为主体,自行开展实验。因此,本书将电路基础、Multisim 仿真、综合实验及基于 LabVIEW 的设计实验内容均列入其中,构成一个完整的实验教学体系。同时,将 Multisim 仿真、手动实验、数据采集、LabVIEW 数据流编程及程序设计语言编程等多种实验方法及手段纳入实验教学中,开阔学生的视野,激发学生的学习热情,使学生明白“电路”课程不再是一门枯燥、抽象的课程,而是一门理论与实践有机结合、会创造无穷可能的课程。

本书的宗旨是以验证、巩固和加深电路理论知识为主,以培养学生的实验操作能力、综合分析能力、解决问题能力以及科研创新能力为目标,内容涵盖 NI 综述、NI myDAQ 电路基础实验、Multisim 电路仿真、电路综合实验以及基于 LabVIEW 的电路设计共 5 个章节,38 个实验。

第 1 章为 NI 综述,主要介绍基于 NI myDAQ 的电路实验、NI myDAQ 简介、NI Multisim 2013 及 NI LabVIEW2013。在 NI myDAQ 简介章节中,主要介绍了它的接口、软件安装、硬件设置、虚拟仪器性能指标及虚拟仪器软面板等内容。另外,通过具体实例介绍了 NI myDAQ 教学平台中的两个工具软件 Multisim 和 LabVIEW。

第 2 章为 NI myDAQ 电路基础实验,结合 NI myDAQ 虚拟仪器的功能,在通过实验验证电路理论的同时,介绍了虚拟仪器的使用方法,引导学生通过虚拟仪器观察、思考及分析实验过程、现象和原理。为便于学生自行开展实验,每个实验都附有 NI myDAQ 使用示例。内容包括:二端元件电阻的测量、可调电压源与电流源的实现、基尔霍夫定律和叠加定理、戴维南等效电路和诺顿等效电路的确定、基本运算电路、一阶动态电路的过渡过程、电容的测量、RC 选频网络的实现、负阻抗变换器以及方波三角波发生器,共 10 个实验。

第 3 章为 Multisim 电路仿真,每个仿真实验都有详细的操作步骤及结果展示,便于学生在课外自学。内容包括:受控源电路、线性电路的叠加性与齐次性、二阶电路的时域分析、*RLC* 串联电路的谐振、功率因数的提高、交直流电路最大功率传输的仿真测试、三相电路、具有互感的电路、带通滤波电路及范德坡振荡电路,共 10 个实验。

第 4 章为电路综合实验,以工程实际为背景,需要学生综合应用电路理论、测量技术、程序设计以及工程仿真分析等相关知识完成实验。实验分层设计,学生可根据所选层次自行设计实验方法、安排实验进度、完成实验任务并撰写实验报告。本章节的特色在于作者对每个实验都提供了参考信息,可使学生在参考信息的提示下,开拓思路,对实验内容自行拓展。内容包括:电阻网络有限可测点的故障诊断、空心电感设计程序的研制、无损耗传输线的研究、受控源电路模拟变压器、护眼灯的原理探究——移相电路、温度检测电路的实现、电流互感器同名端测定仪的实现及电压越限报警电路的制作，共8个实验。

第5章为基于LabVIEW的电路设计，结合电路理论及LabVIEW选取具有典型性、趣味性的实验项目，通过电路设计、搭建实际电路、数据采集以及LabVIEW数据流编程等一系列实验过程，使学生提前接受毕业设计训练，培养学生的综合分析和综合设计能力，增强学生的自信心，激发学生的学习激情，培育学生的科研创新能力。本章节的特色在于作者对每个实验都提供了包括设计原理、Multisim仿真、NI myDAQ数据采集功能的设置、LabVIEW前面板及程序框图的设计示例，可开阔学生思路，引导学生科研创新。内容包括：延时器电路的设计、数-模转换解码电路的设计、惠斯通电桥烟雾探测器的设计、音效电路的实现、电压频率变换器电路的设计、光照检测电路的设计、催眠曲播放电路的设计、峰值检测电路的设计、电抗器匝间短路报警电路的设计及保密通信的研究——混沌同步电路的设计，共10个实验。

本书内容丰富、全面，富有代表性、趣味性及先进性；编排按先易后难、先基本后综合再创新的顺序，具有层次化、模块化的结构，便于选用。

本书由应柏青、赵彦珍、邹建龙和沈瑶编写。马西奎教授作为主审对本书进行了细致严格的审阅，在此，编者向他致以衷心的感谢。此外，参加实验教学改革实践活动的有陈欣琰、范新凯、王一凯和蔡宇麟等同学，他们的实践活动为本书提供了详实的实验数据，在此对他们所做的工作表示感谢。

限于作者的水平和实践经验，书中定有不少疏漏和不足之处，敬请读者赐教。来信请寄西安交通大学电气工程学院（邮编710049），或者可通过电子邮件 yingbq@ mail. xjtu. edu. cn 与我们联系。

编　者

目　　录

第1章　NI综述

1.1　基于NI myDAQ的电路实验

1.1.1　电路实验的目的

本书基于NI myDAQ教学平台，以虚拟仪器为实验辅助工具，开展形式多样、具有研究性的电路实验，教学应该达到以下目的：

（1）培养学生对实验的兴趣及实验态度

应具有严谨的科学态度和实事求是的科学作风。

（2）锻炼学生基本的实验技能

能够正确使用各种常见的电工虚拟仪器、仪表，如数字万用表、信号发生器和示波器等，掌握基本元器件及电路的测量方法。

（3）提升学生对实验数据的分析处理能力

具有正确处理实验数据、分析实验结果、分析误差和排查电路故障的能力。能写出严谨、有理论分析、实事求是且文理通顺的实验报告。

（4）培养学生应用仿真软件的能力

具有熟练利用Multisim、Pspice等仿真软件分析电路问题的能力。

（5）提高学生程序设计语言及LabVIEW数据流编程能力

具有利用计算机进行电路问题的分析与计算能力，并要求学生能根据算法及框图编制计算机程序，学习程序的调试方法。

（6）提升学生独立设计电路的初步能力

通过从实际工程问题中提炼出的实验示例，引导学生开展设计电路活动，培养学生通过实验来观察和研究基本电路问题及规律的能力。同时，培养学生理论知识、实验知识、方法和技能的灵活应用能力，提升学生的自主设计能力及创新能力。

1.1.2　电路实验的基本要求

1. 实验前要求

实验前准备是否充分是实验能否顺利进行和收到预期效果的重要前提。学生实验前必须认真预习实验指导书，明确实验目的、步骤，初步了解实验所用仪器的性能、使用方法和安全注意事项，对于全部实验内容做到心中有数是实验过程中常立于主动地位的关键。

归纳起来，预习的重点包括：

1）明确实验目的、任务和要求，复习有关理论，深刻理解实验原理和方法。

2）熟悉实验电路，确定电路元器件的型号和参数，估算实验结果，预计实验中可能出现的现象。

3）了解有关实验仪器设备的性能及其使用方法。

2. 实验过程要求

实验操作是实验的主要内容之一，也是培养学生动手能力的主要环节。实验中应注意的问题有以下几个方面：

（1）养成良好的接线与检查习惯

对初学者来说，首先应根据电路图合理布局。根据电路的特点，选择接线步骤。对简单电路可先选电源回路进行接线，然后再连接其他支路。对含有集成器件的电路，应按结点连线，以集成器件为中心，再连接其他元件。最后连接仪器仪表，要考虑元件、仪器仪表的对应端、极性和公共参考点等是否连接正确。

避免导线之间相互交叉与缠绕，尽量减少因牵动一线而引起端钮松动、接触不良或导线脱落，确保电路各部分接触良好。

改接线路时，应使实验线路的改动量尽可能小，避免全拆重接。

线路接好后，一定要认真检查，确保实验线路无误、电路参数正确，之后方可接通电源。

（2）安全操作

接通电源后，逐渐增大电压或电流，同时要注意各仪表的偏转是否正常，负载工作状况是否正常，电路有无异常现象（如声响、冒烟、刺鼻气味等）。若有异常情况，应立即切断电源并保护现场，仔细检查出现故障的原因。改接或拆除电路时必须先切断电源。

（3）数据的读取和记录

实验开始不必急于记录数据，要根据实验要求先进行初步判断，是否与预期结果一致等，观察实验现象和数据分布规律，依据具体情况再做一定的调整。

将实验数据记录在事先准备好的表格中，并记录所用仪表仪器的量程或倍率。实验数据记录的多少可随数据变化的快慢而异（曲率较大处可多读取一些数据），保证所提供的数据能够描绘出一条光滑而完整的曲线。

（4）检查实验结果

数据测试完毕，应认真检查实验数据有无遗漏或不合理的情况，及早采取补救措施。

3. 实验报告要求

实验报告是实验工作的全面总结，整理实验结果是实验的重要环节，通过整理及编写报告可以系统地理解实验过程中所获得的知识，深刻理解所学理论。实验报告要求文字简洁，书写工整，曲线图表清晰，实验结论要有科学根据和分析过程。实验报告应包括以下内容：

1）实验名称和实验目的。

2）实验原理与说明。

3）实验器材。

4）实验任务及步骤。

5）数据处理。

6）误差分析。

7）实验结论。

8）附录：原始数据记录。

1.1.3 本书特色

当今社会对人才的需求更加注重综合能力和创新能力。电路实验也应由教师占主导地位的灌输式实验模式向以学生为主导的自主实验模式转变，注重调动学生实验的主动性和积极性，培养学生独立实验的能力。随着计算机应用技术的普及和硬件平台的日益完善，以虚拟仪器为主的开放式自主电路实验正在蓬勃兴起。本书在此背景下具有如下特色：

（1）适合不同层次的学生使用

基于 NI myDAQ 教学平台，实验分为基础、Multisim 仿真、综合及基于 LabVIEW 的电路设计 4 种类型。实验内容编排按先易后难、先基本后综合再设计的顺序，具有层次化、模块化的结构。共精选 38 个实验构成一个完整的实验教学体系，实验总学时远远超出教学大纲要求，便于不同层次的学生选用。

（2）实验内容及方法多样

实验内容丰富、全面，除了基本电路定理的验证性实验，还包括具有研究性和趣味性的实验。同时，根据实验题目的不同，分别将 Multisim 和 Pspice 仿真、手动实验、数据采集、LabVIEW 数据流编程及程序设计语言编程等不同实验方法纳入实验教材，实验形式丰富。

（3）实验设备通用性强，可供不同课程及不同层次学校选用

NI myDAQ 教学平台可开展电路、数字电子技术、模拟电子技术、信号与系统等多门课程的实验。一次投资，多门课程的学生受益，性价比高。此外，设备的通用性也便于各层次学校选用。

（4）教学平台小巧便利，适合学生课外随时开展实验

本书介绍的一个个生动有趣的实验实例，只需一台计算机、一块 NI myDAQ 教学平台、一块面包板及少量元器件便可实施，不受场地、设备及时间等条件的限制，适合学生在课外随时开展实验。

1.2 NI myDAQ 简介

1.2.1 NI myDAQ 设备

NI myDAQ 是美国国家仪器有限公司（National Instruments，NI）新近推出的一款便携式教学设备。该设备采用德州仪器提供的模拟电路芯片，具有 2 通道差分模拟输入与 2 通道模拟输出、8 个数字输入与数字输出接口、3.5mm 音频输入与输出接口以及 +5 V、+15 V 和 −15 V 电源输出等接口。其 USB 供电特性最大限度地提升了便携性。NI myDAQ 通过提供基于计算机使用的 8 种虚拟仪器可使学生在任何地方与自己的计算机连接开展工程实践，为学生工程创新带来了前所未有的便利。这些仪器包括示波器、数字万用表、任意波形发生器、波特图仪、动态信号分析仪（快速傅里叶变换）、函数发生器、数字读取器和数字写入器。该教学设备与 LabVIEW、Multisim 及实验室硬件平台的结合应用能够让学生将多个学科的工程知识相互综合并付诸实践，有助于实践电路工程思想和创新能力的全面提升。通过实践使学生牢固地掌握电路理论知识，从而更好地将理论联系实际，提升学生对于工程概念的理解。

该教学设备包含一个数据采集引擎，可用于测量两个差分模拟输入和模拟输出信号（200 kS/s，16 位，±10 V）。学生还可通过 8 条数字输入和数字输出线（兼容 3.3 V TTL）连接低电压 TTL（LVTTL）和 5 V TTL 数字电路。NI myDAQ 通过 +5 V、+15 V 和 -15 V 电源输出（功率高达 500 mW）为简单的电路和传感器提供充足的电量。绝缘的 60 V 数字万用表 DMM 可测量交流、直流电压和电流及电阻。

1.2.2 接口说明

NI myDAQ 外观如图 1.2.1 所示。其侧面外部接口细节如图 1.2.2 所示。

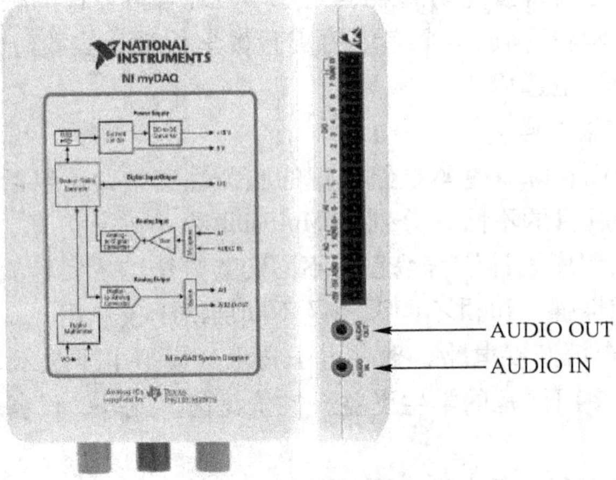

图 1.2.1　NI myDAQ 外观

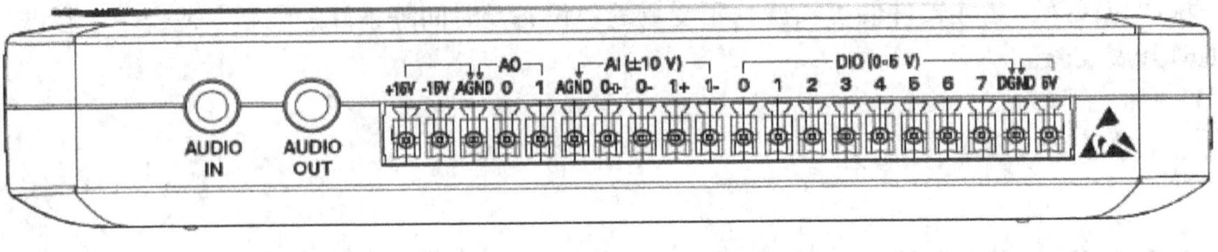

图 1.2.2　NI myDAQ 外部接口

AUDIO IN：音频输入。

AUDIO OUT：音频输出。

+15 V、-15 V：+15 V、-15 V 电源输出。

AGND：模拟接地。

AO -0、AO -1：0 通道和 1 通道，2 路模拟输出。

AI -0^+/0^-、AI -1^+/1^-：0 通道和 1 通道，2 路模拟输入。

DIG（0 ~ 7）：8 位数字输入与数字输出接口。

+5 V：+5 V 电源输出。

DGND：数字接地。

注意：NI myDAQ 模拟输入和输出通道的电压允许范围为 -10 ~ +10 V。

NI myDAQ 通过一根 USB 线缆与计算机相连，同时计算机也是其供电电源，工作时无需外接其他电源。

NI myDAQ 外观侧面数字万用表的接口如图 1.2.3 所示。若测量电压、电阻和二极管，可将红色 DMM 表棒连接至 NI myDAQ 上的 HI－V 接口，将黑色 DMM 表棒连接至 NI myDAQ 上的 COM 接口。若测量电流，则将红色 DMM 表棒连接至 NI myDAQ 上的 HI－A 接口，将黑色 DMM 表棒连接到 NI myDAQ 上的 COM 接口。

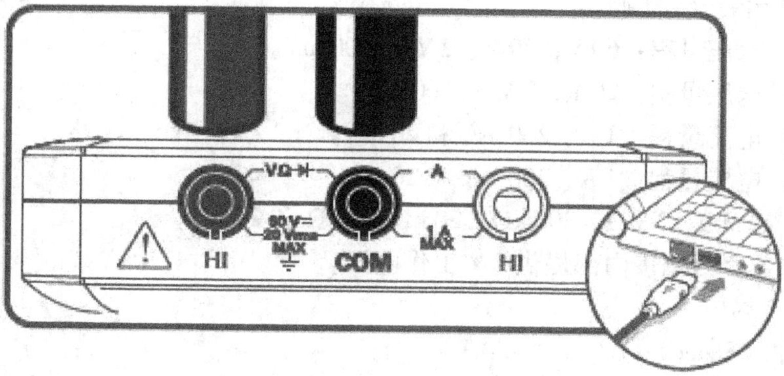

图 1.2.3　NI myDAQ 数字万用表的接口

1.2.3　软件安装

在开始使用 NI myDAQ 之前，需要先从 NI myDAQ 软件套件 DVD 中安装必要的软件。将 NI myDAQ 附带的 DVD 插入计算机，按照屏幕指示，依次安装 NI LabVIEW2013、NI Multisim2013 以及 NI ELVISmx－NI myDAQ 硬件驱动程序，即：

1）NI LabVIEW 2013。

2）NI Multisim 2013。

3）NI ELVISmx－NI myDAQ 硬件驱动程序。

1.2.4　硬件设置

软件安装完成再配置 NI myDAQ 硬件。如图 1.2.4 所示，将左边的螺钉接线端连接器连接到 NI myDAQ。螺钉接线端连接器必须牢固地与 NI myDAQ 进行对接，以保证可靠的信号连接。将 NI myDAQ 通过 USB 连接线接至计算机。连接完成后，NI myDAQ 上的蓝色 LED 灯将被点亮，表明设备供电正常。在 NI myDAQ 硬件驱动程序中，将其设备名称修改为 Dev1。

图 1.2.4　螺钉接线端连接器与 NI myDAQ 连接

1.2.5 虚拟仪器性能指标

NI myDAQ 虚拟仪器是指利用高性能的模块化硬件、结合高效灵活的软件来实现的具有实际使用功能的各种软件仪器。它与物理仪器仪表一样可以完成各种测试及测量任务。NI myDAQ 六种常用虚拟仪器的性能指标如下：

（1）数字万用表（DMM）

直流（DC）电压量程：60 V、20 V、2 V 和 200 mV。

交流（AC）电压量程：20 V、2 V 和 200 mV。

直流（DC）电流量程：1 A、200 mA 和 20 mA。

交流（AC）电流量程：1 A、200 mA 和 20 mA。

电阻量程：20 MΩ、2 MΩ、200 kΩ、20 kΩ、2 kΩ 和 200 Ω。

二极管：在数字万用表内部提供 2 V 工作电压。

分辨率：3.5 位。

（2）示波器（Scope）

通道源：通道 AI－0 和 AI－1，或音频信号的两路输入端。

耦合：AI 通道仅支持直流耦合，音频信号的两路输入端仅支持交流耦合。

Y 轴衰减（Volts/Div）：它表示示波器纵轴方向每一厘米表示多少伏或毫伏的电压。

AI 通道：5 V、2 V、1 V、500 mV、200 mV、100 mV、50 mV、20 mV 和 10 mV。

音频通道：1 V、500 mV、200 mV、100 mV、50 mV、20 mV 和 10 mV。

最大采样率：200 kS/s。

时间基准（Time/Div）：5 μs ~ 200 ms。

触发类型：立即和边沿。

（3）函数信号发生器（FGEN）

输出通道：AO－0。

频率范围：0.2 Hz ~ 20 kHz。

（4）波特图仪（Bode）

测量激励通道：AI－0。

测量响应通道：AI－1。

激励信号源：AO－0。

频率范围：1 Hz ~ 20 kHz。

（5）动态信号分析仪（DSA）

被测信号源：AI－0 和 AI－1，或左、右音频信号。

电压范围：对于 AI 通道：±10 V，±2 V；对于音频信号：±2 V。

（6）任意信号发生器（ARB）

AI－0 和 AI－1，或左、右音频信号。

触发源：仅立即触发（不可改变）。

1.2.6 虚拟仪器软面板

连接好 NI myDAQ 后，就可以启动计算机屏幕上的 NI ELVISmx 仪器软面板使用 8 种不同的虚拟仪器。打开仪器软面板：开始菜单→所有程序→National Instruments→NI ELVISmx for NI ELVIS & NI myDAQ→NI ELVISmx Instrument Launcher。软面板的界面如图 1. 2. 5 所示。

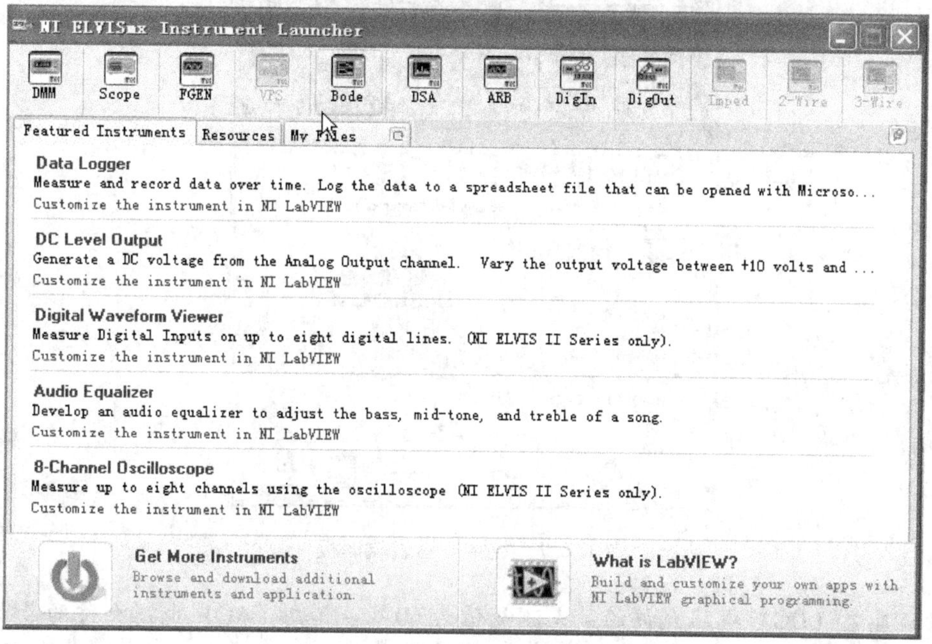

图 1. 2. 5　仪器软面板

1. 数字万用表（DMM）

数字万用表（DMM）可测量交直流电压、交直流电流、电阻及二极管。

在图 1. 2. 6 仪器软面板的菜单栏中，单击 DMM 打开数字万用表软面板进行配置，如图 1. 2. 7 所示。在 Measurement Settings 栏中可设置被测量的类型、模式及范围，可选择的测量类型依次为直流电压、交流电压、直流电流、交流电流、电阻、二极管和通断检测，默认测量类型为直流电压。需注意的是，NI myDAQ 不支持电容及电感的测量。在 Mode 栏中可选择测量模式，默认为 Specify Range（指定量程）。在 Range 栏中可设置被测量的量程范围，所选量程范围应高于被测量的值。在 Instrument Control 栏中可选择设备和采样模式，在 Device 的下拉菜单中选择设备为 Dev1（NI myDAQ），Acquisition Mode（采集模式）设置为 Run Continuously（连续采集）。

图 1. 2. 6　数字万用表

完成了这些选项的配置后，单击下方的绿色箭头（Run）按钮，将红色 DMM 表棒与被测体的正极相接触，同时将黑色 DMM 表棒与被测体的负极相接触，计算机上 DMM 仪器软面板显示的是当前被测体的电压数值。读取数据后，单击暂停（Stop）按钮，完成直流电压测量任务。

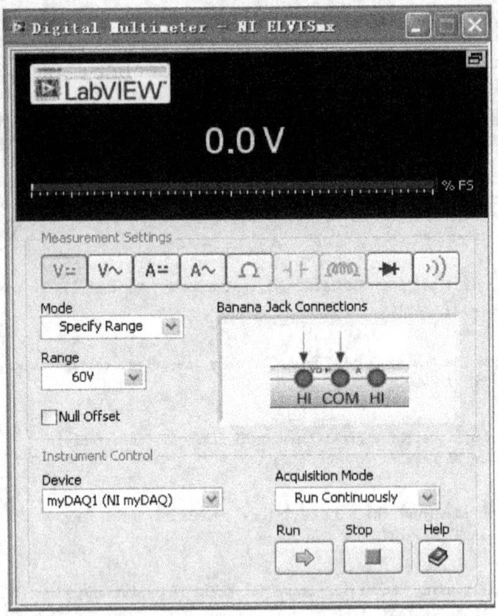

图 1.2.7　数字万用表软面板

注意：直流（DC）电压允许的最大测量值为 60 V，交流（AC）电压允许的最大测量值为 20 V，交直流电流允许的最大测量值为 1 A。

2. 示波器（Scope）

示波器（Scope）具有两路通道，用于分析电压数据。该虚拟仪器提供了实验室中常用数字示波器的功能，操作方法与实验室中的示波器一样，其软面板界面如图 1.2.8 所示。

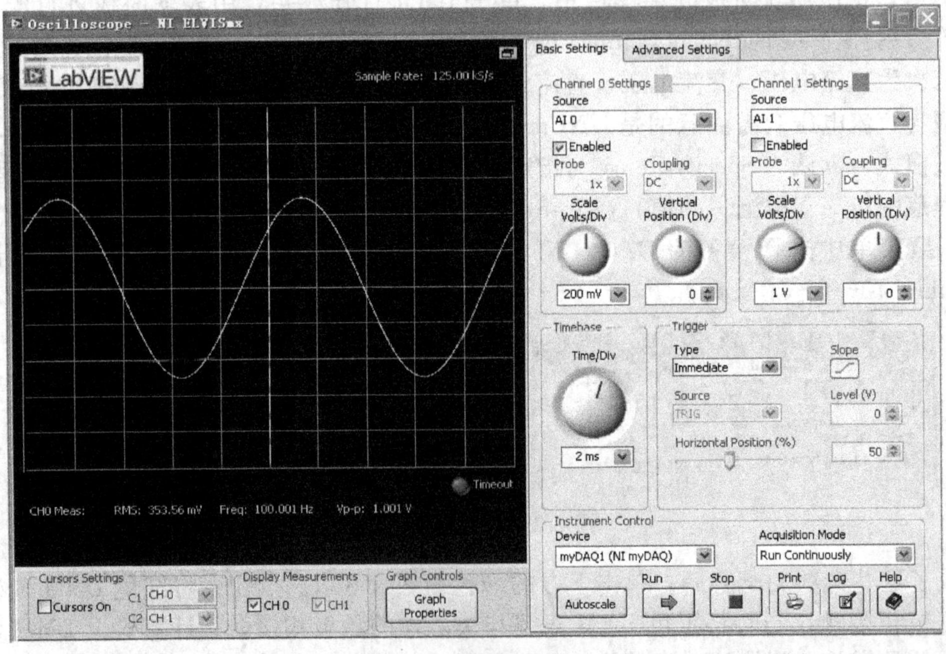

图 1.2.8　示波器软面板

在 Channel 0 Settings 和 Channel 1 Settings 栏中可设置每个通道的相关参数，其中 Source：触发信号源，如果被测信号是从 NI myDAQ 的 AI－0 接口进入计算机，则信号源选择 AI－0；Enabled：显示该通道波形；Probe：探头的放大倍数；Coupling：耦合方式；Scale Volts/Div：垂直灵敏度旋钮；Vertical Position（Div）：纵向位移；在 Timebase 栏鼠标单击旋钮可设置示波器屏幕的水平扫描速率。在 Trigger 栏中可设置触发类型。单击下方的绿色箭头（Run）按钮，在示波器上可以观察到被测波形。波形下方显示被测信号的有效值、频率和峰峰值。测量完成后，单击暂停（Stop）按钮。

3. 函数信号发生器（FGEN）

函数信号发生器（FGEN）的软面板如图 1.2.9 所示。函数信号发生器可生成三种标准波形，分别是正弦波、三角波及方波，并可自行设定波形的频率及幅值。此外，仪器还提供 DC 直流偏移量、扫频功能、幅值调制和频率调制。设置的波形可通过 NI myDAQ 的 AO－0 或 AO－1 接口输出。

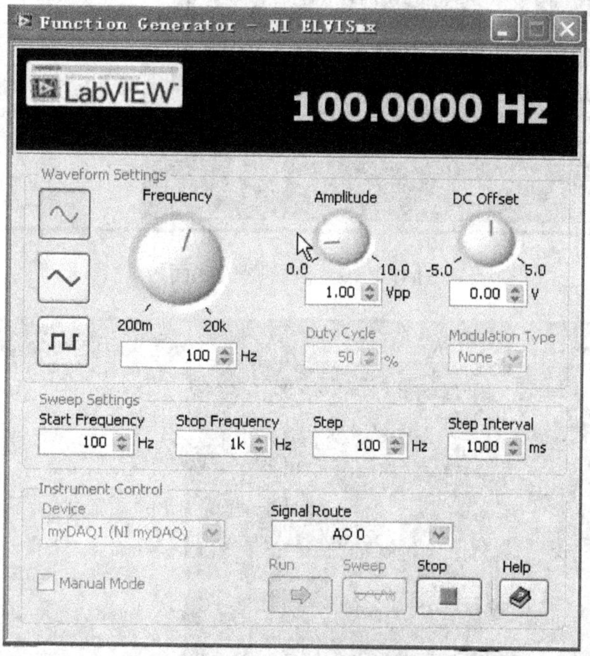

图 1.2.9　函数信号发生器软面板

4. 波特图仪（Bode）

波特图仪（Bode）生成用于分析的 Bode 曲线。其软面板如图 1.2.10 所示。结合函数信号发生器的扫频功能和设备的模拟输入，波特图仪可实现十分全面的功能。用户可设置仪器的频率范围，并可选择坐标以线性或对数形式显示。

5. 动态信号分析仪（DSA）

动态信号分析仪（DSA）软面板如图 1.2.11 所示。动态信号分析仪执行输入接口（AI）或音频输入接口（AUDIO IN）波形的频域测量。它可连续测量也可单次测量，还提供了各种窗和滤波选项。

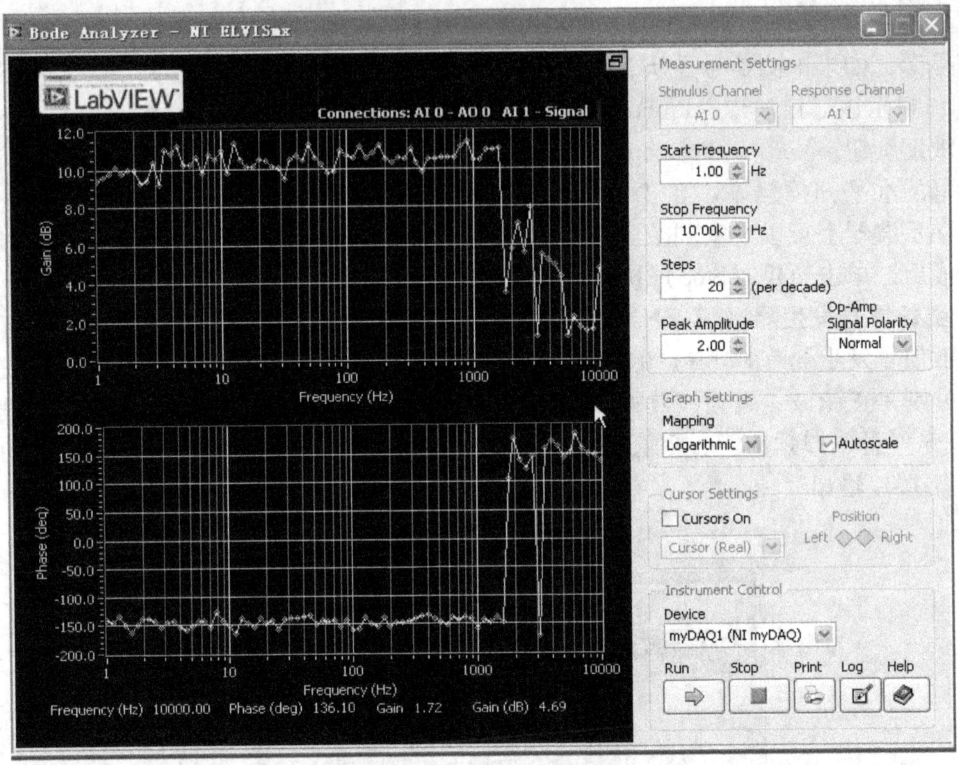

图 1.2.10　波特图仪软面板

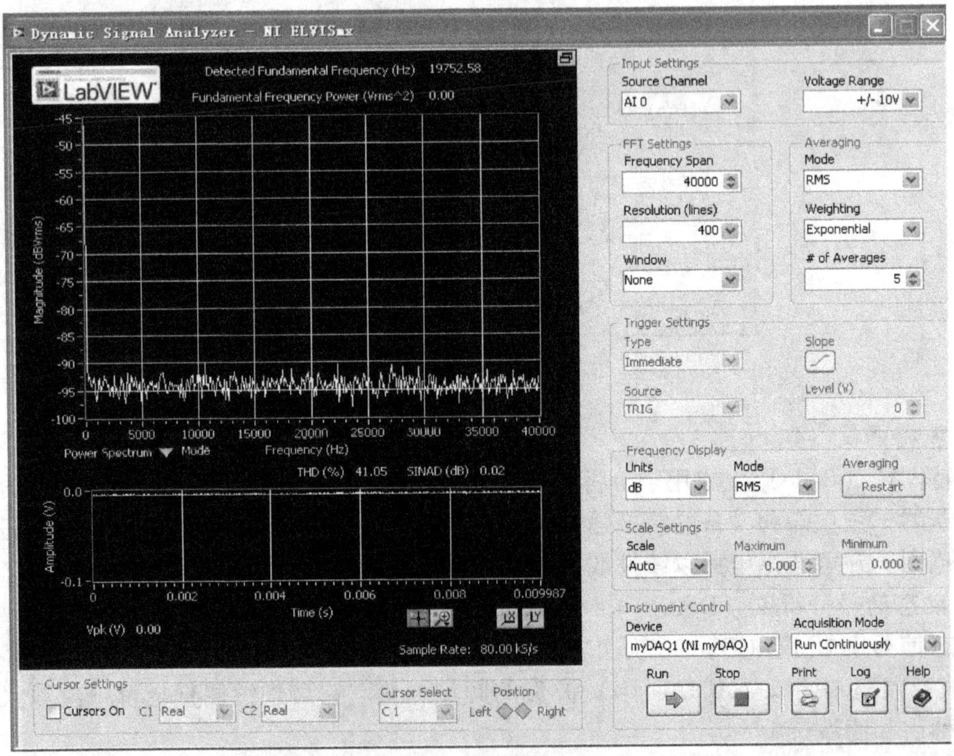

图 1.2.11　动态信号分析仪软面板

6. 任意信号发生器（ARB）

任意信号发生器（ARB）可生成自定义信号波形并显示。任意信号发生器软面板如图 1. 2. 12 所示。先在 Editor 中编辑自定义波形，再将波形加载至任意信号发生器便可生成波形。

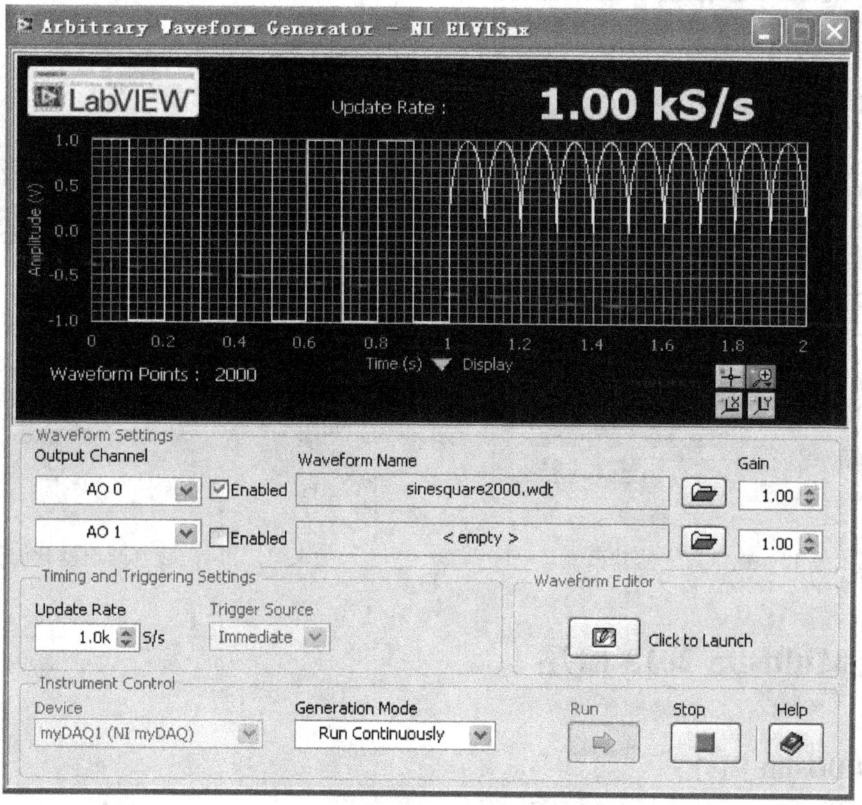

图 1. 2. 12　任意信号发生器软面板

7. 数字写入器（DigIn）

数字写入器（DigIn）软面板如图 1. 2. 13 所示。按用户指定的数字模式更新 NI myDAQ 数字通道。数字写入器将 I/O 通道组合为接口，通过接口写入数据。可分别采用 4 位模式（0 ~ 3）和（4 ~ 7）或 8 位模式（0 ~ 7）写入。数字写入器输出保持为锁定状态，除非生成了其他模式。

8. 数字读取器（DigOut）

数字读取器（DigOut）软面板如图 1. 2. 14 所示。从 NI myDAQ 的数字通道中读取数据。数字读取器将 I/O 通道组合为接口，通过接口读取数据。每次可读取一个接口，进行连续读取或一次读取。数字通道可组合为 2 个接口，每接口 4 个引脚（0 ~ 3）和（4 ~ 7）或组合为一个 8 引脚的接口（0 ~ 7）。

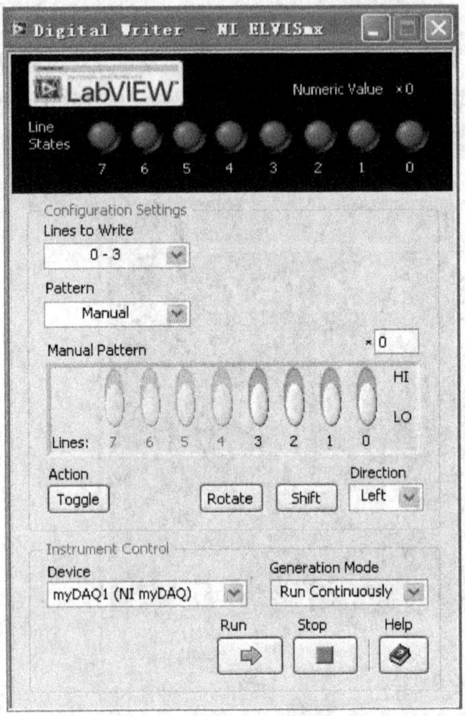

图 1.2.13　数字写入器软面板

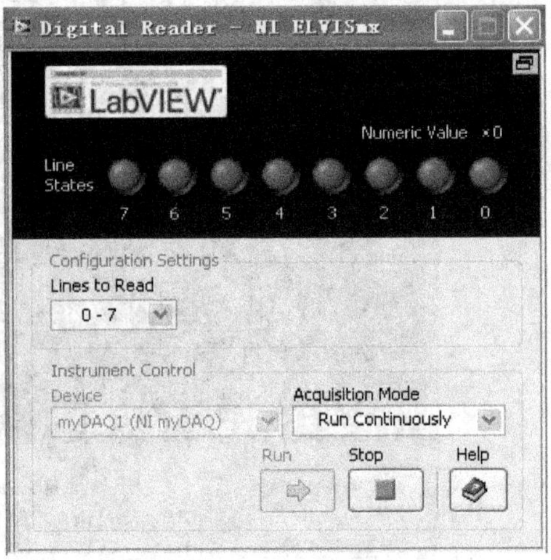

图 1.2.14　数字读取器软面板

1.3　NI Multisim 2013 概述

1.3.1　Multisim 简介

NI Multisim 是加拿大图像交互技术公司（Interactive Image Technologies，IIT）推出的 Windows 环境下的专门用于电子电路仿真与设计的 EDA 软件，是广泛应用的 EWB（Electronics Workbench，电子工作平台）的升级版，它不仅可以完成电路瞬态和稳态分析、时域和频域分析、噪声分析及直流分析等基本功能，而且还提供了离散傅里叶分析、电路零极点分析、交直流灵敏度分析和电路容差分析等电路分析方法，并具有故障模拟和数据存储等功能，是一个完整的集成化设计环境。2005 年以后，美国国家仪器公司（National Instrument，NI）收购了 IIT 公司，并推出了更新版本的 Multisim9.0。现在该软件已经更新到了 Multisim14.0。

美国 NI 公司提出的 Multisim 的开发理念是："把实验室装进 PC 中""软件就是仪器"，拥有 Multisim 软件，就相当于拥有了一个设备齐全的实验室，可以非常方便地从事电路设计、仿真和分析工作。

1.3.2　Multisim 2013 特点

NI Multisim 具有直观的图形界面、丰富的元器件库、丰富的测试仪器、完备的分析手段以及强大的仿真能力等特点。

（1）直观的图形界面

NI Multisim 整个操作界面就像一个实验工作台，它将原理图的创建及结果的显示等都集成在同一个电路窗口中。软件所提供的虚拟仪器的面板外形与实物仪表相似，操作方法也基本相同，可以实时显示测量结果。直观、形象的图形界面非常方便学生开展仿真实验。

（2）丰富的元器件库

NI Multisim 为用户提供了超过 17000 多种元器件，并以开放的模式管理元器件，使用户能方便地对元器件各种参数进行编辑修改，能够自己添加所需要的元器件。

（3）丰富的测试仪器

NI Multisim 提供了多种可用于电路测试的虚拟仪器，如 Multimeter（万用表）、Function Generator（函数发生器）、Wattmeter（瓦特表）以及 Oscilloscope（示波器）等，这些仪器的设置和使用可以像真实仪器一样。

（4）完备的分析手段

NI Multisim 提供了如直流工作点分析、交流分析、瞬态分析和直流扫描分析等 17 种分析功能，对每一种分析，用户只需通过对话框设定分析的参数即可。除此之外，用户还可以通过输入 SPICE 命令来创建自定义的分析。

（5）强大的仿真能力

NI Multisim 既可对模拟电路或数字电路分别进行仿真，也可进行数模混合仿真，尤其是新增了射频（RF）电路的仿真功能。仿真失败时会显示出错信息，并提示可能出错的原因，仿真结果可随时存储和打印。

1.3.3 常用元器件库

1. 电源库（Sources）

电源库包括功率电源、信号电压源、信号电流源、受控电压源及受控电流源等。

2. 基本元件库（Basic）

基本元件库包括电阻、电容、电感及开关等基本器件。

3. 二极管库（Diodes）

二极管库包括普通二极管、稳压二极管及发光二极管等器件。

4. 晶体管库（Transistors）

晶体管库包括 BJT 晶体管、MOS 管以及功率 MOS 管等器件。

5. 模拟器件库（Analog）

模拟器件库包括运算放大器、比较器等多种类型器件。

以上常用元器件均可通过修改其属性对话框中的相关参数对其进行设置。

1.3.4 常用虚拟仪器仪表

1. 数字万用表（Multimeter）

数字万用表是一种多功能测量仪表，可以完成交流电压及电流、直流电压及电流、电阻的测量任务。它有“+”“-”两个接线端，测量电压及电阻时需并联在被测元件两端；测量电流时需串联在被测元件所在支路中。

2. 示波器（Oscilloscope）

示波器是观察信号波形和测量信号幅值、周期及频率等参数的工具。一般有A、B两个通道。每个通道都有“+”“-”两个接线端，分别与被测元件的两端相接。若测量的是对地的波形，由于内部的地线端已经连接在一起，所以“-”接线端可以不接。

3. 函数信号发生器（Function Generator）

函数信号发生器可为电路提供频率及幅值可调的正弦波、三角波和方波信号。它有“+”“Common”和“-”3个接线端。当连接“+”和“Common”两端时，输出信号为正极性信号；当连接“Common”和“-”两端时，输出信号为负极性信号；当同时连接“+”“Common”和“-”3个接线端，且把“Common”接线端与公共地相接时，输出两个幅值相等、极性相反的信号。

4. 瓦特表（Wattmeter）

瓦特表是测量电路中交、直流功率的仪器。与实物瓦特表相似，它有两组接线端，一组为电压输入端，另一组为电流输入端。电压输入端与被测元件并联，电流输入端与被测元件串联。

5. 波特图仪（Bode Plotter）

波特图仪用以测量和显示电路的幅频特性和相频特性。它有4个接线端，IN的“+”“-”端分别与电路输入端的正、负端相接；OUT的“+”“-”端分别与电路输出端的正、负端相接。需要注意的是，波特图仪本身没有信号源，因此，使用时必须在电路的输入端口接入一个信号源。

6. 测量探针

测量探针是测量电路中获取不同位置电压、电流和频率的一种快速而简便的工具。单击测量工具栏上的探针图标，选择所需探针，将其移至观测点位置即可获得所需测量数据。

1.3.5 常用分析方法

NI Multisim提供了多种分析方法。以下简要说明常用的几种分析方法的主要用途。

1. 直流工作点分析（DC Operating Point Analysis）

用于确定电路的静态工作点。进行分析时，NI Multisim自动将电路分析条件设置为电容开路、电感短路、交流电压源短路，计算在直流电源激励下各支路的电压和电流。

2. 交流分析（AC Analysis）

用于电路的频域分析，分析电路的幅频和相频特性。

3. 瞬态分析（Transient Analysis）

用于电路的时域分析，可以分析电路在激励信号作用下的时域响应。

4. 直流扫描分析（DC Sweep Analysis）

计算电路中某一结点上的电压或支路的电流随电路中直流电压源的变化而变化的情况。

5. 参数扫描分析（Parameter Sweep Analysis）

分析当电路中某一元器件的参数在一定取值范围内变化时，此参数的改变对电路特性的影响。

1.3.6 电路仿真的步骤

（1）建立用于仿真分析的电路

选择“开始”→“程序”→“NI Multisim 13.0”，打开 Multisim 软件。Multisim13.0 主窗口如图 1.3.1 所示。

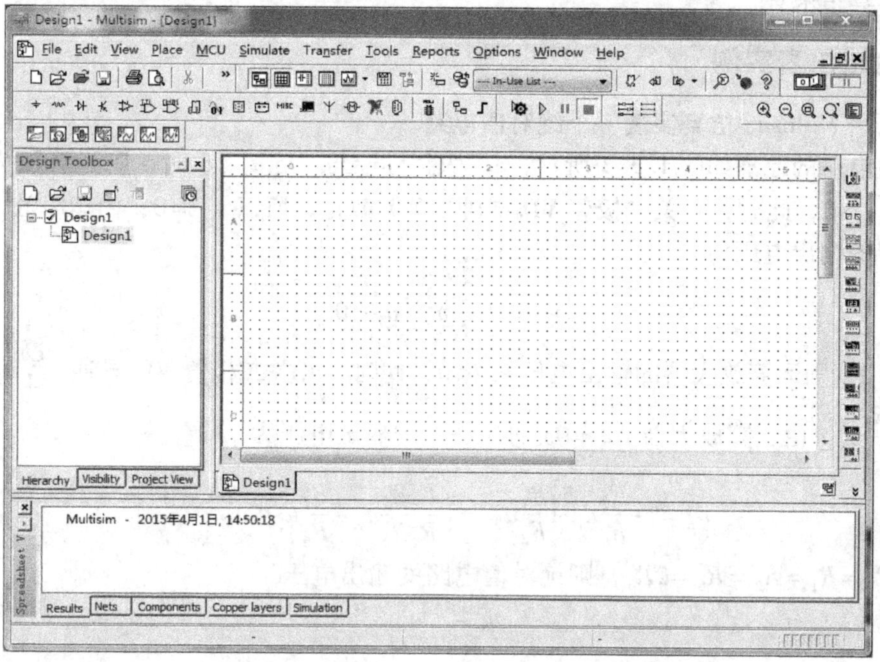

图 1.3.1　启动后的 Multisim 主窗口

1）调用所需元器件：元器件库提供了用户在电路仿真中所用到的所有元器件和各种功能的电源。在图 1.3.1 窗口中单击元器件工具栏中相应的元器件种类图标，打开此类库中的元器件列表，选中需要的元器件，拖动鼠标到操作窗口任意空白位置，单击即可将选中的元器件放在操作窗口中。电源的调用方法与元器件相同。

2）设置元器件或电源参数：双击需要修改参数值的元器件或电源，打开其属性对话框，在相应的位置处修改。

3）连接电路：当鼠标靠近元器件引脚时，鼠标变为十字状，此时单击元件的引脚开始进行连线，移动光标的过程中，按下鼠标左键可以控制连线的走向，单击目标元件的某一引脚完成连线。

4）接入虚拟仪表：在已连接好的电路中，选中仪器仪表工具栏中所需的仪器仪表，拖动鼠标到操作窗口的任意空白处，单击鼠标放置仪器仪表。将仪器仪表与观察点及电路地分别相接。

(2) 选择分析方法

选择进行何种仿真分析，并设置参数。

在图 1.3.1 所示的主窗口中，选择菜单栏的“Simulate”→“Analysis”→选择需要的分析方法，会弹出相应分析方法的对话框，可进行参数设定。

(3) 启动运行

在分析对话框中单击 Simulate 启动仿真计算，仿真完成后，便可在 GrapherView 窗口中看到仿真结果。此外，如果原理图中调用了虚拟仪器，如示波器、数字多用表等，则在菜单栏选择“Simulate”→“Run”后，双击测试仪器仪表图标，在虚拟仪器软面板中就可以观察到实时仿真结果。

1.3.7　电路仿真实例

实例：用 Multisim 仿真实现一个绝对值电路。

绝对值电路的原理如图 1.3.2 所示，u_i 为输入电压，当 $u_i<0$ 时，则运算放大器 A1 的输出电压 $u_{o1}>0$，此时，开关二极管 VD_2 导通，VD_1 截止，所以 $u^-=0$；由运算放大器 A2 构成的加法器的输出电压为

$$u_o=-\frac{R_7}{R_6}u_i \quad u_i<0$$

当 $u_i>0$，则运算放大器的输出电压 $u_{o1}<0$，此时，开关二极管 VD_1 导通，VD_2 截止，所以 $u^-=-\frac{R_1}{R_2}u_i$，由运算放大器 A2 构成的加法器的输出电压为

$$u_o=-\frac{R_7}{R_6}u_i-\frac{R_7}{R_4}u^-=\left(\frac{R_7R_1}{R_4R_2}u_i-\frac{R_7}{R_6}u_i\right),u_i>0$$

若取 $R_7=R_1=R_2=R_6=2R_4$，则绝对值电路的输出电压

$$u_o=|u_i|$$

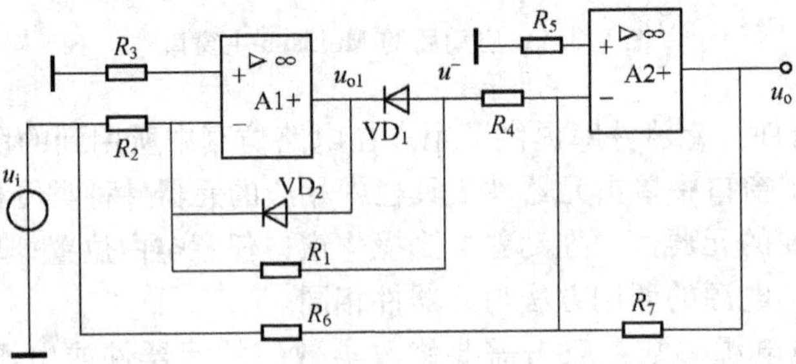

图 1.3.2　绝对值电路原理图

现用 Multisim 软件对上述电路进行仿真分析。

（1）绘制电路原理图

打开 Multisim 软件进入主窗口，使用元件浏览器放置元器件，在菜单栏选择“Place”→“Component”，弹出“Select a Component”对话框。

1）放置电阻：在菜单栏选择“Place”→“Component”→“Resister”，在 Component 栏用鼠标单击所需阻值的电阻→OK，鼠标在屏幕上单击一次，完成电阻的放置。本例中 $R_7=R_1=R_2=R_6=20\,\text{k}\Omega$，$R_3=R_4=R_5=10\,\text{k}\Omega$。

2）放置运算放大器：“Place”→“Component”→“Analog”→“Opamp”→选择放大器 3554AM。

3）放置二极管：“Place”→“Component”→“Diodes”→“SWITCHING_DIODES”→选择 1N4148。

4）放置电源和接地：在菜单栏选择“Place”→“Component”→“Sources”→“Power Sources ”→选择直流电源 DC_POWER、VCC、VEE 和 GROUND。分别设置直流电源 DC_POWER = 1 V，VCC = 15 V，VEE = −15 V。

5）连线：当鼠标靠近元器件引脚时，鼠标变为十字状，此时单击元器件的引脚开始进行连线，移动光标的过程中，按下鼠标左键可以控制连线的走向，单击目标元器件的某一引脚完成连线。

6）在屏幕右侧的虚拟仪器工具栏，单击 Oscilloscope，拖动鼠标到操作窗口的任意空白处，鼠标在屏幕上单击一次，放置一个示波器，将输入电压 u_i 和输出电压 u_o 分别连接至示波器的 A 通道和 B 通道。完成连线的绝对值仿真电路如图 1.3.3 所示。

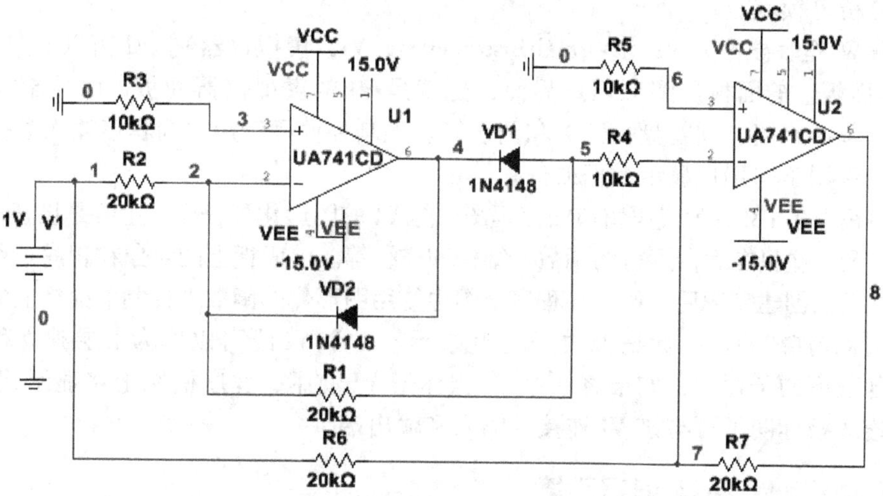

图 1.3.3　绝对值仿真电路

（2）选择分析方法

在菜单栏选择“Simulate”→“Analyses”→“DC Sweep Analyses”，弹出“DC Sweep Analysis”对话框，在 Analysis parameters 选项卡的 Source 1 列表框中设置如下参数：Source：V1，Start value：−10 V，End value：10 V；Increment：0.1。在 Output 选项卡中设置 V(1)和 V(8)为输出变量。

单击“Simulate”，出现如图 1.3.4 所示的仿真结果。从图中可以看出，当电源电压从 −10 V 变化至 10 V 的过程中，输出电压是输入电压的绝对值。

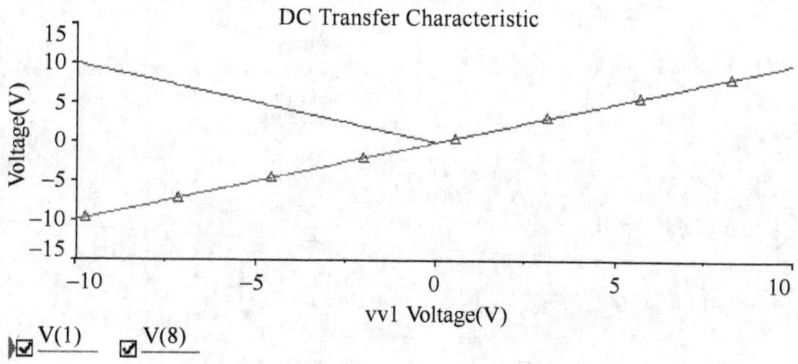

图 1.3.4　绝对值电路仿真结果

1.4 LabVIEW 2013 概述

1.4.1 LabVIEW 简介

LabVIEW 是实验室虚拟仪器工程平台（Laboratory Virtual Instrument Engineering Workbench）的简称，是 NI 公司推出的一种图形化编程软件开发环境。其特点是使用图形化编程语言在程序框图中创建源程序，用程序框图代替传统的程序代码，运行方便，编程简单易懂。自 1986 年诞生至今，已广泛应用于电子测量、电力工程、医疗、振动分析、声学分析以及故障分析等领域。

LabVIEW 程序被称为 VI（Virtual Instruments，VI，虚拟仪器）。VI 由以下三部分构成：

1）前面板。前面板是图形用户界面，也就是 VI 的虚拟仪器面板，由控制控件和显示控件组成，包括旋钮、刻度盘、开关和图表等。控制控件用于用户向程序输入数据或控制信号，显示控件用于向用户显示数据或信息。

2）程序框图。又称为代码窗口或流程图，是 VI 的图形化源程序，主要是设置前面板控件的接线端口及一些只在后台运行的函数、结构和连线等。前面板上的对象在程序框图中显示为接线端。前面板创建完毕后，便可在程序框图中使用图形化的函数来控制前面板上的对象。

3）图标和连线板。图标是 VI 的图形化表示。一个 VI 既可以作为上层独立程序，也可以作为其他程序的子程序，如果将一个 VI 当作子 VI 使用，程序框图上将显示代表该子 VI 的图标。连线板标明了可与该 VI 连接的输入和输出端。

1.4.2 LabVIEW 2013 编程环境

选择“开始”→“所有程序”→“National Instrument LabVIEW 2013”，弹出如图 1.4.1 所示的界面。

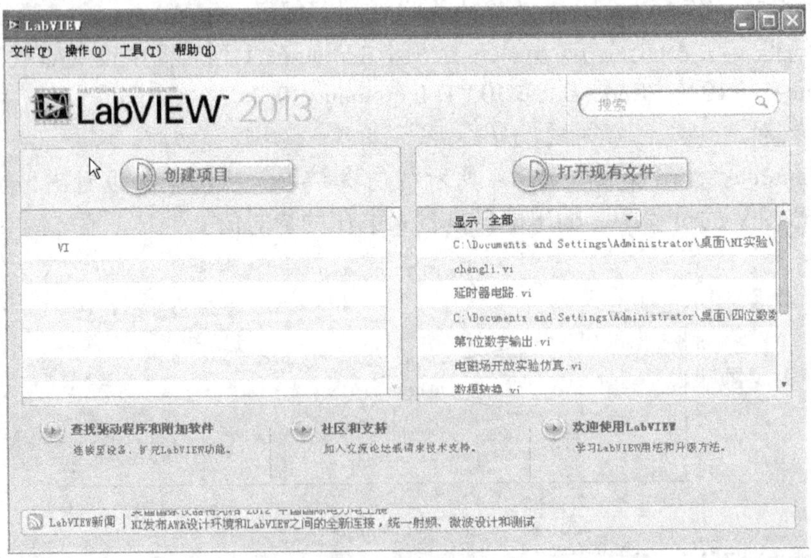

图 1.4.1　LabVIEW2013

选择“文件”→“新建 VI”，弹出如图 1.4.2 所示的“前面板”窗口和图 1.4.3 所示的“程序框图”窗口。

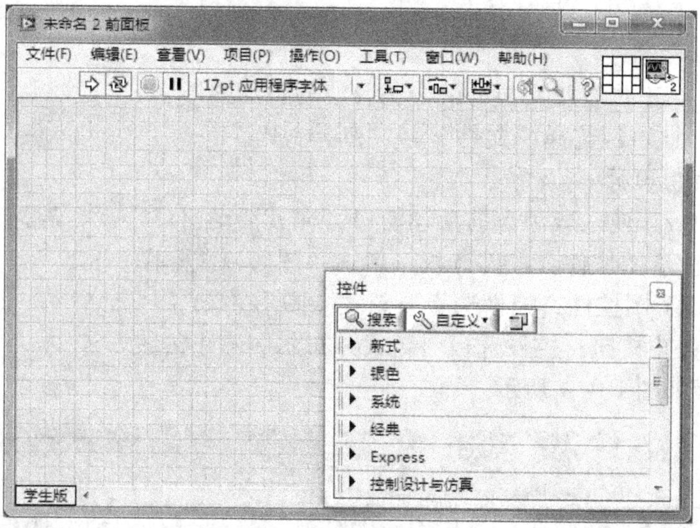

图 1.4.2　前面板

（1）前面板

在前面板窗口中添加控件。选择“查看”→“控件选板”，打开“控件”选板，如图 1.4.2 所示。“控件”选板是前面板的一些输入和输出控件的集合。在控件选板中单击相关控件，可直接打开控件列表，用鼠标拖动控件即可将该控件放置在前面板窗口中。另外，还可通过“搜索”寻找需要的控件。

（2）程序框图

在程序框图中编辑 VI 程序框图。选择“查看”→“函数选板”，打开“函数”选板，如图 1.4.3 所示。“函数”选板是程序框图中一些 VI 小程序和函数的集合。在函数选板中

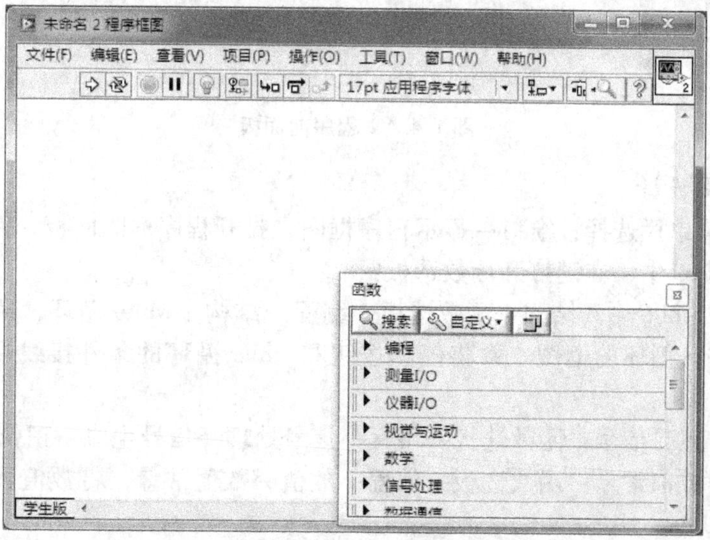

图 1.4.3　程序框图

单击相关控件，可直接打开控件列表，用鼠标拖动控件即可将该控件放置在前面板窗口中。另外，还可通过“搜索”寻找需要的控件。

1.4.3 VI 建立实例

实例：输出一个正弦波及其与另一个正弦波的叠加图形。

首先，新建一个 VI，选择“文件”→“新建 VI”。

（1）程序前面板设计

打开程序前面板，使之成为当前活动窗口，在其活动窗口中，右键打开控件选板：

1）添加 1 个波形图控件：控件选板→新式→图形→波形图。

2）添加 1 个 XY 图控件：控件选板→新式→图形→XY 图。

3）添加 1 个停止按钮：控件选板→新式→布尔→停止按钮。

设计的前面板如图 1.4.4 所示。

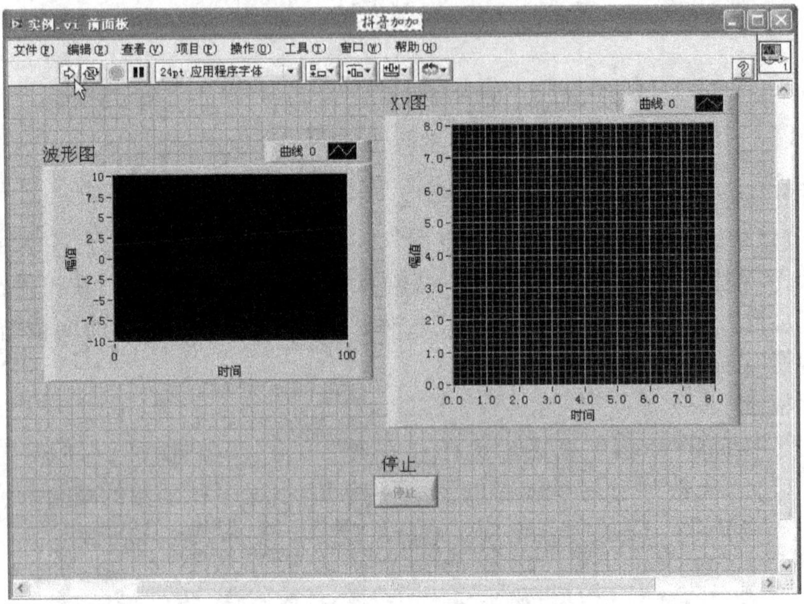

图 1.4.4　程序前面板

（2）程序框图设计

在前面板的菜单栏选择：窗口→显示程序框图，打开程序框图面板，使之成为当前活动窗口，在其活动窗口中，右键打开函数选板：

1）添加 1 个 while 循环结构：函数选板→编程→结构→while 循环，用鼠标在程序框图中拖动，画出 while 循环的框图。并将停止按钮和 while 循环的条件接线端（真（T）时停止）连接。

2）添加 2 个正弦信号：函数选板→编程→信号处理→信号生成→正弦信号。

3）添加 4 个数值常量：函数选板→编程→数值→数值常量，将数值常量的数值分别改为 1、30、2 和 50。

4）添加 2 个科学常量：函数选板→编程→数值→数学与科学常量→π 和 2π。将常量 1、

30 和 π 分别与第一个正弦信号的幅值、相位和周期接线端连接，将常量 2、50 和 2π 分别与第二个正弦信号的幅值、相位和周期接线端连接。

在程序窗口的菜单栏上选择“帮助”→“显示即时帮助”，将鼠标放在正弦函数图标上，此时图标上会显示正弦函数的连线板。在即时帮助窗口中也可看到正弦信号的连线板示意图。即时帮助窗口如图 1.4.5 所示。

5）添加一个捆绑函数：函数选板→编程→簇与变体→捆绑。将两个正弦函数的输出分别与捆绑函数的两个输入端相连接，并将捆绑函数的输出端与 XY 图控件的输入端连接。

6）将第一个正弦函数的输出连接到波形图控件的输入端。设计的程序框图如图 1.4.6 所示。

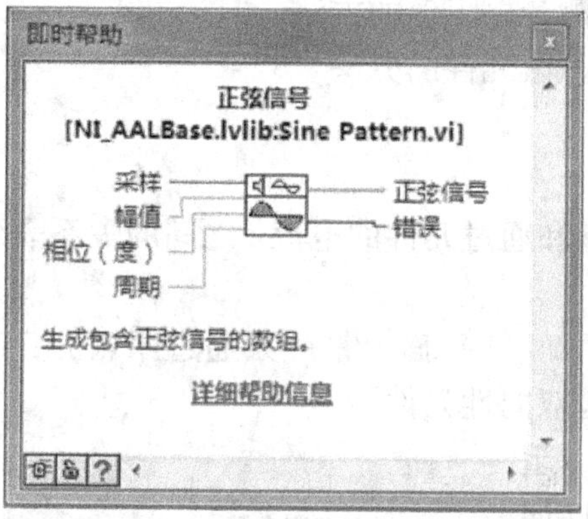

图 1.4.5　即时帮助窗口

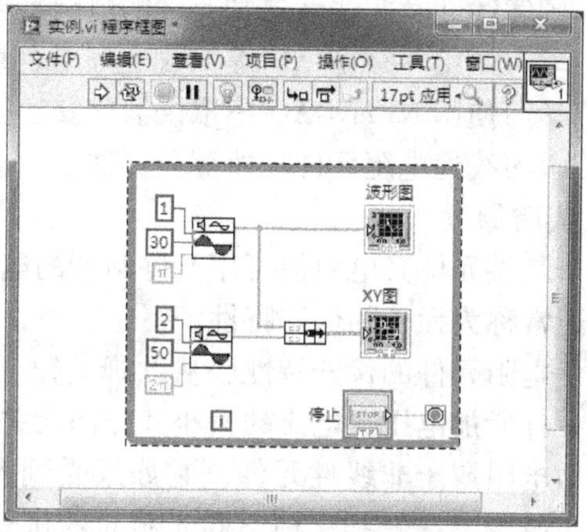

图 1.4.6　程序框图窗口

（3）运行程序

在前面板的菜单栏中选择“操作”→“运行”，运行中的程序前面板如图 1.4.7 所示。本例实现了将一个正弦函数产生的正弦信号输出到波形图控件显示，并将两个正弦函数产生的信号经“捆绑”，作为 XY 图控件的横坐标和纵坐标显示在 XY 图控件中，显示结果是一个闭合曲线，也称为李沙育图形。单击“停止”按钮退出循环，终止程序。

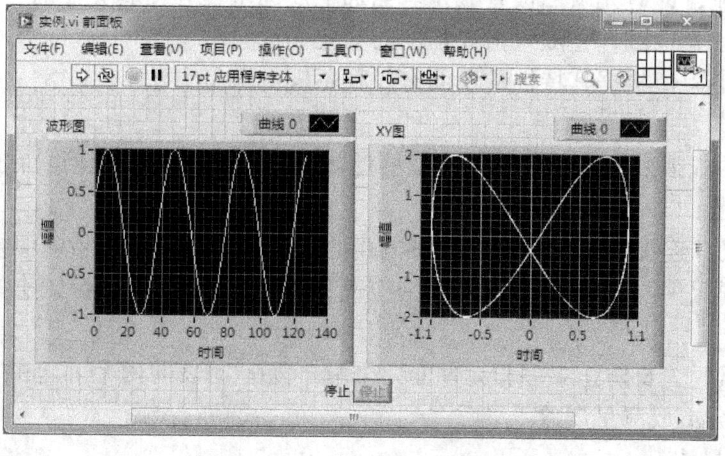

图 1.4.7　程序运行界面

第2章　电路基础实验

2.1　二端元件电阻的测量

1. 实验目的

1）了解线性及非线性二端元件的电阻特性。

2）学习使用 NI myDAQ 虚拟数字万用表直接测量电阻值的方法。

3）学习使用 NI myDAQ 虚拟仪器伏安法测量光敏元件的方法。

4）学习线性电阻元件电桥测量方法。

2. 实验原理

一个二端元件其电阻值可用元件两端的电压 u 和通过元件的电流 i 之间的关系表示。这种关系通常称为元件的伏安特性。

线性电阻元件的伏安特性服从欧姆定律，画在 $u-i$ 平面上是一条通过原点的直线。该特性与元件所加电压、电流的大小和方向无关，是双向性元件。

光敏电阻属于非线性元件，它如果受到光照，阻值会发生改变，在受到4种不同光照时的伏安特性如图2.1.1所示。

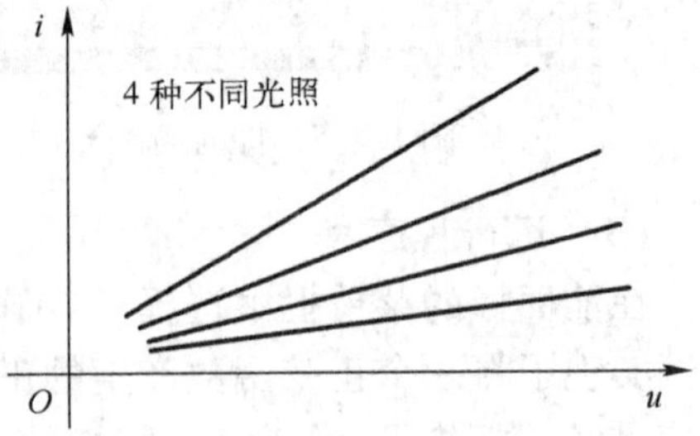

图2.1.1　光敏电阻伏安特性

光敏二极管与半导体二极管在结构上是类似的，其管心是具有光敏特征的 PN 结，具有单向导电性，属于非线性元件，它不服从欧姆定律，其伏安特性画在 $u-i$ 平面上是一条曲线。该特性与元件的方向有关，当加上反向电压，无光照时，有很小的饱和反向漏电流，即暗电流，此时光敏二极管截止。当加上反向电压并受到光照时，饱和反向漏电流会大大增加，形成光电流，它随入射光强度的变化而变化。

二端元件的电阻值根据其特性的不同有3种不同的测量方法。

（1）直接测量法

NI myDAQ 的虚拟数字万用表，可直接测量常用二端元件的电阻值。在使用万用表时需注意以下几个问题：

1）当二端元件连接在电路中时，需将电路的电源断开，不允许带电测量电阻值。

2）如果被测元件与其他元件相连，则应断开连接后再测量，否则会造成测量结果的错误。

3）测量电阻时，要防止双手和元件的两个端子及万用表的两个表笔并联捏在一起，将人体电阻带入，会造成测量误差。

（2）伏安测量法

伏安法是一种间接测量方法。当被测二端元件上流过一定电流时，分别测出其上的电压、电流值，根据欧姆定律 $R=\frac{u}{i}$，计算出被测元件的电阻。

对于光敏电阻、光敏二极管等非线性二端元件，由于阻值随着工作环境变化而改变，通常采用伏安法逐点测量，绘出元件的伏安特性曲线。

（3）电桥测量法

当对电阻的测量准确度要求较高时，通常采用电桥测量法进行测量。电桥测量法原理如图 2.1.2 所示。R_1、R_2 为固定电阻，称为比率臂，比例系数 $K=\frac{R_1}{R_2}$，R_0 为可变的标准电阻，称为标准臂，R_X 为被测电阻，G 为检流计。接通电路后，通过调节 R_0，使得电桥平衡，即检流计指示为零，此时有 $R_XR_1=R_2R_0$，读出标准量 R_0，通过式（2.1.1）确定出被测电阻值的大小。

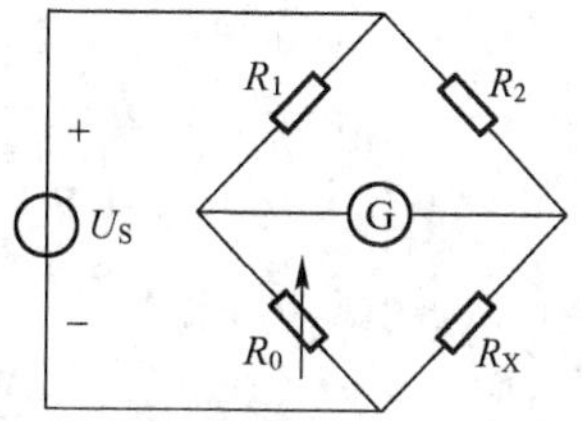

图 2.1.2　电桥法测量原理图

$$R_X=\frac{R_2}{R_1}R_0 \tag{2.1.1}$$

3. 仪器和器材

NI myDAQ	1 块
标准电阻 1 kΩ	1 个
标准电阻 10 kΩ	1 个
光敏二极管	1 个
光敏电阻	1 个
被测电阻	1 个
面包板	1 块
检流计	1 台
精密电位器 500 kΩ	1 个
计算机	1 台（安装有 LabVIEW2013 及 NI myDAQ 驱动）

4. 实验任务

（1）用 NI myDAQ 数字万用表测量二端元件的电阻值

在无光照、自然光照及手电光垂直照射 3 种情况下，左右两端分别接红表棒测量被测电阻、光敏电阻及光敏二极管的电阻值，将测量数据填入表 2.1.1 中。

表 2.1.1　直接法测量二端元件的电阻值

光照强度	被测电阻（左接红表棒）	被测电阻（右接红表棒）	光敏电阻（左接红表棒）	光敏电阻（右接红表棒）	光敏二极管（左接红表棒）	光敏二极管（右接红表棒）
无光						
自然光						
手电光						

对表 2.1.1 的数据进行分析，说明线性元件与非线性元件的不同特性。

（2）用伏安法测量光敏二极管的正向特性曲线

将标称值为 10 kΩ 的电阻与光敏二极管串联后，接在 NI myDAQ 的 AO－0 与 AGND 之间，电路连线如图2.1.3所示。在自然光照下，直流电压输出值为1V、2V、3V、4V及5V时，分别测量电阻两端的电压及光敏二极管两端的电压，将数据记录在表2.1.2中。通过$i=\frac{u_R}{R}$计算光敏二极管流过的电流，绘出光敏二极管的伏安特性曲线图。

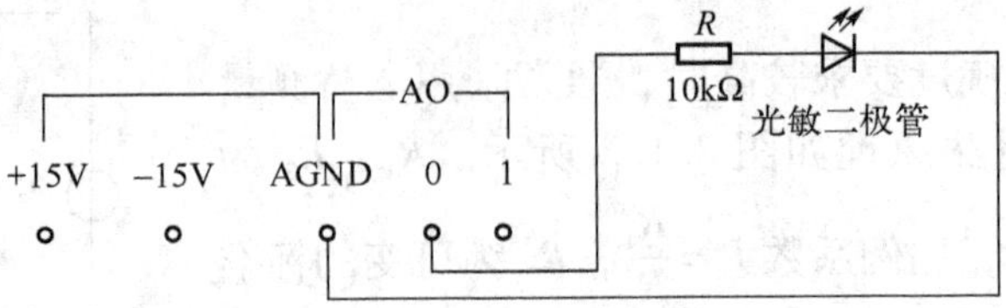

图2.1.3　光敏二极管伏安特性测试接线图

表2.1.2　伏安法测量光敏二极管特性曲线

NI myDAQ提供的直流电压/V	电阻电压/V	光敏二极管电压/V	光敏二极管流过的电流/mA
1.0			
2.0			
3.0			
4.0			
5.0			

（3）用伏安法测量光敏二极管的反向特性曲线

将图2.1.3中的光敏二极管反向，电压源保持5V不变，用手电光对准光敏二极管，由远至近，观察10kΩ电阻两端的电压变化，说明光敏二极管的反向特性。

（4）用电桥法测量被测电阻的阻值

电桥法测量被测电阻的电路连线如图2.1.4所示，直流电压源为NI myDAQ提供的+5V电压。在R_1、R_2为已知电阻的情况下，调节电位器R_0，使检流计电流为0或达到最小，断开电位器R_0，测量此时电位器R_0的数值，通过式（2.1.1）计算被测电阻R_X的阻值。

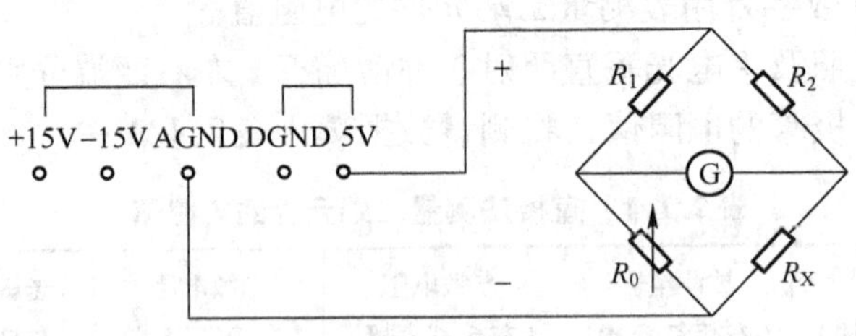

图2.1.4　电桥法测量被测电阻的电路连线图

5. NI myDAQ使用示例

（1）NI myDAQ数字万用表测量电阻阻值

1）测试表棒接入：将红色DMM表棒一端插入NI myDAQ上的HI-V接口，黑色DMM表棒一端插入NI myDAQ上的COM接口。

2）数字万用表电阻功能设置：在计算机上单击“开始”菜单→“所有程序”→“National

Instruments" → "NI ELVISmx for NI ELVIS & NI myDAQ" → "NI ELVISmx Instrument Launcher"，启动仪器软面板，如图 2.1.5 所示。

图 2.1.5　仪器软面板

单击 DMM（数字万用表），打开图 2.1.6 所示数字万用表软面板。

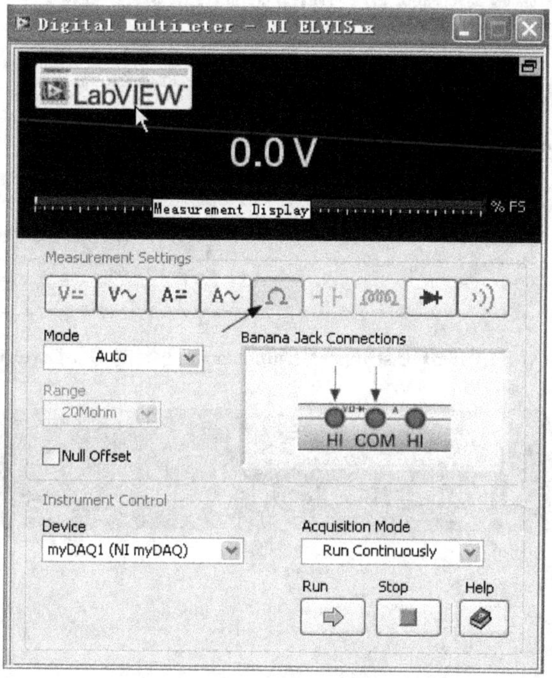

图 2.1.6　数字万用表软面板

在 Measument Settings 栏，选择电阻"Ω"图标；模式（Mode）选择为自动（Auto）；采集模式（Acquisition Mode）为连续采集（Run Continuously）；测量设备（Device）为 Dev1（NI myDAQ）。完成这些选项的配置后，单击下方绿色箭头（Run）按钮，保持当前状态为测量状态。

3）测量操作：将被测体的两端分别与红色及黑色 DMM 表棒相接触，将计算机 DMM 仪器软面板读出的电阻值填入表 2.1.1 中。数据取得后，单击停止（Stop）按钮，完成电阻测量任务。

（2）NI myDAQ 伏安法测量过程

1）可变电源设置：在 NI ELVISmx Instrument Launcher 启动仪器软面板上，单击 DC Level Output，如图 2.1.7 所示。打开 DC Level Output 软面板，在 Channel Settings 中设置为 AO－0；在 Voltage Level 中设置直流电压 1 V 输出值，单击下方的绿色箭头（Run）按钮，保持当前由 NI myDAQ 的 AO－0 接口输出的电压为直流 1V，如图 2.1.8 所示。

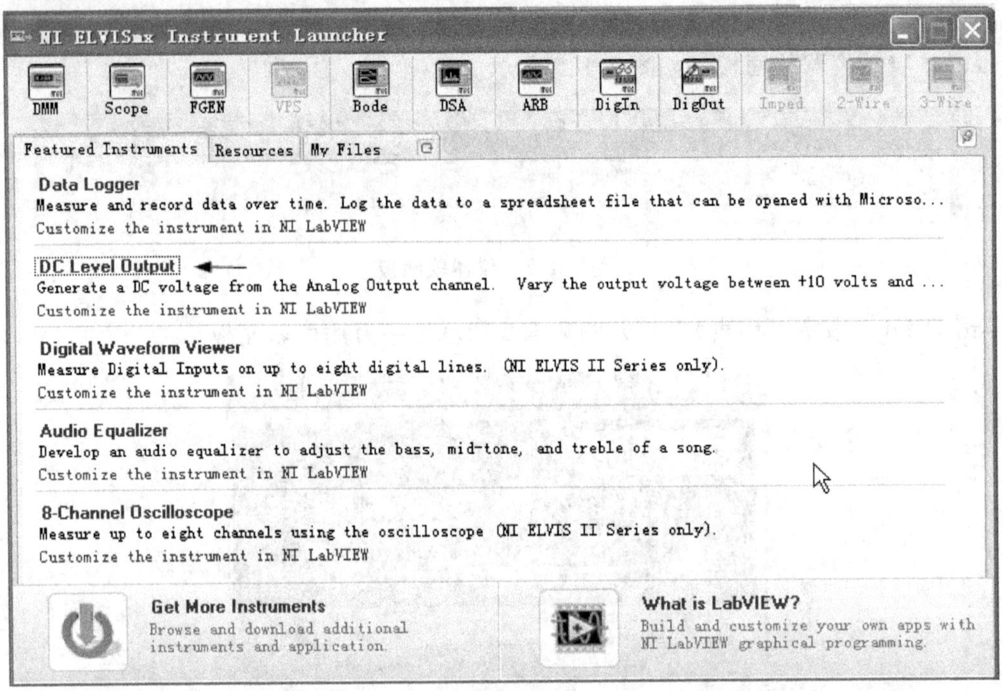

图 2.1.7　NI ELVISmx Instrument Launcher 界面上的 DC Level Output 入口

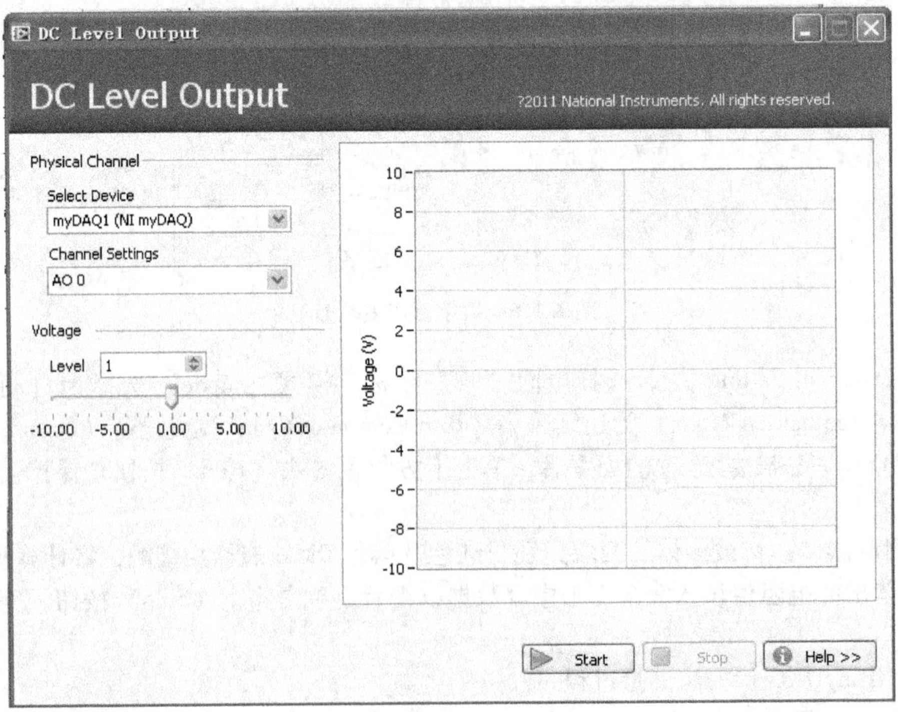

图 2.1.8　DC Level Output 软面板

2）数字万用表电压功能设置：在图 2.1.7 界面中，单击 DMM（数字万用表），打开图 2.1.9 所示数字万用表软面板，在 Measument Settings 栏，选择直流电压“V ⎓”图标，设置测量类型为直流电压；模式（Mode）选择为自动（Auto）；采集模式（Acquisition Mode）为连续采集（Run Continuously）；测量设备（Device）为Dev1（NI myDAQ）。完成这些选项的配置后，单击下方绿色箭头（Run）按钮，保持当前状态为测量状态。

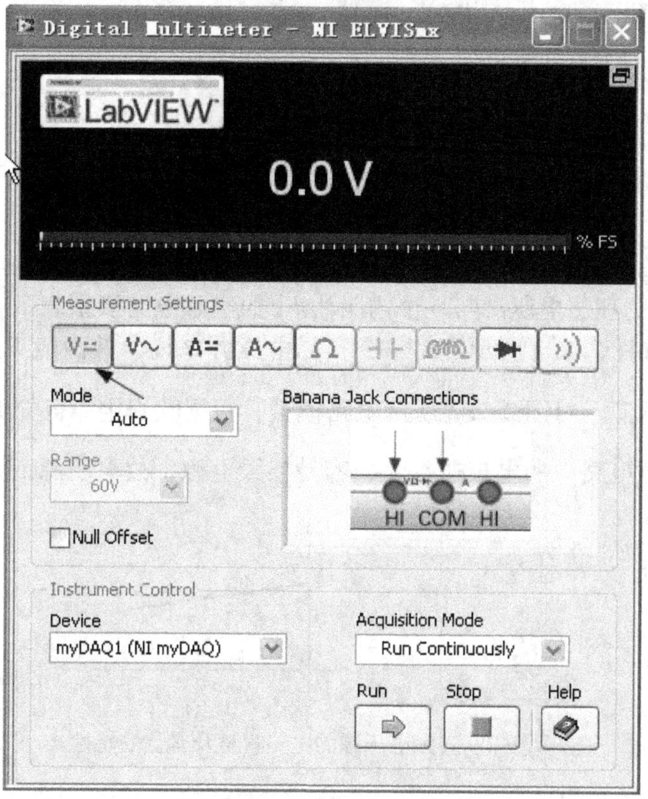

图2.1.9　数字万用表电压设置界面

3）测量操作：用DMM表棒分别并联在被测体两端，测量电阻及光敏二极管两端的直流电压填入表2.1.2中。记录数据后，单击停止（Stop）按钮，完成电压测量任务。

6. 思考题

1）线性电阻元件的电阻值在任何条件下都保持一致吗？

2）采用伏安测试法时电压表内接和外接有何区别？

3）电桥法测量电阻为何可以获得较高的准确度？

2.2　可调电压源与电流源的实现

1. 实验目的

1）加深对电压源与电流源概念的理解。

2）学习使用NI myDAQ实现可调电压源与电流源的方法。

2. 实验原理

(1）电压源

电压源是给外电路提供电能的装置，它分为理想电压源与实际电压源。

理想电压源的输出电压为恒定值，不随外接负载的变化而变化。理想电压源的电流将由电压源与外部电路共同决定。理想电压源的电路模型及其伏安特性如图 2. 2. 1 所示。

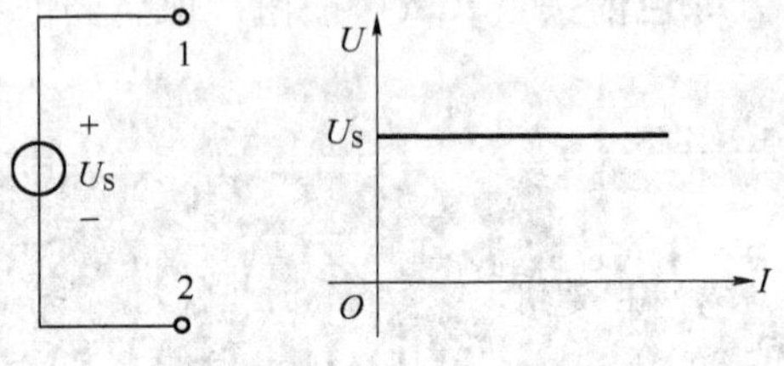

图 2. 2. 1　理想电压源的电路模型及其伏安特性

由于实际电压源有内阻存在，故其对外输出的电压随外接负载变化。实际电压源可以用一个输出电压为 U_S 的理想电压源与一个内阻为 R_S 的串联电路模型表示。实际电压源的电路模型及其伏安特性如图 2. 2. 2 所示。对一个实际电压源来说，其内阻 R_S 越小，它的伏安特性就越接近理想电压源。对图 2. 2. 2 所示电路模型，根据欧姆定律可知 $I=\frac{U_S}{R_S+R_L}$，当 $R_L=0$，由于 R_S 较小，故电路中的电流非常大，容易损毁电源，故电压源不允许短路。

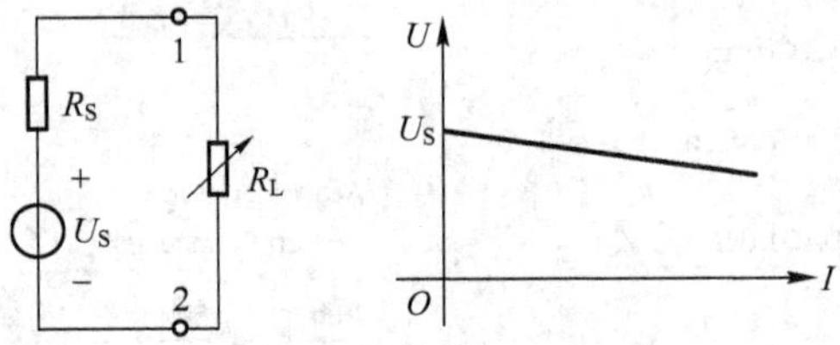

图 2. 2. 2　实际电压源的电路模型及其伏安特性

（2）电流源

电流源也是给外电路提供电能的装置，它分为理想电流源与实际电流源。

理想电流源的输出电流为恒定值，不随外接负载的变化而变化。理想电流源的电路模型及其伏安特性如图 2. 2. 3 所示。

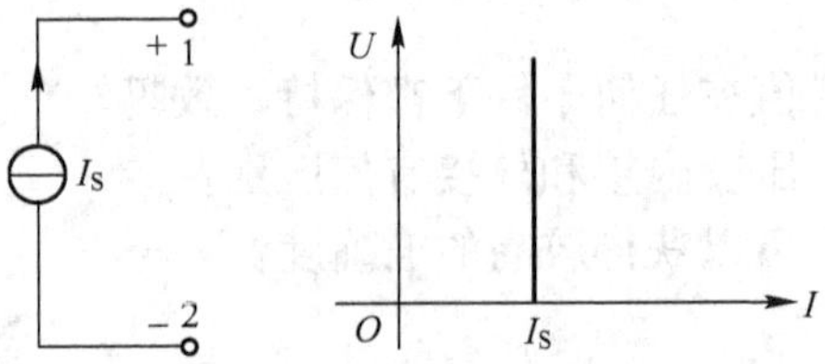

图 2. 2. 3　理想电流源的电路模型及其伏安特性

由于实际电流源有内阻存在，故其对外输出的电流随外接负载变化。实际电流源可以用一个输出电流为 I_S 的理想电流源与一个内阻为 R_S 的并联电路模型表示。实际电流源的电路模型及其伏安特性如图 2. 2. 4 所示。对一个实际电流源来说，其内阻 R_S 越大，它的伏安特性就越接近理想电流源。同理，电流源不允许开路。

实际电源的特性往往与电压源比较接近，而接近电流源的就比较少。光电池与晶体管一类器件，工作时的特性比较接近电流源。

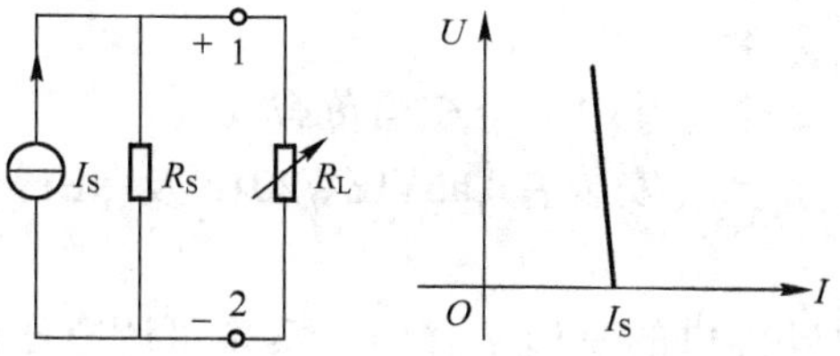

图 2.2.4　实际电流源的电路模型及其伏安特性

（3）NI myDAQ 实现可调电压源与电流源的方法

1）可调电压源。

NI myDAQ 对外只提供 +15 V、−15 V 及 +5 V 固定的直流电压，没有现成的可调电压源可用。而由 NI myDAQ 模拟输出接口输出的直流电压，带负载能力又较弱。当需要有一定带负载能力的可变电压源时，需自行组建。

图 2.2.5 是一种由 LM317 三端可调稳压器组成的可调电压源电路。LM317 输入端为引脚 3，接 NI myDAQ 的 +15 V，在输出端引脚 2 与调节端引脚 1 之间接入外电阻 R_1，在调节端引脚 1 与地之间接入外电阻 R_2，由于调节端引脚 1 对外的电流可以忽略不计，而输出端引脚 2 与调节端引脚 1 之间的电压为 1.25 V，则输出端引脚 2 与地端之间的电压 U_{out} 为

$$U_{out} = (R_1 + R_2)I$$

而

$$I = \frac{1.25}{R_1}$$

推出：

$$U_{out} = 1.25 \times \left(1 + \frac{R_2}{R_1}\right) \tag{2.2.1}$$

当电阻 $R_1 = 1\,\text{k}\Omega$，$R_2 = 0 \sim 10\,\text{k}\Omega$ 时，则 U_{out} 输出 1.25 ~ 13.75 V 电压。

2）可调电流源。

图 2.2.6 为一种由 LM317 三端可调稳压器组成的可调电流源电路。LM317 输入端引脚 3 接 NI myDAQ 的 +15 V，在输出端引脚 2 与调节端引脚 1 之间接入外电阻 R，输出端引脚 2 与调节端引脚 1 之间的电压为 1.25 V，则图中 I_S 为

$$I_S = \frac{1250}{R}\ \text{mA} \tag{2.2.2}$$

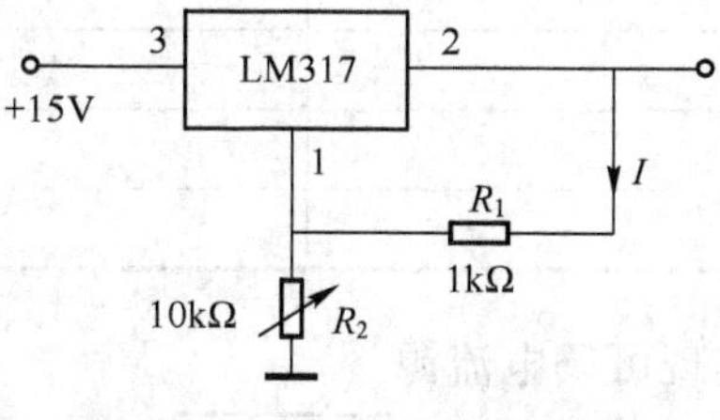

图 2.2.5　可调电压源电路

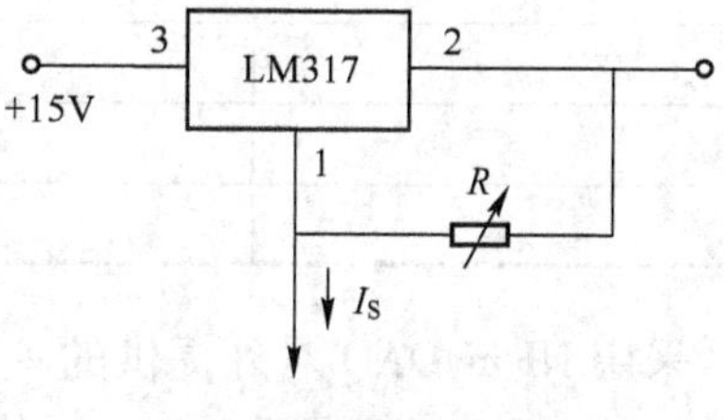

图 2.2.6　可调电流源电路

3. 仪器和器材

NI myDAQ　　1 块

电阻 1 kΩ　　1 个

面包板　　1 块

三端稳压器 LM317　　　　1 个
10 kΩ 电位器　　　　　　2 个（其中 1 个充当负载 R_L）
计算机　　　　　　　　　1 台（安装有 LabVIEW2013 及 NI myDAQ 驱动）

4. 实验任务

（1）采用 NI myDAQ 对外提供的 +15 V 接口，实现可调电压源

1）取 $R_2=5\,k\Omega$，改变图 2.2.7 中的负载电阻 R_L，测量电阻 R_L 两端的电压 U_{out}，研究电压源的负载特性，将测试数据填入表 2.2.1 中，并计算误差。

2）取负载电阻 $R_L=2\,k\Omega$，改变图 2.2.7 中可变电阻 R_2 的阻值，测量电阻 R_L 两端的电压 U_{out}，研究电压源的可调范围，将测试数据填入表 2.2.2 中，并计算误差。

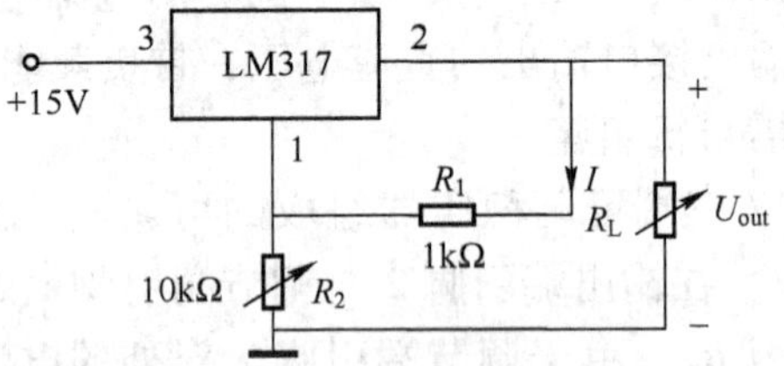

图 2.2.7　可调电压源测试电路

表 2.2.1　可调电压源负载特性

序号	负载电阻 R_L/Ω	U_{out}/V（理论值）	U_{out}/V（测量值）	误 差 计 算
1				
2				
3				
4				
5				

表 2.2.2　可调电压源可调范围测量

序号	可变电阻 R_2/Ω	U_{out}/V（理论值）	U_{out}/V（测量值）	误 差 计 算
1				
2				
3				
4				
5				

（2）采用 NI myDAQ 对外提供的 +15 V 接口，实现可调电流源

1）取 $R=100\,\Omega$，改变图 2.2.8 中的负载电阻 R_L，测量电阻 R_L 两端的电压 U_{out} 和流过电阻 R_L 的电流 I_S，研究电流源的负载特性，将测试数据填入表 2.2.3 中，并计算误差。

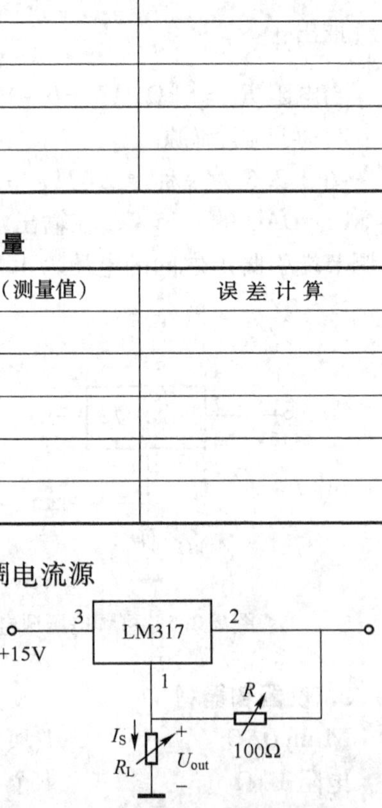

图 2.2.8　可调电流源测试电路

2）取负载电阻 $R_L=500\,\Omega$，改变图 2.2.8 中可变电阻 R 的阻值，测量电阻 R_L 两端的电压 U_{out} 和流过电阻 R_L

的电流 I_S，研究电流源的可调范围，将测试数据填入表 2.2.4 中，并计算误差。

表 2.2.3　可调电流源负载特性

序号	负载电阻 R_L/Ω	I_S/mA（理论值）	U_{out}/V（测量值）	I_S/mA（测量值）	误差计算
1					
2					
3					
4					
5					

表 2.2.4　可调电流源范围测量

序号	可调电阻 R/Ω	I_S/mA（理论值）	U_{out}/V（测量值）	I_S/mA（测量值）	误差计算
1					
2					
3					
4					
5					

5. NI myDAQ 使用示例

（1）NI myDAQ 电阻/直流电压测量方式设置

1）将红色 DMM 表棒一端插入 NI myDAQ 上的 HI－V 接口，黑色 DMM 表棒一端插入 NI myDAQ 上的 COM 接口。

2）在计算机上单击“开始”菜单→“所有程序”→“National Instruments”→“NI ELVISmx for NI ELVIS & NI myDAQ”→“NI ELVISmx Instrument Launcher”，启动仪器软面板，如图 2.2.9 所示。

图 2.2.9　仪器软面板

3）单击 DMM（数字万用表），打开图 2.2.10 所示的数字万用表软面板，单击电阻测量“Ω”图标，测量电阻；单击直流电压测量“V ⎓”图标，测量直流电压。单击下方的绿色箭头（Run）按钮，保持测量电阻/直流电压状态，用 DMM 表棒分别并联在负载电阻两端，测量电阻/直流电压，将数据填入表 2.2.1 和表 2.2.2 中，测量完毕，单击停止（Stop）按钮，完成电阻/直流电压测量任务。

（2）NI myDAQ 直流电流测量方式设置

1）将红色 DMM 表棒一端插入 NI myDAQ 上的 HI－I 接口，黑色 DMM 表棒一端插入 NI myDAQ 上的 COM 接口。

2）在图 2.2.10 中单击“A ⎓”图标。单击下方的绿色箭头（Run）按钮，保持测量直流电流状态。

3）断开负载的一个引脚，将 DMM 红和黑表棒分别串联在负载支路中，测量直流电流，

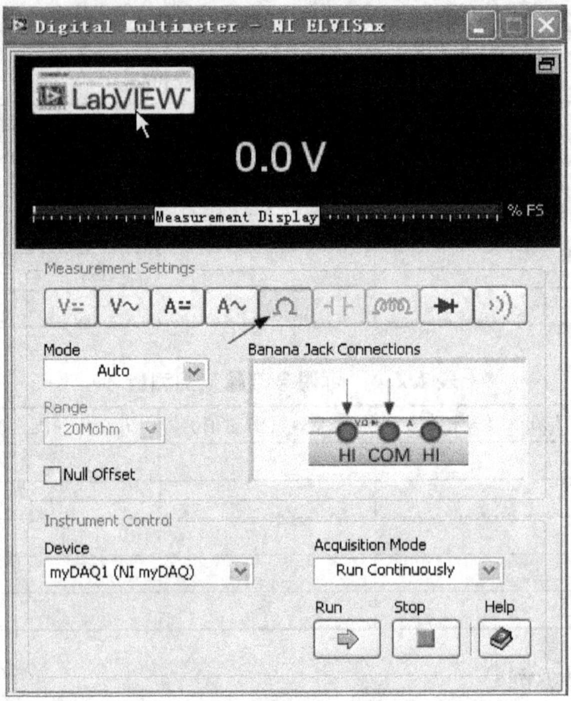

图 2.2.10　数字万用表电阻/直流电压设置界面

将数据填入表 2.2.3 和表 2.2.4 中，测量完毕，单击停止（Stop）按钮，完成直流电流测量任务。

6. 思考题

1）现实中存在理想电压源或理想电流源吗？

2）理想电压源能与理想电流源进行等效变换吗？为什么？

3）在图 2.2.8 的可调电流源电路中，取 $R=100\,\Omega$，电流源对负载电阻 R_L 有限制吗？

2.3　基尔霍夫定律和叠加定理

1. 实验目的

1）验证基尔霍夫定律，加深对电路基本定律的理解。

2）验证叠加定理，加深对定理适用范围的认识。

3）学习使用 NI myDAQ 虚拟仪器测量电路基本物理量的方法。

2. 实验原理

基尔霍夫定律是电路的基本定律，包括基尔霍夫电压定律和基尔霍夫电流定律。基尔霍夫电压定律是确定回路中电压间关系的定律，实质上它是电压与路径无关性质的反映；基尔霍夫电流定律是确定结点处电流间关系的定律，实质上它是电流连续性的体现。

（1）基尔霍夫电压定律

在集总参数电路中，任一时刻，沿任一回路所有支路电压的代数和恒等于零，即：

$$\sum U=0 \tag{2.3.1}$$

验证基尔霍夫电压定律，可在图 2.3.1 无源三端电阻网络的端点 1、3 和端点 2、3 间分别加两个直流电压源，构成三个闭合回路，对任意一个回路，指定回路绕行方向，按指定的绕行方向，将测得的电压代入式（2.3.1）加以验证。

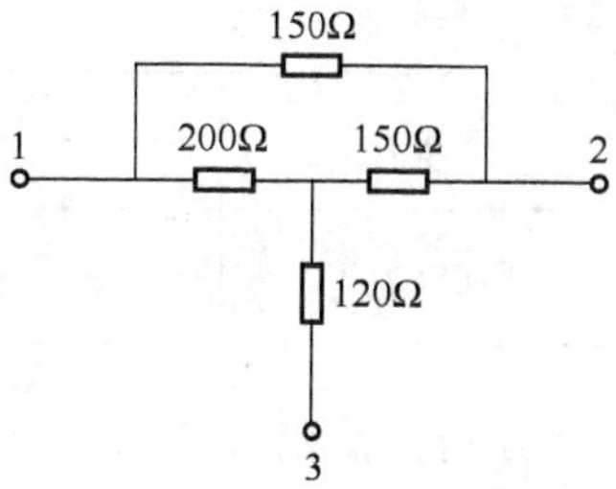

图 2.3.1　无源三端电阻网络

（2）基尔霍夫电流定律

在集总参数电路中，任一时刻，对任意一结点，所有流出结点的支路电流的代数和恒等于零，即：

$$\sum I=0 \qquad (2.3.2)$$

同样，验证基尔霍夫电流定律，可在图 2.3.1 电路的端点 1－3 和端点 2－3 间分别加两个直流电压源，构成三个闭合回路，按指定的电流参考方向，分别对流出结点 1、2、3 的支路电流加以测量，代入式（2.3.2）加以验证。

（3）叠加定理

叠加定理：线性电阻电路中，任意电压或电流都是电路中各个独立电源单独作用时，在该处产生的电压或电流的叠加。

在叠加的各分电路中，不作用的电压源置零，在电压源处以短路代替；不作用的电流源置零，在电流源所在处用开路替代。

叠加定理是线性电路的一个重要原理，对非线性电路，叠加定理不适用。

用图 2.3.1 所示电路来验证叠加定理。在端点 1－3 和端点 2－3 间加两个直流电压源共同作用下测得的各支路电压应该是电路分别仅有一个电源作用时的各对应电压值的代数和。

3. 仪器和器材

NI myDAQ	1 块
电阻 1/2 W	若干
面包板	1 块
普通二极管	1 个
计算机	1 台（安装有 LabVIEW2013 及 NI myDAQ 驱动）

4. 实验任务

1）采用 NI myDAQ 对外提供的＋15 V 及＋5 V 为电源，在图 2.3.1 中的端点 1、3 之间和端点 2、3 之间接入这两个电压源信号，电路如图 2.3.2 所示。按指定的回路绕行方向标记支路电压，测量回路 1 和回路 2 中各支路电压，填入表 2.3.1 中，利用测得的数据验证基尔霍夫电压定律。

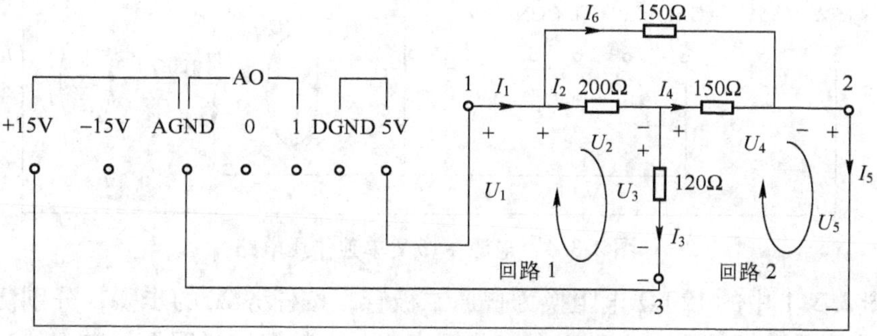

图 2.3.2　基尔霍夫定律验证电路

表 2.3.1　验证基尔霍夫电压定律

回路 1	U_1/V	U_2/V	U_3/V	$\sum U$
回路 2	U_3/V	U_4/V	U_5/V	$\sum U$

分别测量流入图 2.3.2 中结点 1、2、3 的支路电流，填入表 2.3.2 中，利用测得的数据验证基尔霍夫电流定律。

表 2.3.2　验证基尔霍夫电流定律

结点 1	I_1/mA	I_2/mA	I_6/mA	$\sum I$
结点 2	I_4/mA	I_5/mA	I_6/mA	$\sum I$
结点 3	I_1/mA	I_3/mA	I_5/mA	$\sum I$

2）+5 V 电源单独作用时，电路如图 2.3.3 所示，测量各电阻两端电压，将测量数据填入表 2.3.3 中。+15 V 电源单独作用时，电路如图 2.3.4 所示，测量各电阻两端电压，将测量数据填入表 2.3.3 中。按图 2.3.1 在端点 1－3 和端点 2－3 间同时接入这两个电压源，电路如图 2.3.2 所示，测量各电阻电压，将测量数据填入表 2.3.3 中。分析表 2.3.3 数据，验证叠加定理。

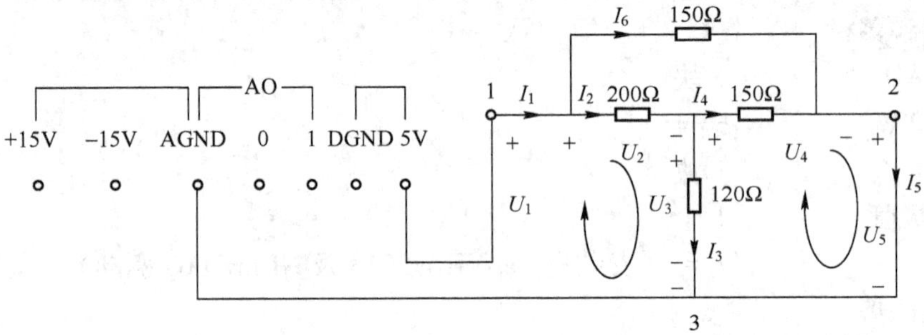

图 2.3.3　电源 +5 V 单独作用电路

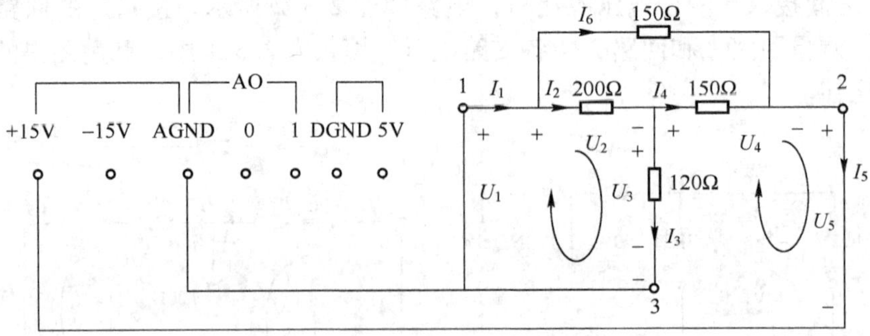

图 2.3.4　电源 +15 V 单独作用电路

3）将图 2.3.1 中的 120 Ω 电阻换为普通二极管，按任务 2）的步骤，分别测量各元件两端的电压，将测量数据填入表 2.3.4 中。分析表 2.3.4 数据，说明叠加定理的适用范围。

表 2.3.3　验证叠加定理

	U_1/V	U_2/V	U_3/V	U_4/V
+5 V 电源单独作用				
+15 V 电源单独作用				
两电源同时作用				

表 2.3.4　验证非线性元件对叠加定理的不适用性

	U_1/V	U_2/V	U_3/V	U_4/V
+5 V 电源单独作用				
+15 V 电源单独作用				
两电源同时作用				

5. NI myDAQ 使用示例

1）将红色 DMM 表棒一端插入 NI myDAQ 上的 HI－V 接口，黑色 DMM 表棒一端插入 NI myDAQ 上的 COM 接口。

2）在计算机上单击“开始”菜单→“所有程序”→“National Instruments”→“NI ELVISmx for NI ELVIS & NI myDAQ”→“NI ELVISmx Instrument Launcher”，启动仪器软面板，如图 2.3.5 所示。

图 2.3.5　仪器软面板

3）单击 DMM（数字万用表），打开图 2.3.6 所示数字万用表软面板，设置如图所示，单击下方的绿色箭头（Run）按钮，保持测量电压状态，用 DMM 表棒分别测量各电阻上的

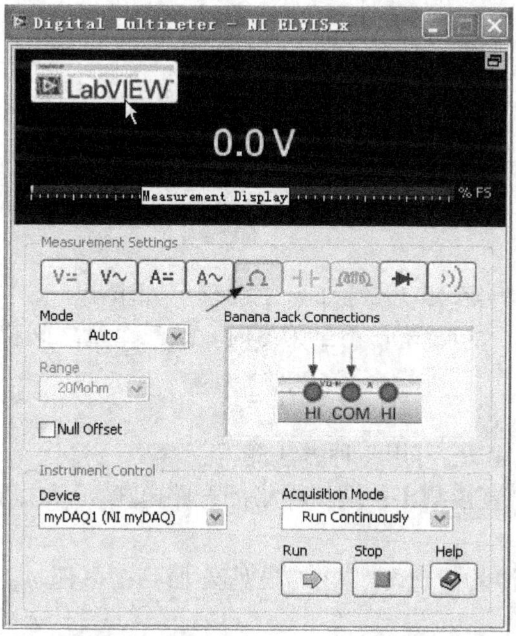

图 2.3.6　数字万用表电压设置界面

电压。数据取得后，单击停止（Stop）按钮，完成电压测量任务。

6. 思考题

1）基尔霍夫电流定律对闭合面适用吗？为什么？

2）对图 2.3.2 所示电路，在验证叠加定理时，端点 1、3 或端点 2、3 不加电压源时应如何处理？

3）在非线性电路中叠加定理适用吗？

2.4 戴维南等效电路和诺顿等效电路的确定

1. 实验目的

1）掌握线性含源一端口网络等效电路参数的实验测定方法，加深对戴维南定理和诺顿定理的理解。

2）学习使用 NI myDAQ 虚拟仪器测量电路基本物理量的方法。

2. 实验原理

（1）戴维南定理

线性一端口网络 A，已知开路电压为 u_{oc}，A 内所有独立源置零后的等效电阻为 R_{eq}，则网络 A 可以用电压为 u_{oc} 的电压源和电阻 R_{eq} 的串联电路等效代替，如图 2.4.1 所示。

（2）诺顿定理

线性一端口网络 A，已知短路电流为 i_{sc}，A 内所有独立源置零后的等效电阻为 R_{eq}，则网络 A 可以用电流为 i_{sc} 的电流源和电阻 R_{eq} 的并联等效代替，如图 2.4.1 所示。

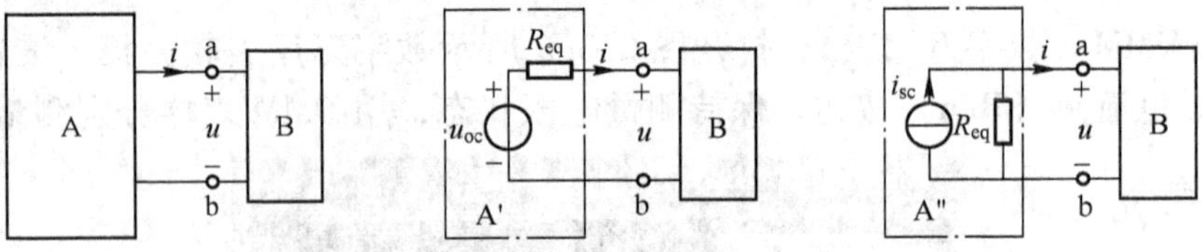

图 2.4.1　戴维南等效电路和诺顿等效电路

（3）网络等效的概念

对任一网络 B，网络 A 用戴维南等效电路或诺顿等效电路替代后，网络 B 中的电压、电流保持不变。

应用戴维南定理和诺顿定理的关键在于正确理解和求出一端口网络的开路电压 u_{oc}、短路电流 i_{sc} 和等效电阻 R_{eq}，当 u_{oc} 和 i_{sc} 不全为零时，这三个量之间存在如下关系式：

$$R_{eq}=\frac{u_{oc}}{i_{sc}} \tag{2.4.1}$$

在本实验中，等效电阻 R_{eq} 可用 3 种方法测得：

1）根据式（2.4.1）直接测出一端口网络的开路电压 u_{oc} 和短路电流 i_{sc} 后，根据欧姆定律得出。

2）将网络内所有电源均置为零，在端口处外加一个电压 u，测出端口处的电流 i 后，根据欧姆定律得出。

3）将网络中的所有独立电源均置为零，在端口处用数字万用表（DMM）的电阻档直接

测量等效电阻 R_{eq}。

3. 仪器和器材

NI myDAQ	1 块
电阻箱	1 台
电阻	若干
面包板	1 块
计算机	1 台（安装有 LabVIEW2013 及 NI myDAQ 驱动）

4. 实验任务

（1）在图 2.4.2 所示电路的端子 1、3 间接入 NI myDAQ 对外提供的 5 V 电压源，确定端子 2、3 间的戴维南等效电路

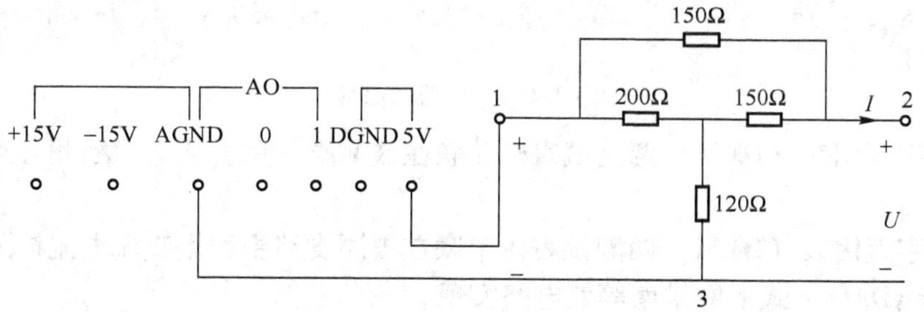

图 2.4.2　三端网络

1）用数字万用表（DMM）直接测量开路电压 u_{oc} 和等效电阻 R_{eq}。

2）在端子 2、3 间连接一台电阻箱，改变电阻值，测定该网络的伏安特性，并将实验数据记录在表 2.4.1 中。

3）用测得的开路电压 u_{oc} 和等效电阻 R_{eq} 串联组成戴维南等效电路。在等效电路的端口处连接一台电阻箱，改变电阻值，测定该网络的伏安特性，并将实验数据记录在表 2.4.1 中，验证戴维南定理。

表 2.4.1　验证戴维南定理和诺顿定理

电阻箱	200 Ω		300 Ω		400 Ω		500 Ω	
	U	I	U	I	U	I	U	I
原电路 2－3 端口								
戴维南等效电路 2－3 端口： u_{oc} =　　R_{eq} =								
诺顿等效电路 2－3 端口： i_{sc} =　　R_{eq} =								

（2）在图 2.4.2 所示电路的端子 1、3 间接入 5 V 电压源，确定端子 2、3 间的诺顿等效电路

1）用数字万用表（DMM）测短路电流 i_{sc} 和等效电阻 R_{eq}。

2）用测得的短路电流 i_{sc} 和等效电阻 R_{eq} 并联组成诺顿等效电路。在等效电路的端口处连接一台电阻箱，改变电阻值，测定该网络的伏安特性，并将实验数据记录在表 2.4.1 中，验

证诺顿定理。

5. NI myDAQ 使用示例

（1）电阻、电压、电流测量

1）将数字万用表（DMM）红色表棒一端插入 NI myDAQ 上的 HI－V 接口（电阻、电压测量）或 HI－A 接口（电流测量），黑色表棒一端插入 NI myDAQ 上的 COM 接口。

2）在计算机上单击“开始”菜单→“所有程序”→“National Instruments”→“NI ELVISmx for NI ELVIS & NI myDAQ”→“NI ELVISmx Instrument Launcher”，启动仪器软面板，如图 2.4.3 所示。

图 2.4.3　仪器软面板

3）将数字万用表（DMM）两测试表棒并联在被测端，用直流电压档测开路电压，电阻档测等效电阻。

4）将数字万用表（DMM）两测试表棒串联在被测支路中，用直流电流档测短路电流。

（2）NI myDAQ 方式下戴维南等效电路实现

NI myDAQ 方式下戴维南等效电路如图 2.4.4 所示，开路电压 u_{oc} 需通过调节电阻 R_2 得到。

（3）NI myDAQ 方式下诺顿等效电路实现

NI myDAQ 方式下诺顿等效电路如图 2.4.5 所示，短路电流 i_{sc} 需通过调节电阻 R 得到。

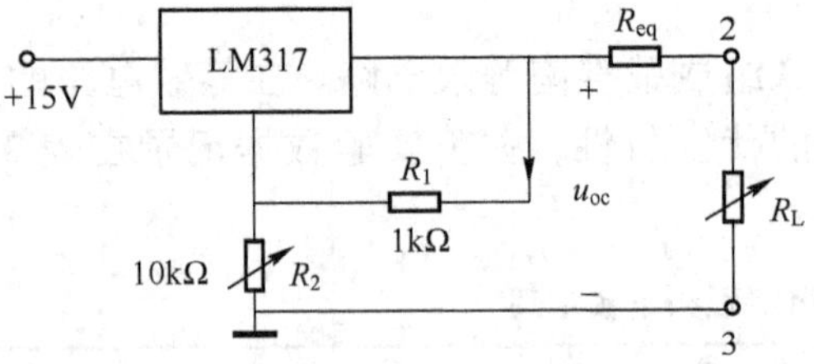

图 2.4.4　NI myDAQ 方式下戴维南等效电路

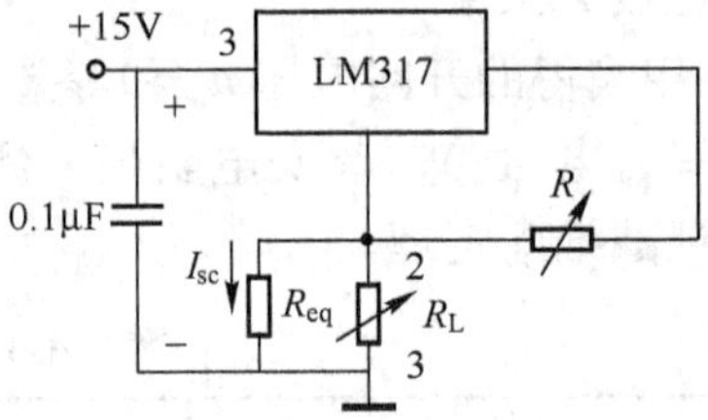

图 2.4.5　NI myDAQ 方式下诺顿等效电路

6. 思考题

1）如果网络中含有受控源，戴维南定理是否成立？

2）用数字万用表（DMM）的电阻档直接测量等效电阻 R_{eq} 时，含源网络中的电源该如何处理？

2.5　基本运算电路

1. 实验目的

1）熟悉由运算放大器组成的各种基本运算电路。

2）掌握运算电路的调试和实验方法。

3）学习 NI myDAQ 虚拟信号源与示波器的使用方法。

2. 实验原理

运算放大器（简称运放）是一种有着广泛用途的电子器件。最早应用于1940年。1960年后，随着集成电路技术的发展，运算放大器逐步集成化，大大降低了成本，获得了信号的运算、处理及发生这三方面越来越广泛的应用。基本运算电路指由运算放大器组成的比例、加、减、对数、指数、积分以及微分等运算电路。

（1）反相比例器

如图2.5.1所示为由运算放大器构成的反相比例器电路，由运算放大器的“虚短”和“虚断”原理可知：

$$u^{+}=u^{-}=0$$

$$\frac{u_{i}-u^{-}}{R_{1}}=\frac{u^{-}-u_{o}}{R_{2}}$$

由此可推出：

$$u_{o}=-\frac{R_{2}}{R_{1}}u_{i} \tag{2.5.1}$$

该运算电路实现了输入信号的反相放大。

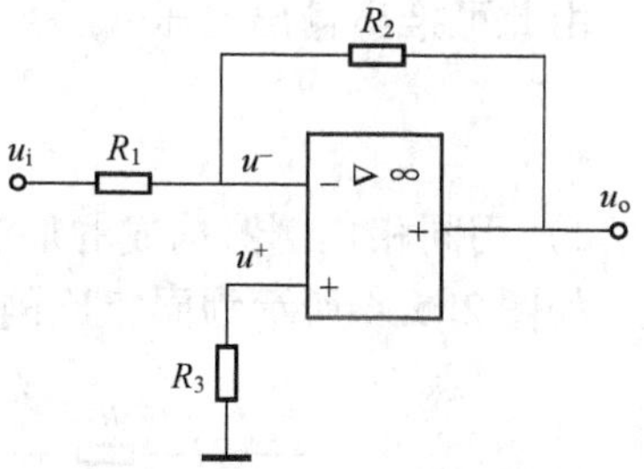

图2.5.1　反相比例器电路

提示：

对图2.5.1中电阻的取值应在合适的范围之内，除应满足电压传递比要求外，还要考虑运放输出电流的限制，并使运放非理想因素的影响尽可能小。此外，电阻本身的功耗不能超过其额定值。图中R_2的取值应使运放的输出电流小于其最大值。设运放输出端与地之间不接负载，则运放的输出电流为

$$I_{o}=\frac{U_{o}}{R_{2}}$$

设运放的最大输出电压为U_{om}，最大输出电流为I_{om}，则R_2的值一般应满足

$$R_{2}>\frac{U_{om}}{I_{om}}$$

R_2取值也不能过大，否则流过R_2的电流则比较小，运放输入失调电流的影响变大。阻值过大的电阻稳定性差，精度低，噪声也大。

通常R_2的取值在数千欧到数百千欧之间。R_2确定后，再根据电压传递比确定R_1的值。此外，R_2、R_1的值还应尽可能属于标称系列，一般要避免使用串并联形式匹配其值。

在图2.5.1中，运放同相端经电阻R_3接地，R_3起减小输入失调电流的作用，一般取$R_3=R_1R_2/(R_1+R_2)$。

（2）同相比例器

如图2.5.2所示为由运算放大器构成的同相比例器电路，由理想运放的“虚短”和“虚断”原理可知：

$$u_{i}=u^{+}=u^{-}$$

$$\frac{u^{-}}{R_{3}}=\frac{u_{o}-u^{-}}{R_{2}}$$

由此可推出输出电压u_o为

$$u_{o}=\left(1+\frac{R_{2}}{R_{3}}\right)u_{i} \tag{2.5.2}$$

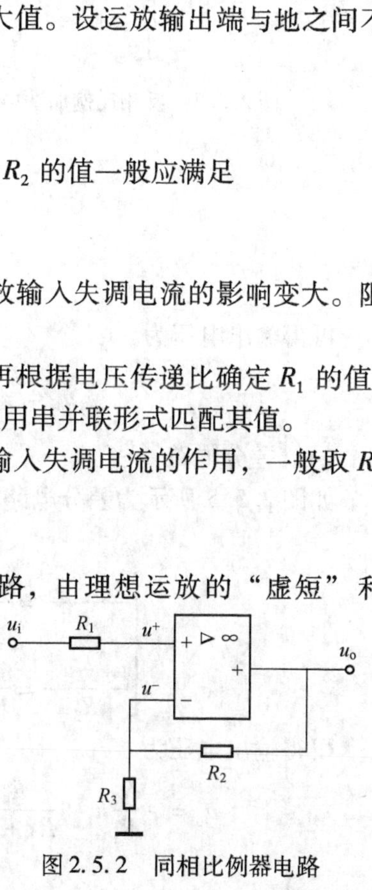

图2.5.2　同相比例器电路

该运算电路实现了输入信号的同相放大。

(3) 加法电路

1) 用反相比例器构成加法电路。

如图 2.5.3 所示为反相比例加法电路，由理想运放的“虚短”和“虚断”原理可知：

$$u^{+}=u^{-}=0$$

而

$$\frac{u_1-u^{-}}{R_1}+\frac{u_2-u^{-}}{R_2}=\frac{u^{-}-u_o}{R_f}$$

由此可推出输出电压 u_o 为

$$u_o=-\frac{R_f}{R_1}u_1-\frac{R_f}{R_2}u_2 \tag{2.5.3}$$

2) 用同相比例器构成的加法电路。

如图 2.5.4 所示为同相比例加法电路，由理想运放的“虚短”和“虚断”原理可知：

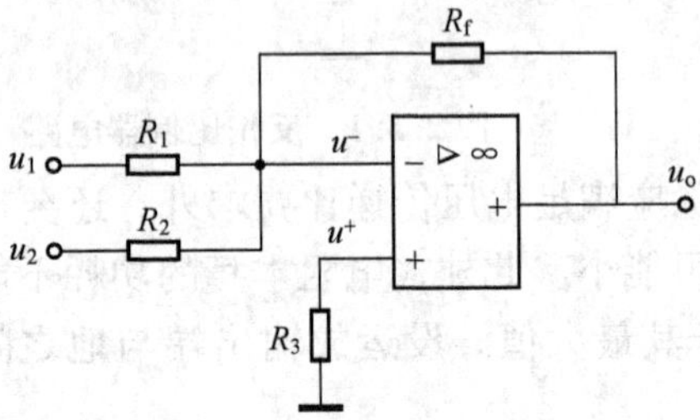

图 2.5.3 反相比例加法电路

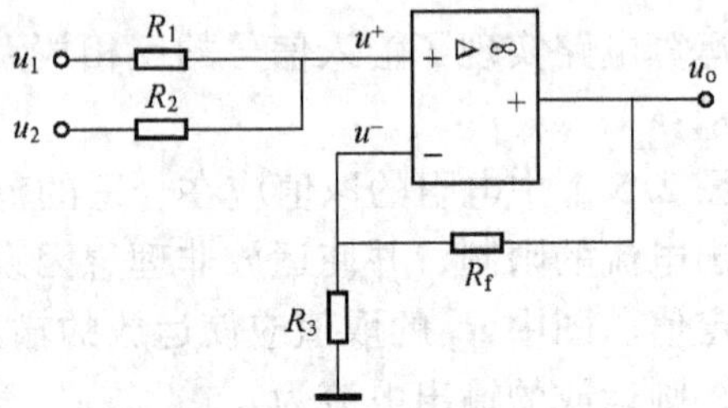

图 2.5.4 同相比例加法电路

$$u^{+}=u^{-}=\frac{R_3}{R_3+R_f}u_o$$

$$\frac{u_1-u^{+}}{R_1}+\frac{u_2-u^{+}}{R_2}=0$$

可得输出电压为

$$u_o=\frac{R_3+R_f}{R_3}\frac{R_2}{R_1+R_2}u_1+\frac{R_3+R_f}{R_3}\frac{R_1}{R_1+R_2}u_2 \tag{2.5.4}$$

(4) 差分电路

如图 2.5.5 所示为差分电路，由理想运放的“虚短”和“虚断”原理可知：

$$u^{+}=u^{-}$$

$$\begin{cases}\dfrac{u_1-u^{-}}{R_1}=\dfrac{u^{-}-u_o}{R_2}\\[2mm]\dfrac{u_2-u^{+}}{R_3}=\dfrac{u^{+}}{R_4}\end{cases}$$

可得输出电压为

$$u_o=-\frac{R_2}{R_1}u_1+\frac{R_4}{R_3+R_4}\frac{R_1+R_2}{R_1}u_2 \tag{2.5.5}$$

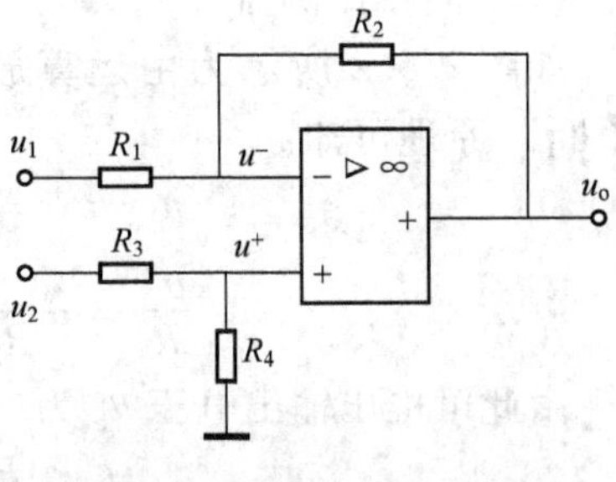

图 2.5.5 差分放大电路

若取 $R_1R_4=R_2R_3$，则 $u_o=\frac{R_2}{R_1}(u_2-u_1)$，实现差分放大。

（5）电压跟随器

图 2.5.6a 所示电路为负载电阻 R_L 直接连至内阻为 R_S 的直流源 u_S，可得输出电压为

$$u_o=\frac{R_L}{R_S+R_L}u_S \tag{2.5.6}$$

由式（2.5.6）可知，输出电压受到电源内阻 R_S 和负载电阻 R_L 阻值的影响。图 2.5.6b 为负载电阻通过一电压跟随器连接至内阻为 R_S 的直流源 u_S，点画线框部分为一电压跟随器，由理想运放的“虚短”和“虚断”原理可知：

$$u_o=u^+=u^-=u_s \tag{2.5.7}$$

由式（2.5.7）可知，电压跟随器可以实现无论负载如何变化，跟随器的输出都可以跟随输入信号，不受电源内阻、负载或前级电路的影响。

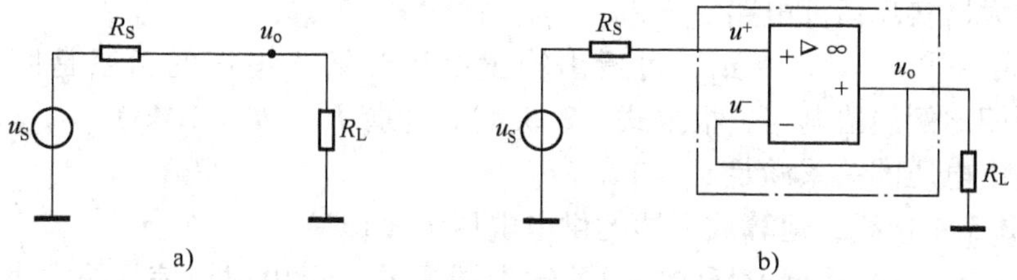

图 2.5.6　对外电路影响的对比电路

a）不含电压跟随器的电路　b）含有电压跟随器的电路

3. 仪器和器材

NI myDAQ	1 块
运算放大器 μA741	若干
电阻	若干
面包板	1 块
电位器	1 个
发光二极管	1 个
蜂鸣器	1 个
计算机	1 台（安装有 LabVIEW2013 及 NI myDAQ 驱动）

4. 实验任务

（1）反相比例器电路

1）按图 2.5.7 接线，图中数字 1～7 分别为运算放大器 μA741 引脚编号，$R_1=10\ \text{k}\Omega$，$R_2=20\ \text{k}\Omega$，$R_3=10\ \text{k}\Omega$，电位器 $R_p=10\ \text{k}\Omega$，引脚 7 接 +15 V 电源电压，引脚 4 接 −15 V 电源电压。

2）调零。将输入端接地，用数字万用表（DMM）直流电压档监测输出电压，调节电位器 R_p，使输出电压为零。

3）通过 NI myDAQ 虚拟信号源在输入端 u_i 加入

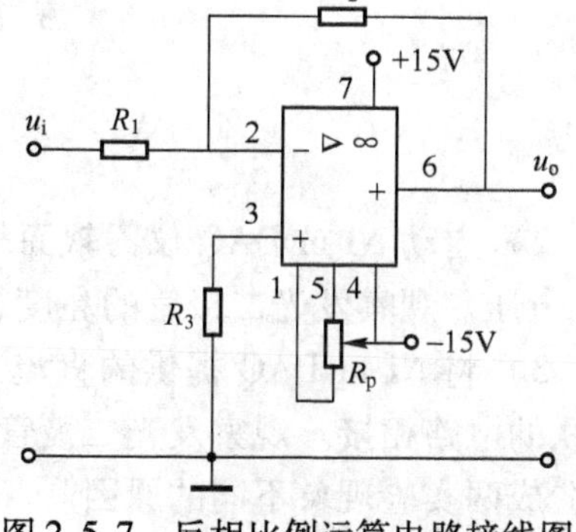

图 2.5.7　反相比例运算电路接线图

频率$f=500$ Hz、幅值 V = 1 V 的正弦波信号，用虚拟示波器观察输入 u_i 和输出 u_o 波形，确保两波形相位反相且没有失真。

4）按表 2.5.1 改变输入信号的有效值，用数字万用表（DMM）交流电压档测量输出电压有效值，将数据记入表 2.5.1 中。

表 2.5.1　反相比例器验证

$R_1=$　　　　$R_2=$　　　　$f=$

输入电压 u_i/V	输出电压 u_o/V	电压传递比 A	误差（%）
0.1			
0.5			
1.0			

（2）运算电路

用运算放大器实现运算电路 $u_o=2u_1+u_2$。

1）根据表达式 $u_o=2u_1+u_2$，可看出输出电压和输入电压的关系是同相关系，选择图 2.5.4 的同相比例加法电路，根据式（2.5.4），选择 $R_1=R_3=10\,\text{k}\Omega$，$R_2=R_f=20\,\text{k}\Omega$，则可得输入和输出电压的关系满足 $u_o=2u_1+u_2$。

2）按图 2.5.4 接线，运算放大器的供电电压为 ±15 V。

3）输入电压 u_1 由 NI myDAQ 的 +5 V 输出端提供，u_2 由虚拟信号源提供，参数取值见表 2.5.2，观察输出电压波形，验证是否满足 $u_o=2u_1+u_2$ 关系。

表 2.5.2　u_1 和 u_2 的取值

输入电压/V	幅值/V	频率
u_1	5	0
u_2	1	1 kHz

（3）电压跟随器实验

1）按图 2.5.8 接线，发光二极管和蜂鸣器并联接在 NI myDAQ 的 AO－0 与地 AGND 端之间。

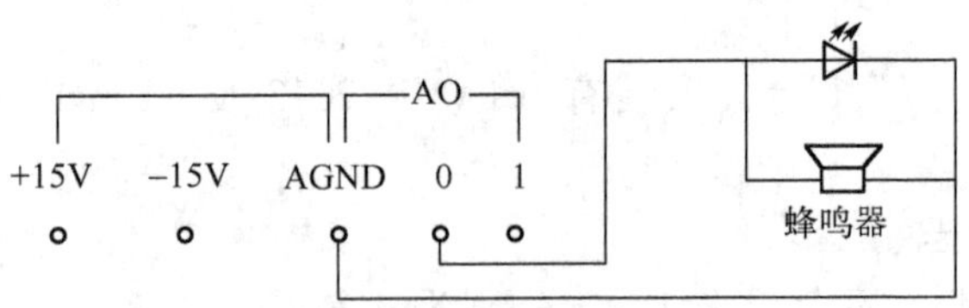

图 2.5.8　电压跟随器实验

2）启动 NI myDAQ 仪器软面板，单击“DC Level Output”，设置 AO－0 接口输出直流 5 V 电压。观察发光二极管的亮度，倾听蜂鸣器是否鸣叫，测量此时的输出电压。

3）将 NI myDAQ 提供的直流 5 V 电压先通过一个电压跟随器再与发光二极管和蜂鸣器并联的电路相接。观察发光二极管的亮度，倾听蜂鸣器是否鸣叫，测量此时的输出电压，说明造成两实验现象不同的原因。

5. NI myDAQ 使用示例

以图 2. 5. 7 的反相比例器为例。

（1）μA741 供电电压的接入端口

μA741 需要的 +15V、-15V 及“地”分别由 NI myDAQ 相应接口直接接入，如图 2. 5. 9 所示。

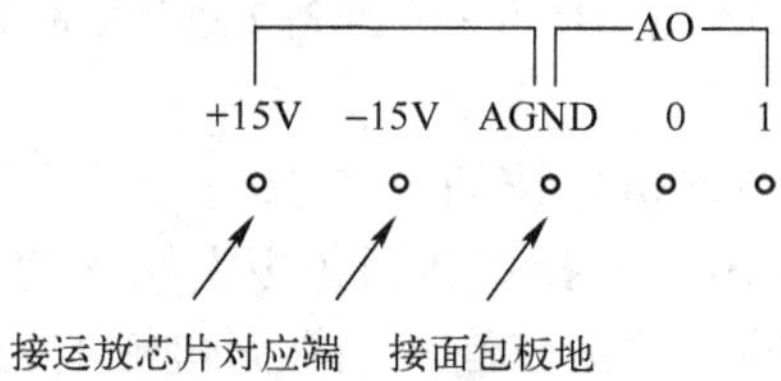

图 2. 5. 9　面包板上 μA741 供电电压的对应端

（2）虚拟信号发生器设置

1）在计算机上单击“开始”菜单→“所有程序”→“National Instruments”→“NI ELVISmx for NI ELVIS & NI myDAQ”→“NI ELVISmx Instrument Launcher”，启动仪器软面板，如图 2. 5. 10 所示。

图 2. 5. 10　仪器软面板

2）单击“FGEN”图标，设置如图 2. 5. 11 所示。

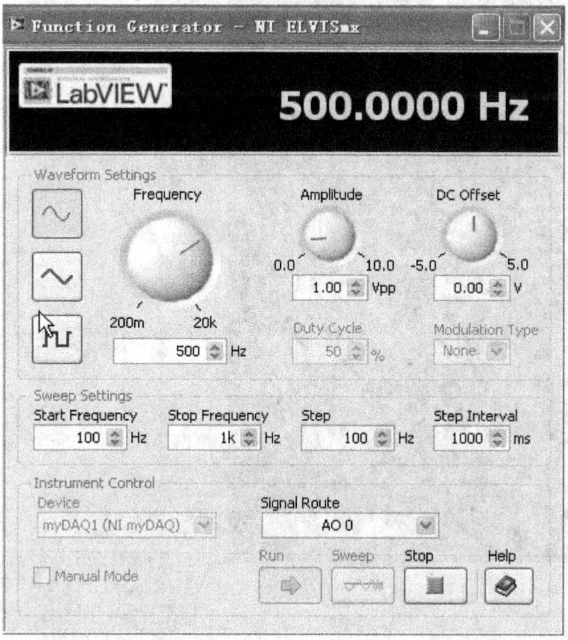

图 2. 5. 11　虚拟信号发生器设置

Waveform Settings（波形设置）：单击正弦波图标，Frequency（频率）设置为500 Hz，Amplitude（幅值）设置为1 V（峰峰值），DC Offset（直流供电量）设置为0 V，Duty Cycle（占空比）默认为50%，Modulation Type（调制类型）默认为None（未设）。

Sweep Settings（扫描设置）：Start Frequency（起始频率）设置为100 Hz，Stop Frequency（终止频率）设置为1 kHz，Step（步长）设置为100 Hz，Step Interval（步长间隔）设置为1000 ms。

Instrument Control（仪器控制）：Device（设备）默认为myDAQ1（NI myDAQ），Signal Route（信号路径）设置为AO－0。

设置完成后单击绿色箭头（Run）按钮，虚拟信号发生器对AO－0接口送出500 Hz，1 V的正弦信号。NI myDAQ的AO－0接口与面包板上输入信号 u_{in} 的接线如图2.5.12所示。通过此连线将虚拟信号发生器输出的正弦信号送入面包板上的输入信号 u_{in} 端。

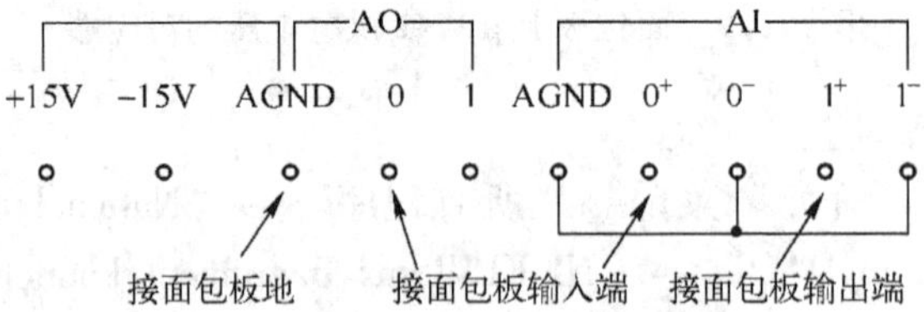

图2.5.12　NI myDAQ接口接线

(3) 虚拟示波器设置

NI myDAQ接口接线如图2.5.12所示。面包板上的输入信号 u_{in} 由虚拟示波器采集NI myDAQ的AI－0⁺接口显示，输出信号 u_o 由虚拟示波器采集NI myDAQ的AI－1⁺接口显示。

在图2.5.10仪器软面板界面，单击“Scope”图标，设置如图2.5.13所示。

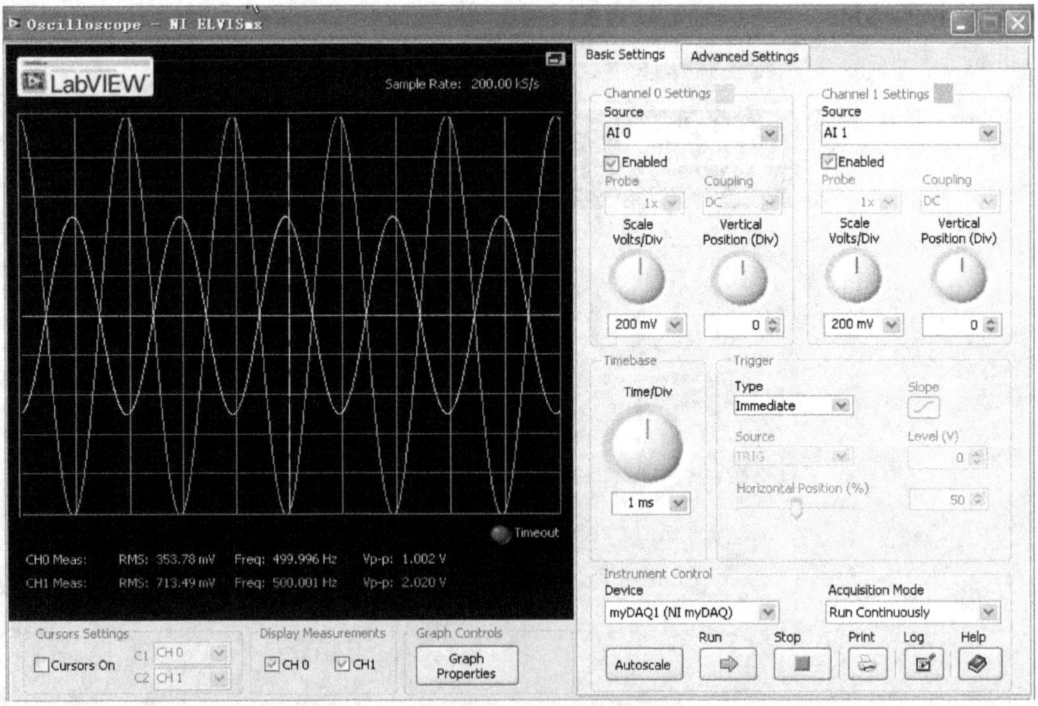

图2.5.13　虚拟示波器设置

Channel 0 Settings（0 通道设置），在 Soure（源）下选择 AI－0；Channel 1 Settings（1 通道设置），在 Soure（源）栏中选择 AI－1；两者 Enabled 前的复选框勾选使波形在屏幕上为可显示状态；Probe（探测器）倍数默认为 1X；Coupling（耦合方式）默认为 DC（直流耦合）；Scale Volts/Div（电压刻度/格）设置为 200 mV；Vectical Position（Div）（垂直方向位置）默认为 0 V。

Timebase（时间基准）：在 Time/Div（时间/格）中设置 1ms。

Trigger（触发）：Type（类型）默认为 Immediate（立即）。

Instrument Control（仪器控制）：Device（设备）默认为 myDAQ1（NI myDAQ）。

单击绿色箭头（Run）按钮，在图 2.5.13 所示虚拟示波器上可以观察到输入和输出互为反相的正弦信号。

6. 思考题

1）μA741 的工作电压必须是 +15 V 及 −15 V 吗？

2）如何检查 μA741 芯片的好坏？

3）对于表达式 $u_o = 2u_1 + u_2$，可以用反相比例加法电路实现吗？如何实现？

2.6 一阶动态电路的过渡过程

1. 实验目的

1）观察一阶电路响应的波形，掌握用虚拟示波器测定时间常数的方法。

2）学习 NI myDAQ 虚拟信号源和示波器的使用方法。

2. 实验原理

含有一个电容或电感的电路称为一阶动态电路，一阶动态电路从一个稳定状态变化到另一个稳定状态需要有一个过渡过程，其电路的全响应可分解为零输入响应和零状态响应的和。前者指输入为零时的响应，后者指动态元件初始储能为零时的响应。

一阶 RC 串联电路如图 2.6.1 所示，设 $t_0 = 0$，$u_C(0_+) = U_0$，u_C 和 i 的稳态解分别为 $U_C = U_s$ 和 $I = 0$，则 $t \geqslant 0_+$ 时的全响应为

$$u_C = U_s + (U_0 - U_s)e^{-\frac{1}{RC}t} \tag{2.6.1}$$

$$i = \frac{1}{R}(U_s - U_0)e^{-\frac{1}{RC}t} \tag{2.6.2}$$

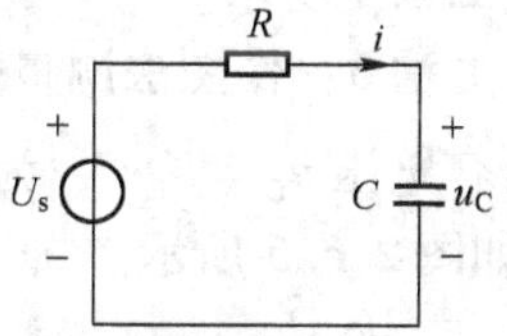

图 2.6.1　RC 串联电路

假定 $U_s = 0$ 时，得电路的零输入响应为

$$u_C = U_0 e^{-\frac{1}{RC}t},\quad i = -\frac{1}{R}U_0 e^{-\frac{1}{RC}t} \tag{2.6.3}$$

假定全响应表达式中 $U_0 = 0$ 时，还可得电路的零状态响应为

$$u_C = U_s - U_s e^{-\frac{1}{RC}t},\quad i = \frac{1}{R}U_s e^{-\frac{1}{RC}t} \tag{2.6.4}$$

当 U_0 和 U_s 均大于零时，电压 u_C 的零输入响应与零状态响应的波形如图 2.6.2 所示。

令 $\tau = RC$，则 $\tau = RC = 欧 \cdot 法拉 = 欧 \cdot \frac{库仑}{伏} = 欧 \cdot \frac{安 \cdot 秒}{伏} = 秒$，即 τ 的单位是秒，因而称它为 RC 串联电路的时间常数。一阶电路的时间常数 τ 是一个非常重要的物理量，它决定着过渡过程的快慢。

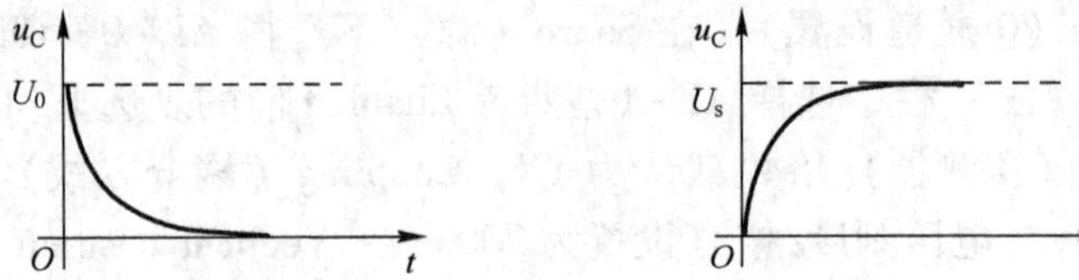

a)　　　　　　　　b)

图 2.6.2　一阶 RC 串联电路的响应

a) u_C的零输入响应　b) u_C的零状态响应

时间常数通常有 3 种实验测试方法。

方法 1：在直流输入或零输入情况下，设 $t=t_1$ 时响应为 0_+ 初始值与稳态值和的一半，由全响应表达式有

$$U_s+(U_0-U_s)e^{-\frac{t_1}{\tau}}=\frac{1}{2}(U_0+U_s)$$

得

$$e^{-\frac{t_1}{\tau}}=\frac{1}{2}$$

则时间常数

$$\tau=\frac{t_1}{\ln 2} \tag{2.6.5}$$

它可根据响应波形进行测定。根据式（2.6.5），测定时间常数的方法如下：读取示波器上电压波形最大值的一半所对应的时间 t_1，然后按式（2.6.5）计算出时间常数 τ。零输入响应状态下，电路时间常数的测量如图 2.6.3 所示。

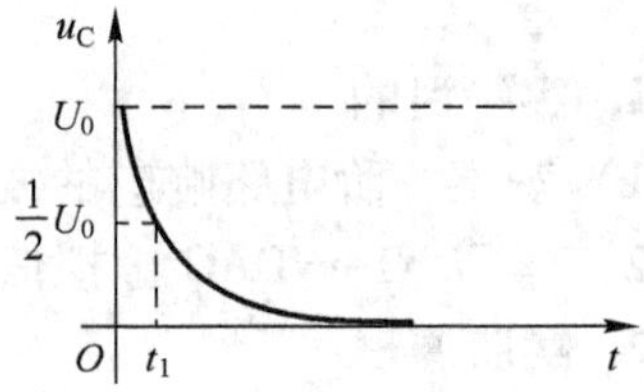

图 2.6.3　方法 1 测量一阶电路时间常数

方法 2：在零输入响应状态下，如果电容上的初始电压为 U_0，则

$$u_C=U_0e^{-\frac{1}{\tau}t} \tag{2.6.6}$$

当 $t=\tau$ 时，$u_C=0.368U_0$，即时间常数是电容电压衰减为原来值的 36.8% 所需的时间，如图 2.6.4 所示。

方法 3：作图法测量时间常数 τ。在零输入响应状态下，如果电容上的初始电压为 U_0，则电容电压 $u_C=U_0e^{-\frac{1}{\tau}t}$ 为指数曲线。在此曲线上任意一点的次切距的长度都等于时间常数 τ，如图 2.6.5 所示。

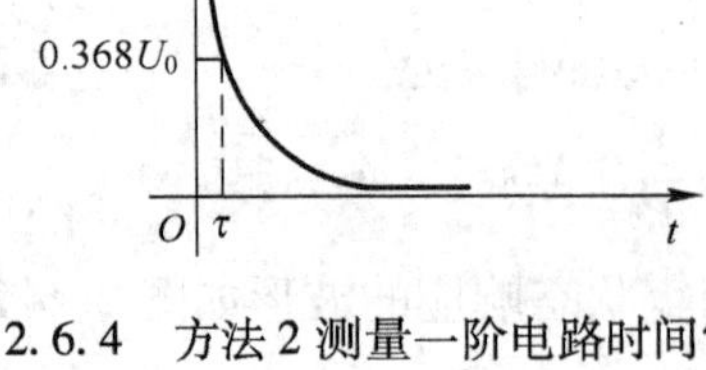

图 2.6.4　方法 2 测量一阶电路时间常数

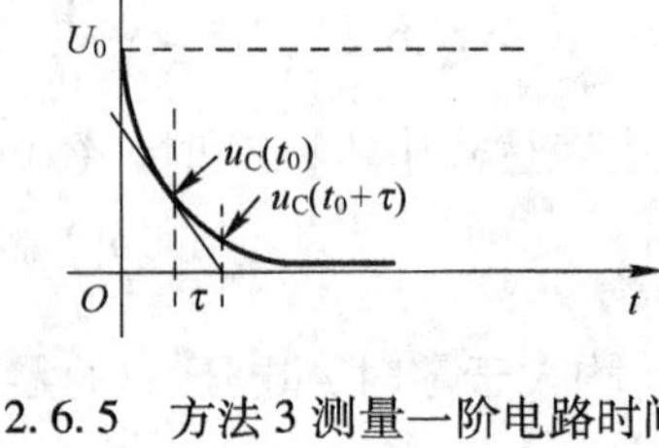

图 2.6.5　方法 3 测量一阶电路时间常数

因为，当 $t=t_0$ 时，电容上电压 u_C 的变化率为

$$\left.\frac{du_C}{dt}\right|_{t=t_0}=-\frac{U_0}{\tau}e^{-\frac{t_0}{t}}=-\frac{u_C(t_0)}{\tau} \tag{2.6.7}$$

从理论上讲，只有经过 $t=\infty$ 时间，电路才能达到稳定状态，但是通过计算可知，当时间过了$(4\sim5)\tau$后，实际上就有 $u_C\approx0$，放电接近完毕，所以，工程上常认为经过$(4\sim5)\tau$的时间后，过渡过程基本结束，电路趋于稳定。

3. 仪器和器材

NI myDAQ	1 块
电阻 1 kΩ	1 个
电容 0.1 μF	1 个
面包板	1 块
计算机	1 台（安装有 LabVIEW2013 及 NI myDAQ 驱动）

4. 实验任务

1）按图 2.6.1 所示的 RC 串联电路接线。电阻 R 取 1 kΩ，电容 C 取 0.1 μF，虚拟方波信号源频率为 500 Hz，幅值为 1 Vpp。检查无误后，启动信号源输出信号。用虚拟示波器观察电容两端的电压波形。

2）分别按 3 种不同方法测量时间常数 τ，将数据填入表 2.6.1 中，并计算误差。

表 2.6.1　时间常数 τ 的测量

方法	τ 测量值	τ 理论值	误差
方法 1			
方法 2			
方法 3			

5. NI myDAQ 使用示例

（1）虚拟信号源设置

1）在计算机上单击“开始”菜单→“所有程序”→“National Instruments”→“NI ELVISmx for NI ELVIS & NI myDAQ”→“NI ELVISmx Instrument Launcher”，启动仪器软面板，如图 2.6.6 所示。

图 2.6.6　仪器软面板

2）单击“FGEN”图标，按图 2.6.7 所示软面板进行方波参数设置。单击绿色箭头（Run）按钮，虚拟信号源从 AO－0 接口输出 500 Hz，1 Vpp 的方波信号。面包板上的输入信号由 NI myDAQ 的 AO－0 接口提供。NI myDAQ 接口接线如图 2.6.8 所示。

（2）虚拟示波器设置

NI myDAQ 接口接线如图 2.6.8 所示。面包板上的输出信号由 NI myDAQ 的 AI－0⁺ 接口采集进入虚拟示波器。

在图 2.6.6 仪器软面板上单击“Scope”图标，按图 2.6.9 所示进行设置。单击绿色箭头（Run）按钮，示波器上可以观察到 AI－0⁺接口采集的电容上的电压波形。

注意：勾选虚拟示波器界面左下角的“Cursors on”复选框，则可采用光标读取时间增量。在图 2.6.9 中，将垂直光标线 C1 移至 −0.5 V 位置，垂直光标线 C2 移至 0 V 位置，则屏幕下方的 dT = 76.83 μs 为示波器上电压波形最大值的一半所对应的时间 t_1。根据时间常数测量方法 1 的计算公式 $\tau=\dfrac{t_1}{\ln 2}$，可测得 τ 值。

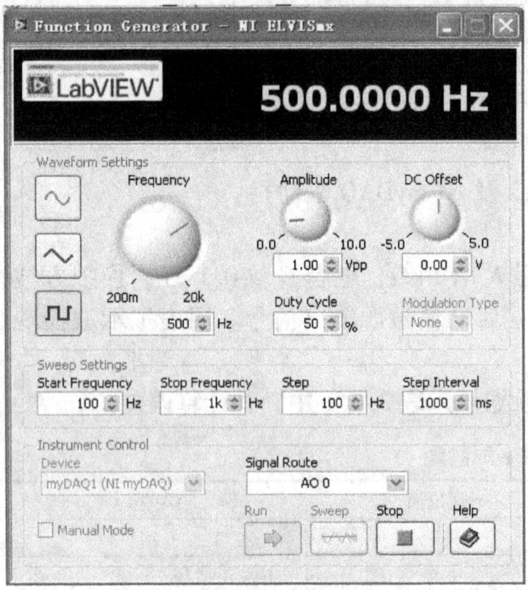

图 2.6.7　虚拟信号源设置

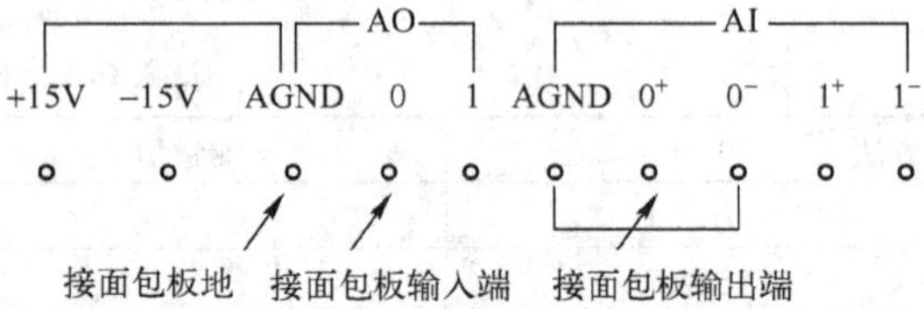

图 2.6.8　NI myDAQ 接口接线

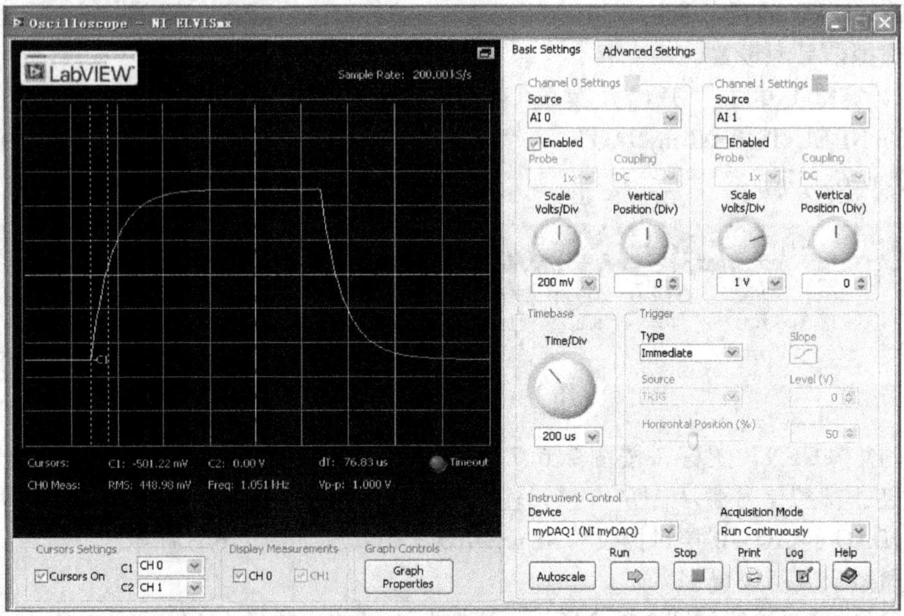

图 2.6.9　虚拟示波器设置

6. 思考题

1）在本实验中，输入信号不采用方波信号，而采用直流信号，那么在示波器屏幕上能看到过渡过程的输出波形吗？

2）时间常数 τ 的物理意义是什么？

2.7 电容的测量

1. 实验目的

1）熟悉电容元件。

2）掌握基于 NI myDAQ 方式下电容的测试方法。

3）学习 NI myDAQ 虚拟仪器波特图仪的使用方法。

2. 实验原理

在工程技术中，电容器的应用极为广泛。电容器虽然品种、规格各异，但究其构成原理，它都是由间隔以不同介质的金属板组成。当在两极板上加上电压后，两极板上分别聚集等量异号的电荷，因此电容器是一种能存储电荷或者说存储电场能量的部件。其所携带的电荷量与外界施加的电压成正比，这个恒定不变的比值即为电容器的电容。当电荷量 $q=1\text{ C}$，电压 $u=1\text{ V}$ 时，则 $C=1\text{ F}$，简称为法，用 F 表示。一般电容器的电容 C 是一个与电压值无关的常量。这种电容称为线性电容。实际电容器的电容往往比 1 F 小得多，事实上也很难制成具有 1F 的电容器。因此通常采用 μF（微法）和 pF（皮法）作为电容的单位。

电容的测量可以采用数字万用表的电容档直接测量。在 NI myDAQ 方式下的数字万用表不具有此项功能，故采用间接方法测量。下面介绍 4 种电容的间接测量方法。

（1）采用 RC 串联电路测量电容

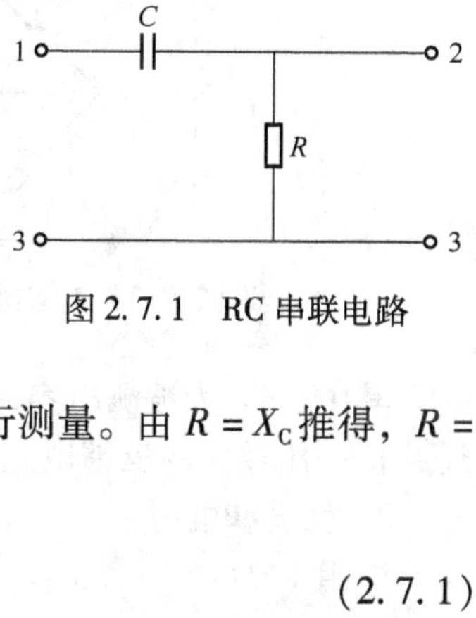

图 2.7.1　RC 串联电路

在正弦稳态电路中，电容器电压与电流的比值 X_C 被称为电容器的容抗，$X_C=\frac{1}{\omega C}$。若电阻与电容串联，电路如图 2.7.1 所示，则阻抗 $Z(j\omega)=R+jX_C$。在复平面上，Z、R 及 X_C 组成一个阻抗三角形。$|Z|=\sqrt{R^2+X_C^2}$，$\varphi(j\omega)=\arctan\frac{X_C}{R}$，当 $R=X_C$ 时，$\varphi=45°$，即阻抗角为 45°时，$R=X_C$。利用此性质可以对电容进行测量。由 $R=X_C$ 推得，$R=\frac{1}{\omega C}$，即：

$$2\pi f_0=\frac{1}{RC} \tag{2.7.1}$$

在实验中找出阻抗角为 45°时的频率，在已知电阻 R 的情况下，即可测得电容 C。

（2）利用交流桥路测量电容

根据交流电桥的平衡条件，当电容器接到交流电路中时，其交流电压和通过的交流电流之间的线性关系类似于欧姆定律中电阻的特性，因此，可以利用测量电阻的方法测量电容。

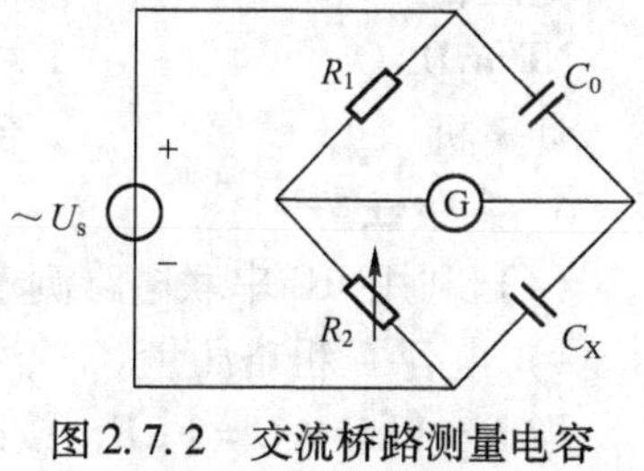

图 2.7.2　交流桥路测量电容

测量电容的交流桥路如图 2.7.2 所示。设待测电容 C_X 及标准电容 C_0 均为理想电容（介质损耗电阻为零），根据电桥的平衡条件，可得

$$C_X=\frac{R_1}{R_2}C_0 \tag{2.7.2}$$

可见，若 R_1 和 C_0 均已知，则调节 R_2 使检流计不发生

偏转，则可求出 C_X。

（3）利用直流桥路测量电容

如果将交流电源改为直流电源，电路如图 2.7.3 所示，由于电容具有“通交流，隔直流”的性质，使电容 C_0 和 C_X 支路相当于开路，检流计 G 中无电流通过，故不能测量出未知电容 C_X。但在直流电源闭合的瞬间，检流计会发生偏转，因为开关 K 闭合瞬间，电路中产生变化的电流使电容 C_0 和 C_X 支路相当于通路。检流计 G 针偏转，说明此时电桥不平衡。如果通过调节电阻 R_2 使检流计不发生偏转，则可认为电桥平衡，即可根据 $C_X=\frac{R_1}{R_2}C_0$，求出 C_X。

（4）利用运算放大器测量电容

由于运算放大器的放大倍数非常大，而且输入阻抗很高，运算放大器的这一特点可以作为电容的测量电路。测试电路如图 2.7.4 所示，根据运放“虚短”“虚断”的特性，输出电压 $\dot{U}_o$ 与输入电压 $\dot{U}_i$ 的关系为

$$\dot{U}_o=-\frac{C_X}{C_0}\dot{U}_i \tag{2.7.3}$$

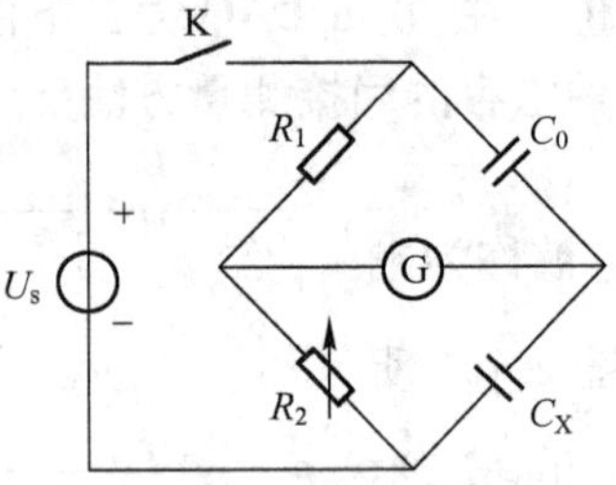

图 2.7.3　直流桥路测量电容

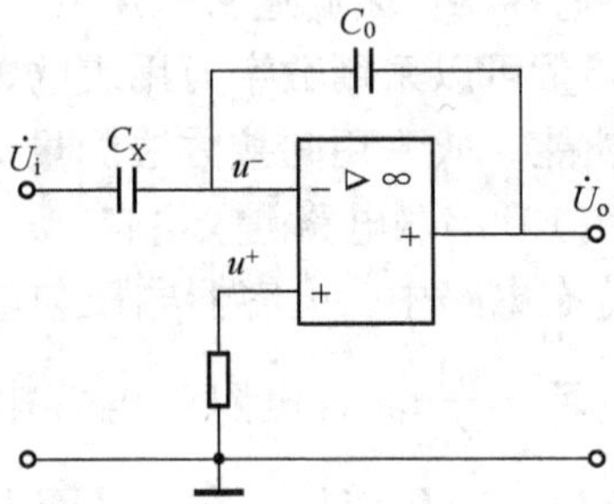

图 2.7.4　运算放大器测量电容

其中，C_X 为被测电容，C_0 为已知电容。为了减小积分漂移，实际电路中给已知电容 C_0 还并接一比较大的反馈电阻（100 ~ 240 kΩ）。

3. 仪器和器材

电阻 1 kΩ	1 个
电阻 240 kΩ	1 个
标准电容 1 μF	2 个
标准电容 2 μF	1 个
面包板	1 块
电阻箱	1 台
NI myDAQ	1 块
计算机	1 台（安装有 LabVIEW2013 及 NI myDAQ 驱动）

4. 实验任务

（1）利用 RC 串联电路测量电容

1）电容 C 粗略测量。

取 $R=1\ \text{k}\Omega$，$C=1\ \mu\text{F}$，按图 2.7.1 连接电路，NI myDAQ 虚拟仪器波特图仪（Bode）的

激励通道与 1 端点相接，响应通道与 2 端点相接。设置频率扫描范围为 1 Hz ~ 20 kHz，扫描步长（Steps）为 20 点（Per decade）。单击波特图仪上绿色箭头（Run）按钮，勾选虚拟波特图仪界面右中部的“Cursors on”复选框，通过光标读出 Phase（相位）图中相位为 45°附近的大致频率 f'_0。

2）电容 C 细致测量。

根据 f'_0 的频率重新设置扫描范围为 $f'_0 \pm 10\% f'_0$ Hz，扫描步长（Steps）为 50 点（Per decade）。单击运行按钮，波形稳定后，单击波特图仪右下角的“Log”按钮，将采集的数据保存至数据文件中。打开数据文件找出相位为 45°对应的频率 f_0，根据 $2\pi f_0 = \frac{1}{RC}$，即可测得电容 C，将数据填入表 2.7.1 中，并计算误差。

表 2.7.1　电容的测量

		电容 C 测量值	电容 C 标准值	误　差
任务 1	f_0 =			
任务 2	R_2 =			
任务 3	R_2 =			
任务 4				

（2）利用交流桥路测量电容

按图 2.7.2 连接电路，取电阻 $R_1 = 1\ \text{k}\Omega$，R_2 接电阻箱，电容 $C_0 = 1\ \mu\text{F}$ 和 $C_X = 2\ \mu\text{F}$。信号源采用 NI myDAQ 虚拟信号源，使其通过 NI myDAQ 的 AO－0 及 AGND 端输出频率为 200 Hz，幅值为 0.5 Vpp 的正弦信号。调节电阻箱，当电桥平衡时，记录电阻箱的值，根据式（2.7.2），计算被测电容，填入表 2.7.1 中，并计算误差。

（3）利用直流桥路测量电容

按图 2.7.3 连接电路，取电阻 $R_1 = 1\ \text{k}\Omega$，R_2 接电阻箱，电容 $C_0 = 1\ \mu\text{F}$ 和 $C_X = 2\ \mu\text{F}$。直流电源接在 NI myDAQ 输出端的 +5 V 及 AGND 端，在接通开关 K 的瞬间，观察检流计是否偏转，若发生偏转，调节电阻箱，当开关 K 在接通的瞬间检流计不偏转时，则电桥达到平衡，记录此时电阻箱的阻值，根据式（2.7.2），计算被测电容，填入表 2.7.1 中，并计算误差。

注意：图 2.7.3 所示电路中，只有在开关 K 第 1 次闭合的瞬间且桥路不平衡时，检流计 G 指针才会发生偏转，在此过程中电路将对 C_0 和 C_X 进行充电。这时，如果不把 C_0 和 C_X 所带的电荷放掉，在开关 K 第 2 次闭合的瞬间，由于 C_0 和 C_X 前次所带电荷的存在，C_0 和 C_X 的充放电量也不大，即使桥路不平衡，检流计 G 指针也不会发生明显的偏转，这样会误认为桥路已达到平衡。因此每次闭合开关 K 时都必须先将电容短接放电。

（4）利用运算放大器测量电容

按图 2.7.4 连接电路，取电容 $C_0 = 1\ \mu\text{F}$ 和 $C_X = 2\ \mu\text{F}$。在电容 C_0 两端并联一个 240 kΩ 的反馈电阻用以减小积分漂移。信号源采用 NI myDAQ 虚拟信号源，使其通过 NI myDAQ 的 AO－0 及 AGND 端输出频率为 500 Hz，幅值为 1 Vpp 的正弦信号。用虚拟示波器分别观察输入输出电压的波形，并记录输入输出电压的有效值，根据式（2.7.3），计算被测电容，将数据记录在表 2.7.1 中，并计算误差。

5. NI myDAQ 使用示例

以图 2.7.1 RC 串联电路测量电容为例。

（1）NI myDAQ 接口连线

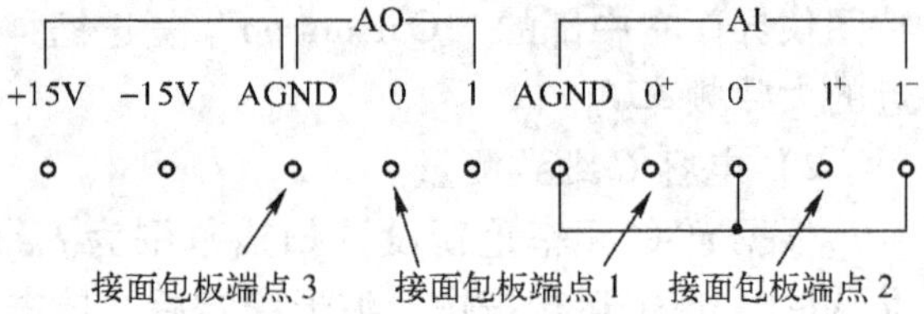

图 2.7.5　NI myDAQ 接口接线

NI myDAQ 的 AO-0 与 AI-0$^+$ 接口同时与图 2.7.1 中的端点 1 相接。AI-1$^+$ 接口与图 2.7.1 中的端点 2 相接。AGND 与 AI-0$^-$ 及 AI-1$^-$ 相接，并与图 2.7.1 中的端点 3 接通。NI myDAQ 接口接线如图 2.7.5 所示。

（2）虚拟仪器波特图仪（Bode）的设置

1）在计算机上单击“开始”菜单→“所有程序”→“National Instruments”→“NI ELVISmx for NI ELVIS & NI myDAQ”→“NI ELVISmx Instrument Launcher”，启动仪器软面板，如图 2.7.6 所示。

图 2.7.6　仪器软面板

2）单击“Bode”图标，按图 2.7.7 所示软面板进行设置。面包板上的端点 1 连接至 NI myDAQ 的 AI-0$^+$ 接口上，作为激励通道。面包板上的端点 2 连接至 NI myDAQ 的 AI-1$^+$ 接口上，作为响应通道。单击绿色箭头（Run）按钮，采集数据点。

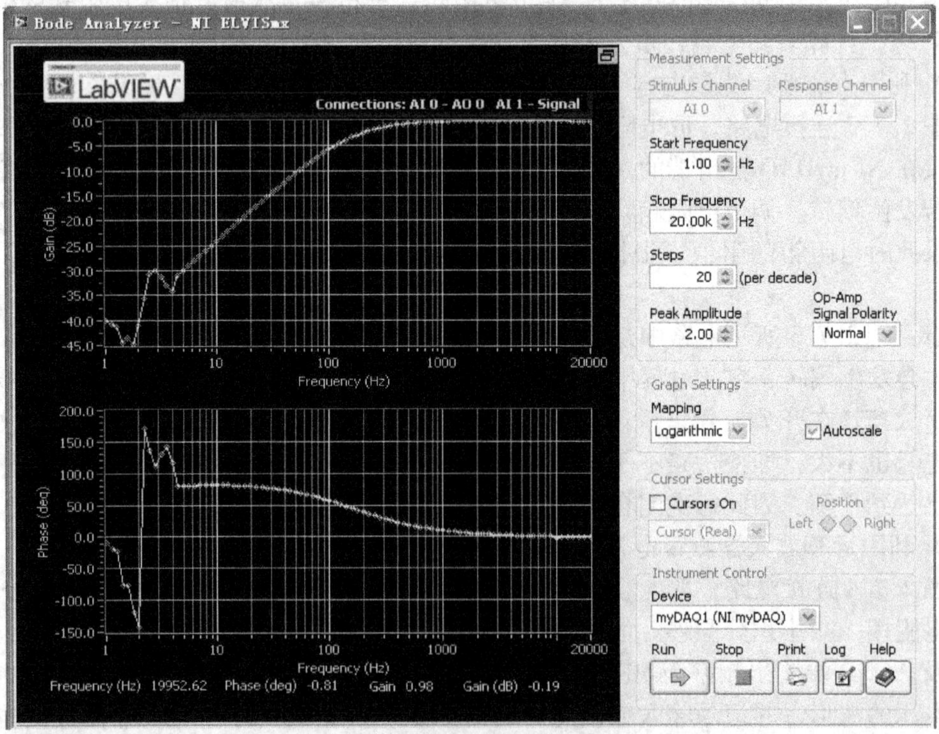

图 2.7.7　虚拟仪器波特图仪（Bode）设置

3）数据采集完成后，单击波特图仪右下角的“Log”按钮，可将采集的数据保存至数据文件中。

6. 思考题

1）电容还有其他的测量方法吗？

2）电容只存在于电容器中吗？

2.8 *RC* 选频网络的实现

1. 实验目的

1）通过测量电路的特性曲线，了解 *RC* 选频网络（文氏电桥和双 T 网络）的选频特性。

2）学习 NI myDAQ 虚拟仪器的使用方法。

2. 实验原理

选频网络的作用是将一定频率的信号从其余频率的信号中分离出来。选频网络在现实生活中得到广泛应用。

（1）文氏电桥电路

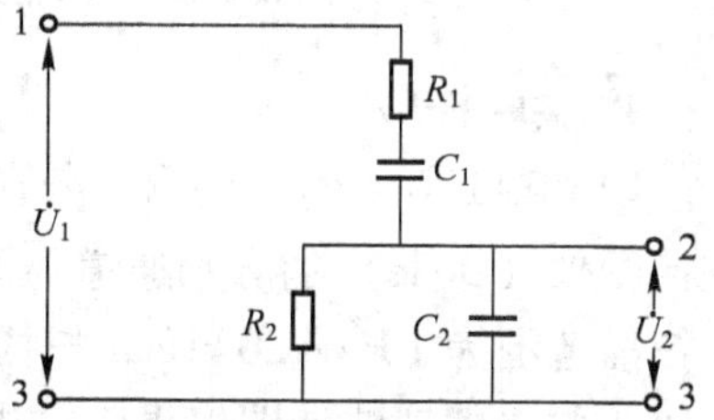

图 2.8.1 文氏电桥电路

在如图 2.8.1 所示的文氏电桥电路中，输入正弦波电压 $\dot{U}_1$ 时，输出电压 $\dot{U}_2$ 与输入电压 $\dot{U}_1$ 之间存在如下关系：

$$\dot{U}_2=\frac{\dot{U}_1}{\left(1+\frac{R_1}{R_2}+\frac{C_2}{C_1}\right)+\mathrm{j}\left(R_1C_2\omega-\frac{1}{R_2C_1\omega}\right)} \quad (2.8.1)$$

式中，ω 为正弦信号的角频率。由式（2.8.1）可见，电路参数不变时，输出电压 $\dot{U}_2$ 与输入电压 $\dot{U}_1$ 的频率 f 或角频率 ω 有关。当 $\omega_0R_1C_2-\frac{1}{\omega_0R_2C_1}=0$ 或 $f_0=\frac{1}{2\pi\sqrt{R_1R_2C_1C_2}}$ 时，输出电压 $\dot{U}_2$ 与输入电压 $\dot{U}_1$ 同相位，电路呈电阻特性。此时：

$$\dot{U}_2=\frac{\dot{U}_1}{1+\frac{R_1}{R_2}+\frac{C_2}{C_1}} \quad (2.8.2)$$

输出电压值最大；f 为其他频率值时，输出电压 $\dot{U}_2$ 均小于输出电压最大值，可见，RC 串并联组成的文氏电桥电路具有选频特性，故称为选频网络。

（2）双 T 网络

图 2.8.2 所示双 T 网络的频率特性正好与文氏电桥电路相反。在 $f_0=\frac{1}{2\pi RC}$ 时，输出电压为零，因此可用来滤去频率为 f_0 的谐波。f_0 也称为该网络的“截止频率”。双 T 电路的幅频特性曲线如图 2.8.3 所示。

3. 仪器和器材

NI myDAQ	1 块
电阻 1 kΩ/500 Ω	2 个/1 个

电容 0.1 μF/0.2 μF	2 个/1 个
面包板	1 块
计算机	1 台（安装有 LabVIEW2013 及 NI myDAQ 驱动）

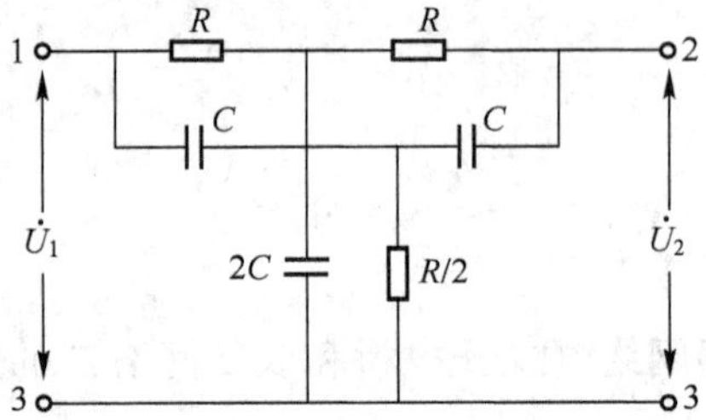

图 2.8.2　双 T 网络

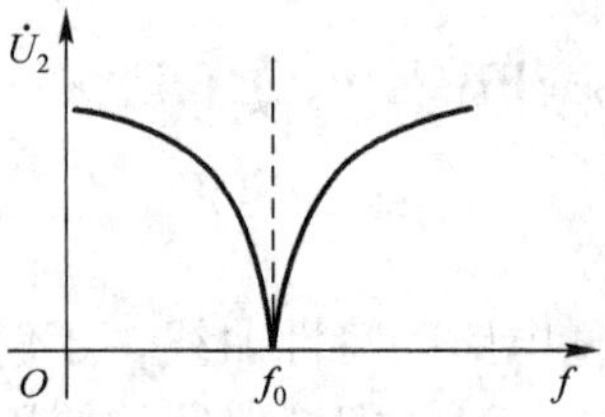

图 2.8.3　双 T 电路的幅频特性

4. 实验任务

1）电阻 $R_1=R_2=1\ \text{k}\Omega$，电容 $C_1=C_2=0.1\ \mu\text{F}$，按图 2.8.1 接线。NI myDAQ 虚拟仪器波特图仪（Bode）的激励通道与图 2.8.1 中的端点 1 相接，响应通道与端点 2 相接。设置频率扫描范围为 1 Hz ~ 20 kHz，扫描步长（Steps）为 20 点（Per decade）。单击波特图仪运行按钮，勾选虚拟波特图仪界面右中部的 “Cursors on” 复选框，通过光标读出 Gain（dB）图中波形最高点的大致频率 f'_0。

2）根据 f'_0 的频率重新设置扫描范围为 $f'_0 \pm 10\% f'_0$Hz，扫描步长（Steps）为 50 点（Per decade）。单击运行（Run）按钮，波形稳定后，单击波特图仪右下角的 “Log” 按钮，将采集的数据保存至数据文件中。打开数据文件找出 Gain 参数最大值对应的频率 f_0。

3）去掉波特图仪的连线，在图 2.8.1 中，将虚拟信号发生器接入端点 1 - 3。设置信号发生器输出正弦波，频率为任务 2）中测得的 f_0，幅值为 3Vpp。将虚拟示波器接入端点 2 - 3，测量输出端 U_2 波形的峰峰值，将测量数据填入表 2.8.1 中，并根据 $f_0=\dfrac{1}{2\pi RC}$ 计算 f_0 的理论值。

表 2.8.1　文氏电桥电路 f_0 的测量

U_1/V	R/Ω	C/μF	f_0/Hz	U_2/V	$f_0=\dfrac{1}{2\pi RC}$
3	1000	0.1			

4）在 f_0 附近改变虚拟信号发生器的频率，观察输出端 U_2 的峰峰值是否为最大，最终确认 f_0 的正确性。

5）电阻 $R=1\ \text{k}\Omega$，电容 $C=0.1\ \mu\text{F}$，按图 2.8.2 接线。NI myDAQ 虚拟仪器波特图仪（Bode）的激励通道与图 2.8.2 中的端点 1 相接，响应通道与端点 2 相接。设置频率扫描范围为 1 Hz ~ 20 kHz，扫描步长（Steps）为 20 点（Per decade）。单击波特图仪运行按钮，勾选虚拟波特图仪界面右中部的 “Cursors on” 复选框，通过光标读出 Gain（dB）图中波形最低点的频率 f'_0。

6）去掉波特图仪的连线，在图 2.8.2 中，将虚拟信号发生器接入端点 1 - 3。设置信号发生器输出正弦波，频率为任务5）中测得的f_0，峰峰值为3V。将虚拟示波器接入端点2-3，观察输出端U_2的波形是否为零，将测量数据填入表2.8.2中，并根据$f_0=\frac{1}{2\pi RC}$计算f_0的理论值。

表2.8.2　双T网络f_0的测量

U_1/V	R/Ω	$C/\mu F$	f_0/Hz	U_2/V	$f_0=\frac{1}{2\pi RC}$
3	1000	0.1			

5. NI myDAQ 使用示例

图2.8.1的文氏电桥电路和图2.8.2的双T网络对外端口相同，NI myDAQ使用方法相同。下面以文氏电桥电路为例，说明NI myDAQ使用方法。

（1）NI myDAQ接口接线设置

NI myDAQ的AO-0与AI-0$^+$接口同时与图2.8.1中的端点1相接。AI-1$^+$与图2.8.1中的端点2相接。AGND与AI-0$^-$和AI-1$^-$相接，并与图2.8.1中的端点3接通。NI myDAQ接口接线如图2.8.4所示。

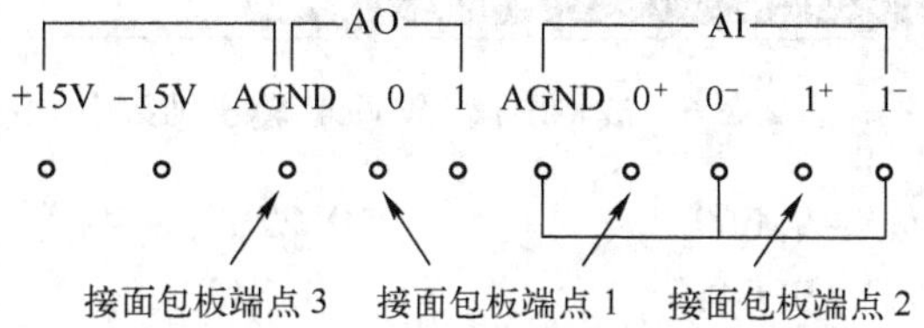

图2.8.4　NImyDAQ接口接线

（2）虚拟仪器波特图仪（Bode）的设置

1）在计算机上单击“开始”菜单→“所有程序”→“National Instruments”→“NI ELVISmx for NI ELVIS & NI myDAQ”→“NI ELVISmx Instrument Launcher”，启动仪器软面板，如图2.8.5所示。

图2.8.5　仪器软面板

2）单击“Bode”图标，面包板上的端点1连接至NI myDAQ的AI-0$^+$接口上，作为激励通道。面包板上的端点2连接至NI myDAQ的AI-1$^+$接口上，作为响应通道。单击绿色箭头（Run）按钮采集数据点，结果如图2.8.6所示。

3）数据采集完成后，单击波特图仪右下角的“Log”按钮，可将采集的数据保存至数据文件中。打开数据文件，数据如下：

Amplitude：2.00V

Freq (Hz)	Gain (dB)	Phase (deg)
1200.000	-9.718	11.985
1227.952	-9.695	11.081

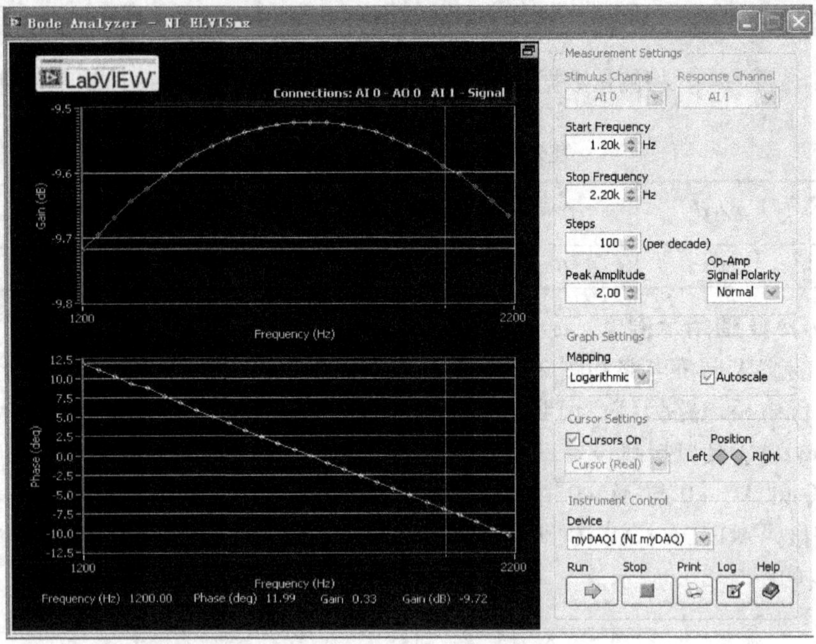

图 2.8.6　波特图仪（Bode）输出结果

1256.554	-9.669	10.226
1285.823	-9.645	9.343
1315.774	-9.624	8.712
1346.422	-9.604	7.622
1377.784	-9.588	6.784
1409.877	-9.571	5.886
1442.717	-9.559	5.015
1476.323	-9.548	4.195
1510.710	-9.538	3.281
1545.899	-9.531	2.421
1581.908	-9.527	1.637
1618.755	-9.523	0.723
1656.461	-9.523	-0.120
1695.045	-9.523	-0.991
1734.528	-9.527	-1.852
1774.930	-9.532	-2.632
1816.273	-9.538	-3.509
1858.580	-9.548	-4.387
1901.872	-9.558	-5.243
1946.172	-9.571	-6.104
1991.504	-9.590	-6.975
2037.892	-9.603	-7.819

2085.361	-9.622	-8.685
2133.935	-9.643	-9.559
2183.641	-9.667	-10.448

(3) 虚拟信号发生器的设置

在图 2.8.3 的仪器软面板上单击“FGEN”图标。设置虚拟信号发生器输出正弦波，频率为任务 2 中测得的 f_0，幅值为 3Vpp，如图 2.8.7 所示。

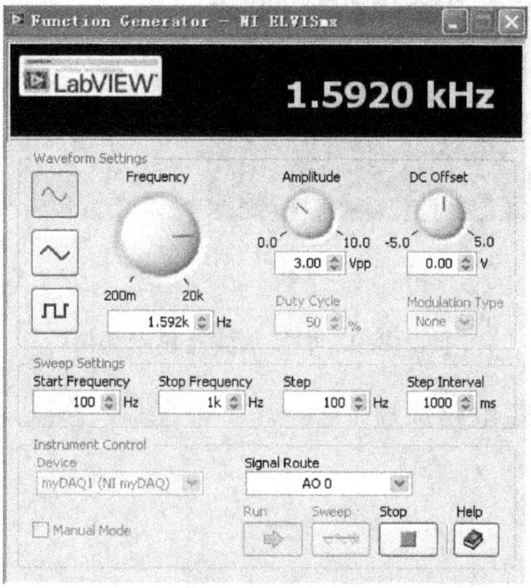

图 2.8.7　信号发生器的设置

面包板上的输入信号由 NI myDAQ 的 AO-0 接口提供。单击绿色箭头（Run）按钮，虚拟波形发生器对 AO-0 接口输出设定的正弦信号。NI myDAQ 的接口接线如图 2.8.8 所示。

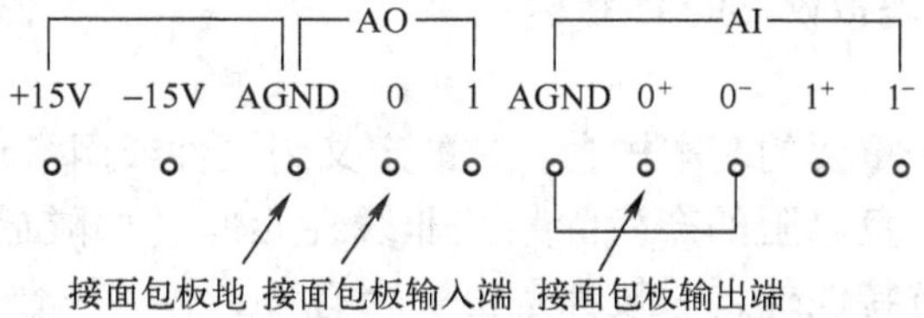

图 2.8.8　NI myDAQ 接口接线

(4) 虚拟示波器设置

NI myDAQ 虚拟示波器端口接线如图 2.8.8 所示。在图 2.8.5 所示仪器软面板界面中，单击“Scope”图标。面包板上的输出信号由 NI myDAQ 的 AI-0$^+$接口提供。单击绿色箭头（Run）按钮，示波器上可以观察到由 AI-0$^+$接口采集的输出信号，如图 2.8.9 所示。

在 1.592 kHz 附近改变虚拟信号发生器的频率，观察示波器输出端 U_2 的峰峰值是否为最大，最终确认 f_0 的正确性。

6. 思考题

1）要求 f 在 2000 Hz 时，参考电路具有选频特性，应如何确定参考电路中电阻、电容的数值？

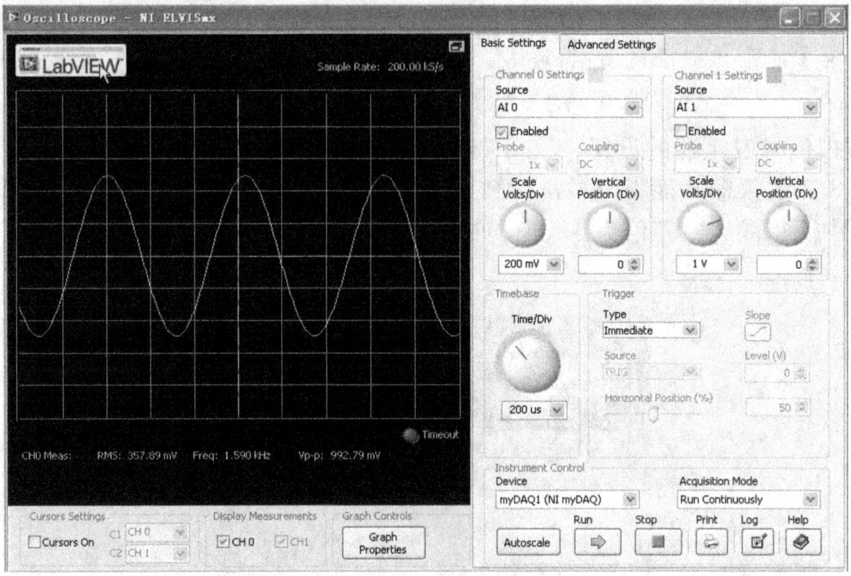

图 2.8.9　虚拟示波器显示结果

2）还有何种方法可实现电路选频？

2.9　负阻抗变换器

1. 实验目的

1）学习和了解负阻抗变换器的特性。

2）研究如何应用运算放大器构成负阻抗变换器。

3）掌握测量负阻抗变换器等效参数的方法。

4）学习 NI myDAQ 虚拟仪器的使用方法。

2. 实验原理

负阻抗是电路中一个重要的基本概念。它的定义为元件或网络在其一端口电压与电流的关系具有负电阻的特性。负电阻的产生除某些非线性元件（如隧道二极管）在某个电压或电流的范围内具有负阻抗特性外，一般都是由一个有源二端口线性网络形成的。该网络称作负阻抗变换器。

按有源网络输入电压与电流、输出电压与电流的关系，可分为电流倒置型和电压倒置型两种类型。

图 2.9.1 为一个由运算放大器和两个等值电阻构成的电流倒置型负阻抗变换器。

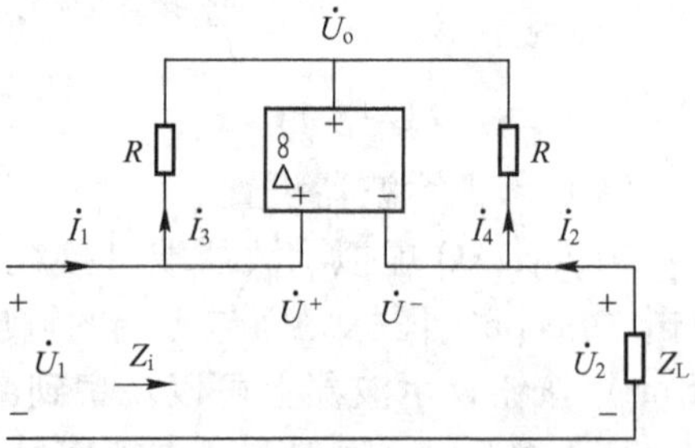

图 2.9.1　电流倒置型负阻抗变换器

设运算放大器是理想的，则同相输入端和反相输入端之间为虚短路，输入阻抗为无限大，即：

$$\dot{U}^+ = \dot{U}^-$$

$$\dot{U}_1 = \dot{U}_2$$

运算放大器输出端电压

$$\dot{U}_o = \dot{U}_1 - \dot{I}_3 R = \dot{U}_2 - \dot{I}_4 R$$

因此

$$\dot{I}_3 = \dot{I}_4$$

又因为

$$\dot{I}_1 = \dot{I}_3,\ \dot{I}_2 = \dot{I}_4$$

所以

$$\dot{I}_1 = \dot{I}_2$$

根据负载端电压和电流的参考方向，有

$$\dot{I}_2 = -\frac{\dot{U}_2}{Z_L}$$

$$\frac{\dot{U}_1}{\dot{I}_1} = \frac{\dot{U}_2}{\dot{I}_2} = -Z_L$$

因此，整个电路的输入阻抗为

$$Z_i = -Z_L \tag{2.9.1}$$

也就是说，U_2 端的负载阻抗 Z_L 通过负阻抗变换器，在 U_1 端可等效为负阻抗 $-Z_L$，即从输入端口的特性而言，其端口相当于一个负阻抗元件。

(1) 负载 Z_L 为纯电阻元件

若图 2.9.1 中的负载 Z_L 为一个线性纯电阻元件，$Z_L = R$，则通过负阻抗变换器就等效为一个线性纯负电阻元件。

当输入电压为直流信号时，流过负电阻的电流与其电压的伏安特性关系如图 2.9.2 所示。其伏安特性曲线在 $u-i$ 平面为一条通过原点且处于第 2、4 象限的直线。从图 2.9.2 中可以看出，当电流增大时，其端口电压下降；反之端口电压增加。

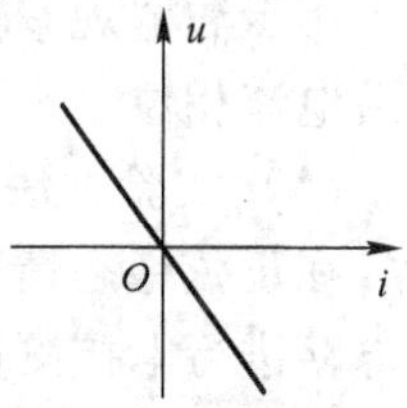

图 2.9.2 负电阻的伏安特性曲线

当输入电压为正弦波信号时，流过负电阻的电流与其电压相位相反。

(2) 负载 Z_L 为纯电容元件

若图 2.9.1 中的负载 Z_L 为一个线性纯电容元件，$Z_L = \frac{1}{j\omega C}$，则可以实现容性阻抗变为感性阻抗。

$$Z_i = -\frac{1}{j\omega C} = j\frac{1}{\omega C} = j\omega L$$

故

$$L = \frac{1}{\omega^2 C}$$

(3) 负载 Z_L 为纯电感元件

若图 2.9.1 中的负载 Z_L 为一个线性纯电感元件，$Z_L = j\omega L$，则可以实现感性阻抗变为容性阻抗。

$$Z_i = -j\omega L = \frac{1}{j\omega C}$$

$$C = \frac{1}{\omega^2 L}$$

（4）定常等效电抗参数的实现

在前述的电抗变换中，电感、电容的等效变换值皆与角频率或频率相关。当需要不随频率变化的电抗参数时，可用下述方法实现。

在图 2.9.3 中，若负载 Z_L 为一个线性电阻 R 与电容 C 的串联组合，则等效阻抗 Z_i 可以视为电阻 R 与负阻抗元件相并联，即

$$Z_i = \frac{-\left(R + \frac{1}{j\omega C}\right)R}{-\left(R + \frac{1}{j\omega C}\right) + R} = R + j\omega R^2 C$$

等效电感为

$$L' = R^2 C \tag{2.9.2}$$

由式（2.9.2）可知，等效电感参数只与电阻和电容参数相关，与角频率或频率无关。用示波器观察输入端电压和电流波形，电压相位超前电流相位。

同理，若负载 Z_L 为一个线性电阻与电感的串联组合，则该电路的输入阻抗 Z_i 可等值为电阻 R 与电容 C 的串联阻抗，等值电容为

$$C' = L/R^2 \tag{2.9.3}$$

用示波器观察输入端电压和电流波形，电压相位滞后电流相位。

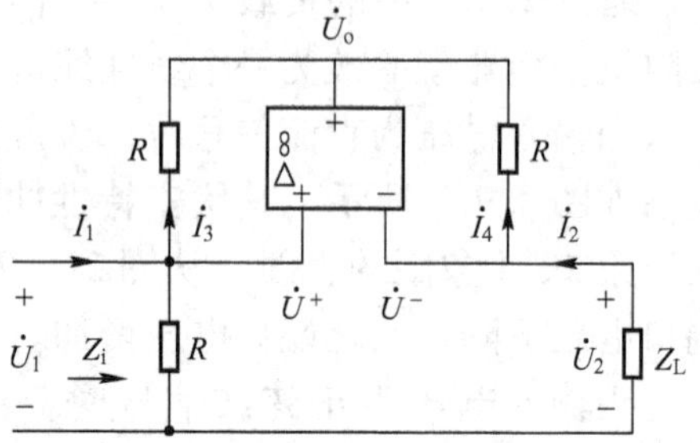

图 2.9.3　阻抗逆变器实现电路

（5）实验方法测量等效电抗

在正弦稳态情况下，可用示波器对图 2.9.3 所示的电路进行电抗测量。设示波器测出输入端电压和电流的有效值分别为 U、I，相位差为 φ，阻抗 $Z = R + jX = |Z| e^{j\varphi}$，则

$$|Z| = \frac{U}{I}$$

$$R = |Z|\cos\varphi$$

$$X = |Z|\sin\varphi$$

对等效电感电路，有

$$L' = \frac{X}{\omega} = \frac{X}{2\pi f} \tag{2.9.4}$$

对等效电容电路，有

$$C' = \frac{1}{\omega X_C} = \frac{1}{2\pi f X_C} \tag{2.9.5}$$

3. 仪器和器材

NI myDAQ	1 块
运算放大器 μA741	1 块
电阻	若干
电容	2 个
面包板	1 块
计算机	1 台（安装有 LabVIEW2013 及 NI myDAQ 驱动）

4. 实验任务

（1）等效负电阻的伏安特性测试

1）负电阻直流特性测试。

负电阻测试电路如图 2.9.4 所示。取电阻 $R=R_L=10\ \text{k}\Omega$，$R_1=200\ \Omega$。给端点 1－1′接表 2.9.1 所示的直流电压，用 NI myDAQ 虚拟数字万用表测量端点 1－2 电压和端点 2－2′电压，计算电阻 R_1 通过的电流，将数据填入表 2.9.1 中，计算等效电阻的误差，并画出等效负电阻的伏安特性图。

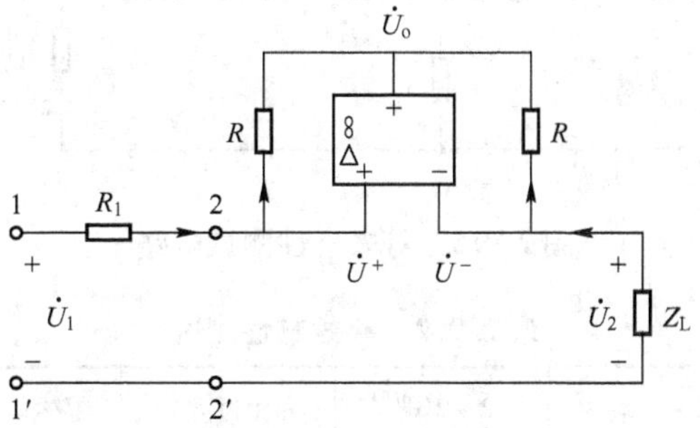

图 2.9.4　负电阻测试电路

表 2.9.1　负电阻测量

$U_{1-1'}$/V		1	2	3	4	5	6
U_{1-2}/V							
I_{R1}/mA							
$U_{2-2'}$/V							
等效电阻	理论值						
	测量值						
误差							

2）负电阻交流特性测试。

按图 2.9.4 接线，取电阻 $R=R_L=10\ \text{k}\Omega$，$R_1=200\ \Omega$。给端点 1－1′接 1 kHz 的正弦波信号，用 NI myDAQ 虚拟示波器观察端点 1－2 及端点 2－2′间电压，若端点 1－2 及端点 2－2′间电压相位相反，则实现负电阻，描绘示波器上的波形图。采集示波器上波形图中的数据，计算等效电阻值，并与理论值进行比较。

（2）等效感性电路参数的确定

1）等效感性电路确定。

等效感性电路如图 2.9.5 所示。取电阻 $R_1=200\,\Omega$，$R=1\,k\Omega$，$C=1\,\mu F$。给端点 1－1′接 1 kHz 的正弦波信号，用 NI myDAQ 虚拟示波器观察端点 1－2 及端点 2－2′间电压，若端点 2－2′ 间电压超前端点 1－2 间电压，则电路为感性。记录示波器上的波形图，对其相位进行分析。

2）等效感性电路参数的测量。

对图 2.9.5 所示电路，当确定电路为感性后，根据正弦稳态计算公式，在虚拟示波器上读出端点 1－2 间电压，计算采样电阻 R_1 上的电流，再读出端点 2－2′间电压及两波形的相位差 φ，分别记录于表 2.9.2 中，计算等效电感 L'测量值、等效电感 L'理论值及误差。

更换图 2.9.5 中的电容 $C=2\,\mu F$，重新测量相关数据，计算等效电感 L'测量值、等效电感 L'理论值及误差。

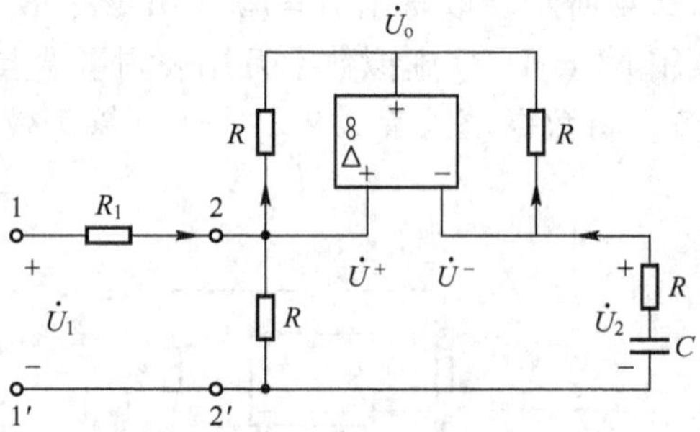

图 2.9.5　等效感性测试电路

表 2.9.2　等效感性测试

	1－2 端电压	1－2 端电流	2－2′端电压	相位差 φ	等效电感 L' 测量值	等效电感 L' 理论值	误差
$C=1\,\mu F$							
$C=2\,\mu F$							

5. NI myDAQ 使用示例

（1）可调直流电压设置

对图 2.9.4 所示电路，端点 1－1′间直流输入电压的设置方法如下：

在计算机上单击“开始”菜单→“所有程序”→“National Instruments”→“NI ELVISmx for NI ELVIS & NI myDAQ”→“NI ELVISmx Instrument Launcher”，启动仪器软面板，单击 DC Level Output，打开 DC Level Output 软面板，在 Channel Settings 中设置为 AO－0；在 Voltage Level 中设置直流电压输出值，单击下方的绿色箭头（Run）按钮，保持当前由 NI myDAQ 的 AO－0 接口输出直流电压值。NI myDAQ 接口接线如图 2.9.6 所示。

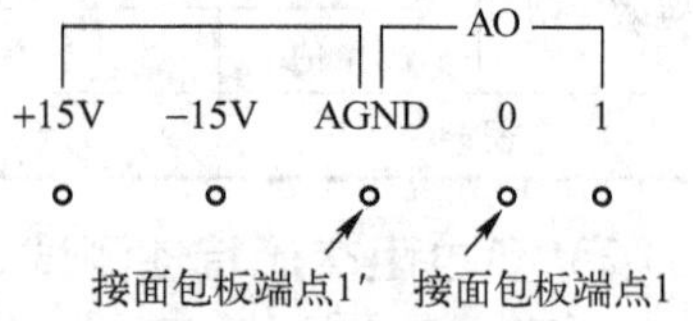

图 2.9.6　NI myDAQ 接口接线示意图

在 NI ELVISmx Instrument Launcher 启动仪器软面板上，启动数字万用表（DMM）的直流电压测量模式，可测量图 2.9.4 中端点 1－2 和端点 2－2′的直流电压，确定等效负电阻的伏安特性。

（2）虚拟信号源设置

1）按图2.9.6所示接口接线示意图接线，1 kHz的正弦波信号由NI myDAQ的AO－0接口输出。

2）在仪器软面板上单击“FGEN”图标，设置虚拟信号发生器，输出频率为1 kHz、幅值为1Vpp的正弦波，设置界面如图2.9.7所示，单击绿色箭头（Run）按钮，虚拟发生器对AO－0接口输出设定的正弦信号。

（3）虚拟示波器设置

对图2.9.4所示负电阻测试电路，NI myDAQ示波器观察点接线如图2.9.8所示。端点1－2之间的电压由NI myDAQ的AI－1⁺与AI－1⁻接口接入，端点2－2′之间的电压由AI－0⁺与AI－0⁻接口接入。为观察到端点1－2间电压与端点2－2′间电压正确的相位关系，将AGND端与AI－0⁻端相接，AI－0⁺端与AI－1⁻端相接。

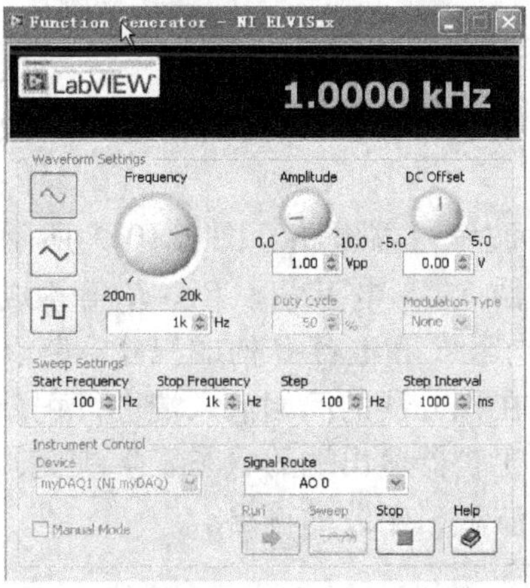

图2.9.7　虚拟信号发生器设置界面

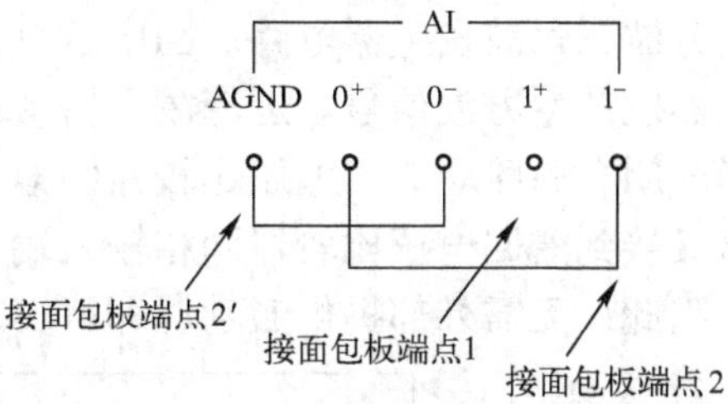

图2.9.8　虚拟示波器观察点接线

在仪器软面板界面单击“Scope”图标，设置NI myDAQ的AI－1接口采集端点1－2间电压波形，AI－0接口采集端点2－2′间电压波形，结果如图2.9.9所示。从图中可以看到，端点1－2间电压与端点2－2′间电压反相180°，即端点2－2′间的电压、电流关系为负电阻关系。

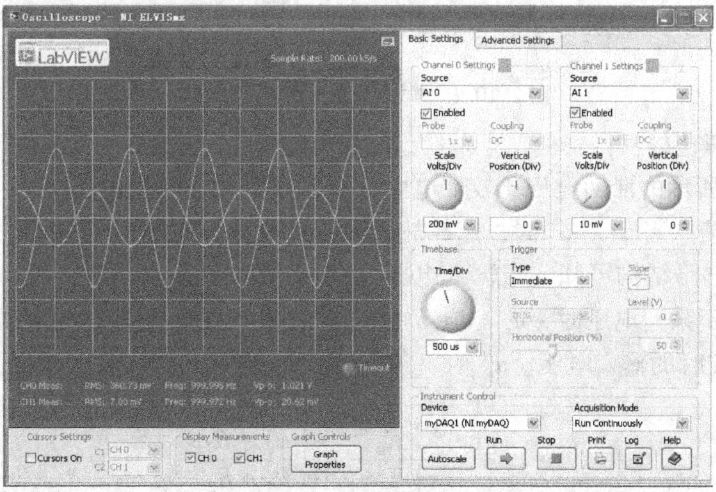

图2.9.9　虚拟示波器显示结果

6. 思考题

1）如何用示波器得到两个波形正确的相位关系？

2）除运放芯片外还有何种元件可实现负阻抗变换？无源元件能实现负阻抗吗？

3）负阻抗元件在工作时是吸收还是发出功率？它的能量从何而来？

2.10 方波三角波发生器

1. 实验目的

1）学习由运算放大器组成的方波三角波发生器电路，了解这两种波形的产生和相互转换的实现方式，提高对运算放大器非线性应用的认识。

2）加深对比较器和积分电路的理解。

3）学习 NI myDAQ 虚拟示波器的使用方法。

2. 实验原理

信号发生器又称为振荡器，是一种能提供各种频率、波形和输出电平信号的设备，在测试电路中常用作信号源或激励源。

本实验的目的是设计一个指定频率的方波三角波发生器电路。图 2.10.1 所示的电路为一种常见的方波三角波发生器电路。图中运算放大器 A1 与电阻 R_1、R_2、R_3等构成滞回特性的电压比较器以产生方波信号。运算放大器 A2 与电阻 R 和电容 C 构成积分电路以产生三角波，二者形成闭合回路。滞回电压比较器的输出加在积分器的反相输入端进行积分，而积分电路的输出又接到滞回电压比较器同相输入端，使比较器输出端的状态发生跳变，从而产生方波信号。因此，无需外部提供激励源即可实现方波和三角波的输出。

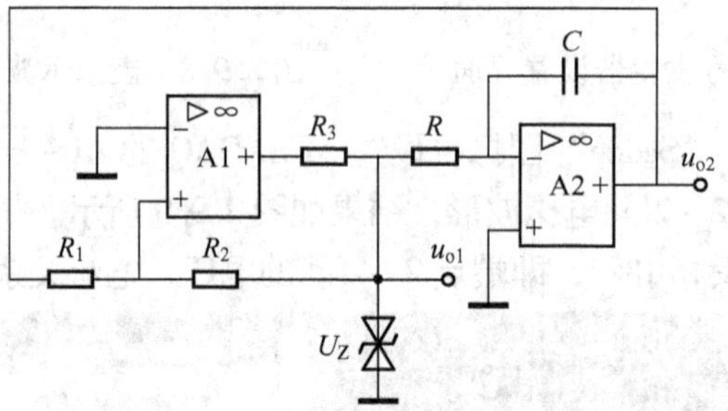

图 2.10.1 方波三角波发生器电路

（1）滞回电压比较器

对图 2.10.2 所示的滞回电压比较器电路，双稳压管用于输出电压限幅，R_3起限流作用，R_1和 R_2构成正反馈，当 $u^+ > u^-$时，运算放大器工作在正饱和区，而当 $u^- > u^+$时，则工作在负饱和区。从电路结构可知，当输入电压 u_{in}小于某一负值电压时，输出电压 $u_o = -U_Z$；当输入电压 u_{in}大于某一电压时，$u_o = +U_Z$。运算放大器在两个饱和区翻转时 $u^+ = u^- = 0$，由此可确定出翻转时的输入电压。u^+用 u_{in}和 u_o表示，有

$$u^+ = \frac{\frac{1}{R_1}u_{in} + \frac{1}{R_2}u_o}{\frac{1}{R_1} + \frac{1}{R_2}} = \frac{R_2 u_{in} + R_1 u_o}{R_1 + R_2}$$

根据翻转条件，令上式右方为零，得

$$u_{\mathrm{in}} = -\frac{R_1}{R_2}u_{\mathrm{o}} = \mp\frac{R_1}{R_2}U_{\mathrm{Z}} = \mp U_{\mathrm{th}} \tag{2.10.1}$$

U_{th}称为阈值电压。滞回电压比较器的直流传递特性如图 2.10.3 所示。设输入电压初始值小于 $-U_{\mathrm{th}}$，此时 $u_{\mathrm{o}} = -U_{\mathrm{Z}}$；增大 u_{in}，当 $u_{\mathrm{in}} = U_{\mathrm{th}}$时，运放输出状态翻转，进入正饱和区。如果初始时刻运放工作在正饱和区，减小 u_{in}，当 $u_{\mathrm{in}} = -U_{\mathrm{th}}$时，运放则开始进入负饱和区。

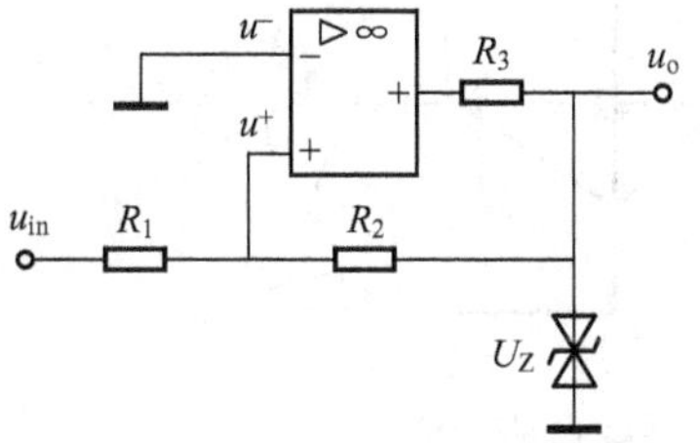

图 2.10.2 滞回电压比较器

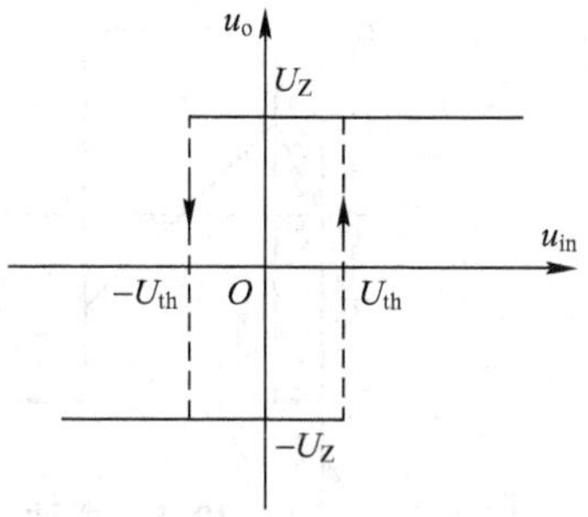

图 2.10.3 滞回电压比较器的直流传递特性

如果给图 2.10.2 所示电路输入三角波电压，其幅值大于 U_{th}，设 $t=0$ 时，$u_{\mathrm{o}} = -U_{\mathrm{Z}}$，其输出波形如图 2.10.4 所示。可见，输出为方波。

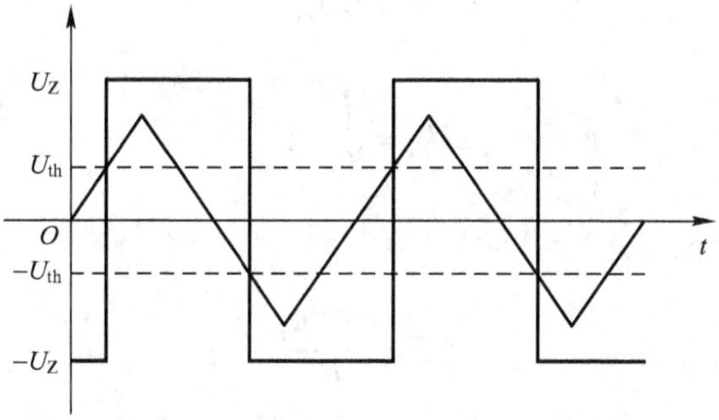

图 2.10.4 输入为三角波时滞回电压比较器的输出波形

（2）积分电路

在图 2.10.1 所示电路中，由于集成运放 A2 的反相输入端“虚地”，故 $u_{\mathrm{o2}} = -u_{\mathrm{C}}$，可见输出电压 u_{o2}与电容两端电压 u_{C} 成比例关系。又由于“虚断”，运放反相输入端的电流为零，$i_{\mathrm{R}} = i_{\mathrm{C}}$，故 $u_{\mathrm{o1}} = i_{\mathrm{R}}R = i_{\mathrm{C}}R$，即输入电压 u_{o1}与流过电容的电流 i_{C} 成正比，则

$$u_{\mathrm{o2}} = -u_{\mathrm{C}} = -\frac{1}{C}\int i_{\mathrm{C}}\mathrm{d}t = -\frac{1}{RC}\int u_{\mathrm{o1}}\mathrm{d}t \tag{2.10.2}$$

（3）方波三角波发生器电路

当 $t=0$ 时，积分电路的初始电压为零，而滞回电压比较器输出端为高电平，即 $u_{\mathrm{o1}} = +U_{\mathrm{Z}}$。由于集成运放 A1 同相输入端的电压 u^+ 同时与 u_{o1} 和 u_{o2} 有关，根据叠加定理可得 $u^+ = \frac{R_1}{R_1+R_2}u_{\mathrm{o1}} + \frac{R_2}{R_1+R_2}u_{\mathrm{o2}}$，$u_{\mathrm{o2}}=0$，$u_{\mathrm{o1}} = +U_{\mathrm{Z}}$，故 u^+ 也为高电平，而当 $u_{\mathrm{o1}} = +U_{\mathrm{Z}}$ 时，经反向积分，输出电压 u_{o2}将随着时间往负方向线性增长，而 u^+ 将随之逐渐减小，当减小到 u^+

$= u^- = 0$ 时，滞回电压比较器的输出端将发生跳变，使 u_{o1} 由 $+U_Z$ 跳变为 $-U_Z$，u^+ 也将跳变为一个负值。当 $u_{o1} = -U_Z$ 时，积分电路的输出电压 u_{o2} 将随着时间往正方向线性增长，u^+ 将随之逐渐增大，当增大至 $u^+ = u^- = 0$ 时，滞回电压比较器的输出端再次发生跳变，u_{o1} 由 $-U_Z$ 跳变为 $+U_Z$。以后重复上述过程，于是滞回电压比较器的输出电压 u_{o1} 不断地输出方波，而积分电路的输出电压 u_{o2} 也不断地输出三角波，如图 2.10.5 所示。

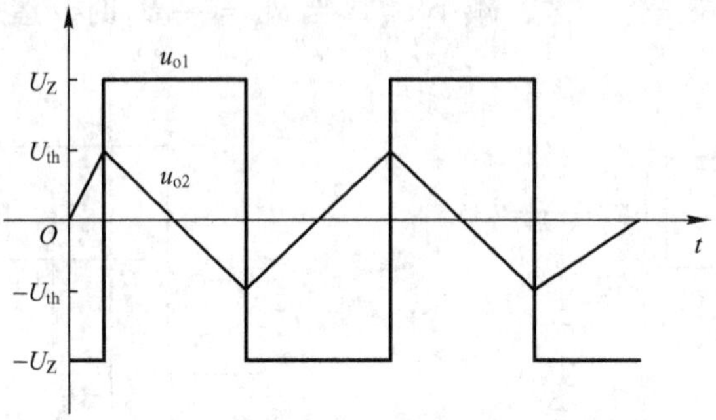

图 2.10.5　方波三角波发生器的输出波形

下面分析其振荡周期。

积分器输出电压从 $-U_{th}$ 增加到 $+U_{th}$ 所需的时间为振荡周期 T 的一半，由积分器关系式

$$U_{th} = -U_{th} - \frac{1}{RC}\int_{t_0}^{t_0+\frac{T}{2}}(-U_Z)\mathrm{d}t$$

或

$$2U_{th} = \frac{1}{RC}U_Z\frac{T}{2}$$

注意到 $U_{th} = \frac{R_1}{R_2}U_Z$，故

$$T = \frac{4RCR_1}{R_2}$$

振荡频率则为

$$f = \frac{1}{T} = \frac{R_2}{4RCR_1} \tag{2.10.3}$$

在实际设计电路时，应注意以下 3 点：

1）双稳压二极管的稳定电压根据方波幅值选取，电阻 R_3 根据双稳压二极管的最大电流确定。

2）在 U_Z 值确定之后，电阻 R_1 和 R_2 根据三角波的幅值确定。

3）电阻 R 和电容 C 则根据振荡频率要求确定，电容 C 的值不宜太大，以减小积分误差。

3. 仪器和器材

NI myDAQ	1 块
运算放大器 LM324	1 块
双稳压二极管	1 只
电阻	若干

电容　　　　　　　　1 只
面包板　　　　　　　1 块
计算机　　　　　　　1 台（安装有 LabVIEW2013 及 NI myDAQ 驱动）

4. 实验任务

（1）滞回电压比较器的直流传递特性

按图 2.10.6 接线，$R_1=10\,k\Omega$、$R_2=20\,k\Omega$、$R_3=3.3\,k\Omega$、$U_Z\approx6\,V$、$U_+=+15\,V$，$U_-=-15\,V$。给滞回电压比较器加一适当频率和幅值的三角波电压或正弦电压，用示波器观察输出波形，测定阈值电压。

（2）方波三角波发生器

按图 2.10.7 接线，用示波器观察 u_{o1} 和 u_{o2} 的波形，测出其幅值和频率，记录在表 2.10.1 中，验证三角波幅值与方波幅值的关系为 $\frac{U_{三角波}}{U_{方波}}=\frac{R_1}{R_2}$，验证振荡频率为 $f=\frac{1}{T}=\frac{R_2}{4RCR_1}$，并进行误差分析。

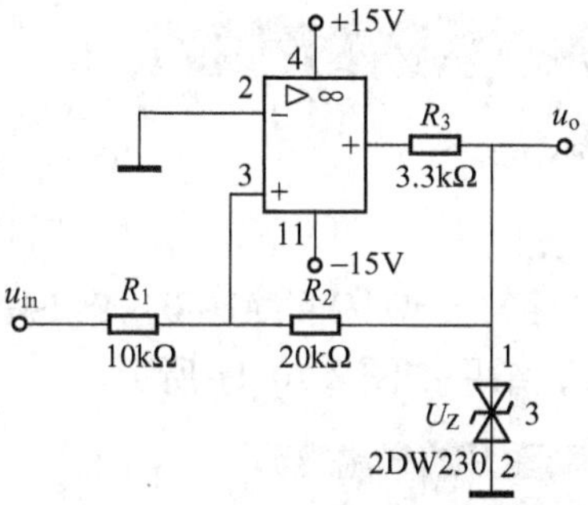

图 2.10.6　滞回电压比较器

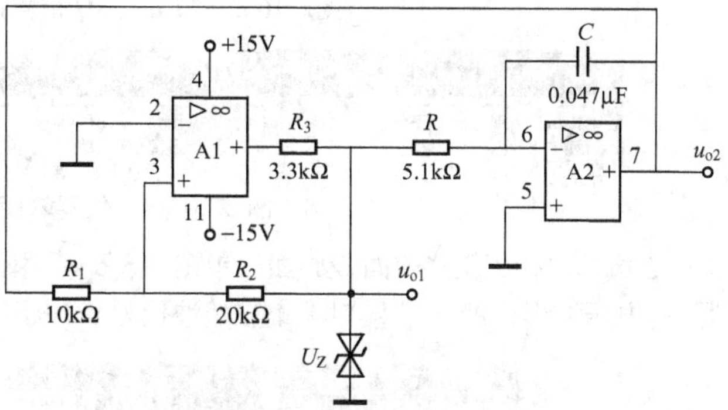

图 2.10.7　方波三角波发生器

表 2.10.1　方波三角波发生器幅值测量

	u_{o1}/V	u_{o2}/V	f/Hz
理论值			
测量值			
误差			

5. NI myDAQ 使用示例

（1）NI myDAQ 方式下运放工作电压的设置

NI myDAQ 方式下运放工作电压的设置如图 2.10.8 所示。

（2）NI myDAQ 信号接口接线

面包板上产生的方波信号 u_{o1} 和三角波信号 u_{o2} 由 NI myDAQ 的 AI－0⁺和 AI－1⁺接口采集。NI myDAQ 接口接线如图 2.10.9 所示。

（3）虚拟示波器设置

1）在计算机上单击“开始”菜单→“所有程序”→“National Instruments”→“NI ELVISmx for NI ELVIS & NI myDAQ”→“NI ELVISmx Instrument Launcher”，启动仪器软面板，如图 2.10.10 所示。

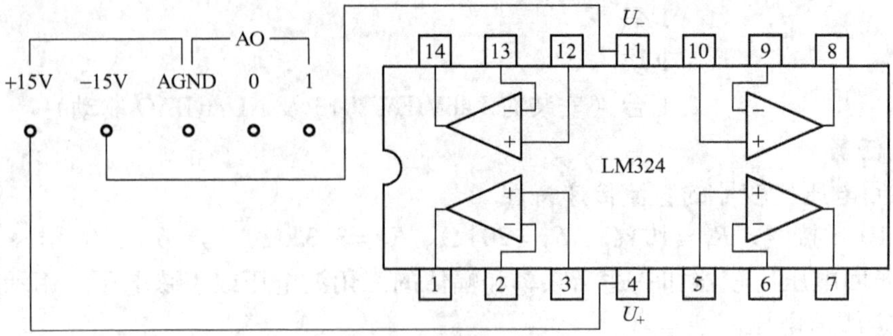

图 2. 10. 8　NI myDAQ 方式下运放工作电压的设置

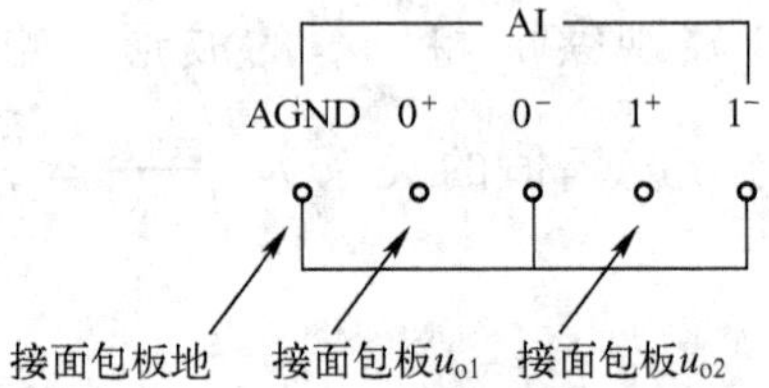

图2. 10. 9　NI myDAQ 信号接口接线

图 2. 10. 10　仪器软面板

2）在图2. 10. 10 仪器软面板界面，单击“Scope”图标，用 NI myDAQ 的 AI −0⁺接口采集方波信号 u_{o1} 电压波形，AI −1⁺接口采集三角波信号 u_{o2} 电压波形，结果如图 2. 10. 11 所示。

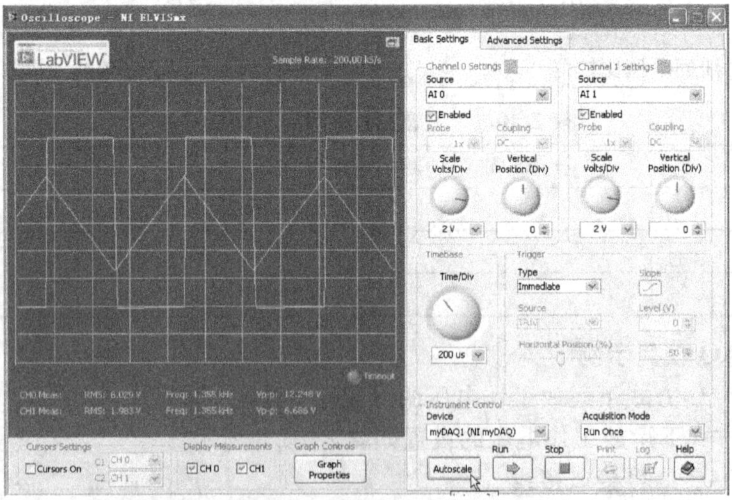

图 2. 10. 11　方波和三角波生成界面

6. 思考题

1）本实验中方波三角波发生器的振荡周期和频率的理论值是多少？

2）如何减小图 2. 10. 7 中比较器的输出电压？

3）哪些因素会造成图 2. 10. 7 中积分电路的误差？

第 3 章　电路仿真实验

3.1　受控源电路

1. 实验目的

1）借助 Multisim 软件仿真，熟悉由运算放大器组成的 4 种受控源电路。

2）了解受控源特性的测量方法及运算放大器直流供电电压对电路输入输出的影响。

2. 实验原理

受控源是一种非独立电源，它的电压或电流受电路中其他电压或电流所控制。根据控制变量与受控变量的不同，受控源可分为 4 种类型，如图 3.1.1 所示，分别为电压控制电压源（$u_2=\mu u_1$）、电流控制电压源（$u_2=\gamma i_1$）、电压控制电流源（$i_2=gu_1$）及电流控制电流源（$i_2=\beta i_1$）。图中 μ、γ、g 和 β 分别为电压放大倍数、转移电阻、转移电导和电流放大倍数。被控制量与控制量成正比的受控源称为线性受控源。

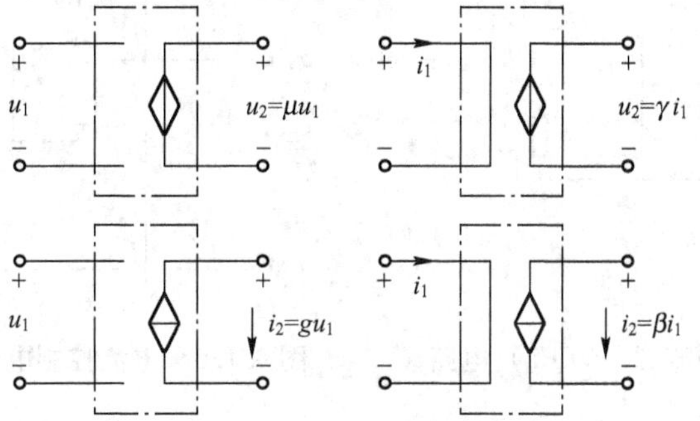

图 3.1.1　不同类型的受控源

本实验作为运算放大器的一个实际应用，要求学生熟悉由运算放大器 μA741、电阻等组成的 4 种受控源电路，了解受控源特性的测量方法及运算放大器直流供电电压对电路输入输出的影响。

（1）电压控制电压源（VCVS）

电压控制电压源电路如图 3.1.2 所示。根据运放“虚短”“虚断”的特性，电路输入输出关系为

$$u_2=\left(\frac{R_1+R_2}{R_1}\right)u_1 \tag{3.1.1}$$

（2）电流控制电压源（CCVS）

电流控制电压源（CCVS）电路如图 3.1.3 所示。电路输入输出关系为

$$u_2=-Ri_1 \tag{3.1.2}$$

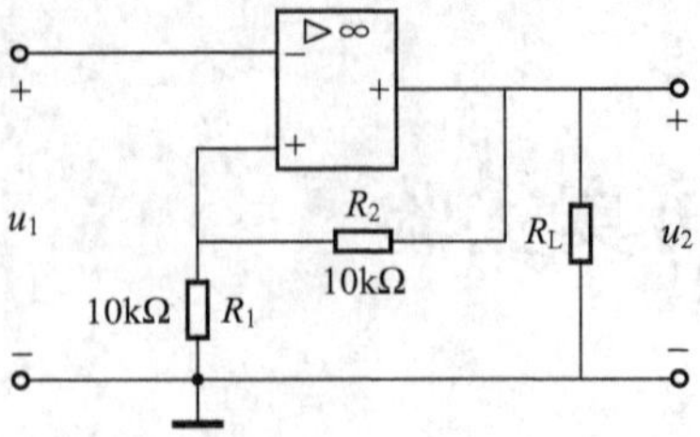

图 3.1.2　电压控制电压源（VCVS）电路

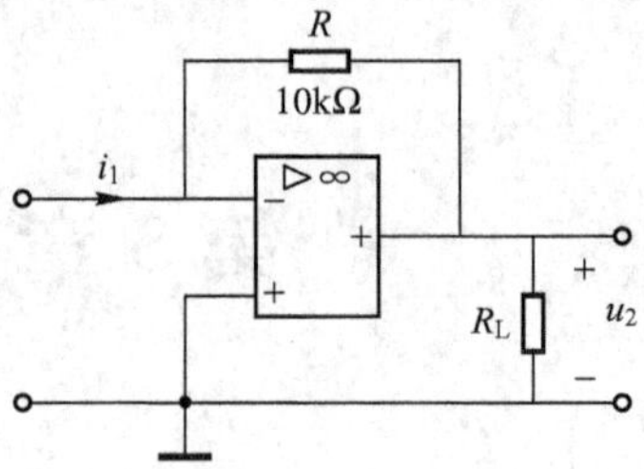

图 3.1.3　电流控制电压源（CCVS）电路

（3）电压控制电流源（VCCS）

电压控制电流源电路如图 3.1.4 所示。电路输入输出关系为

$$i_2 = \frac{u_1}{R_1} \tag{3.1.3}$$

（4）电流控制电流源（CCCS）

电流控制电流源（CCCS）电路如图 3.1.5 所示。电路输入输出关系为

$$i_2 = -\left(1 + \frac{R_1}{R_2}\right) i_1 \tag{3.1.4}$$

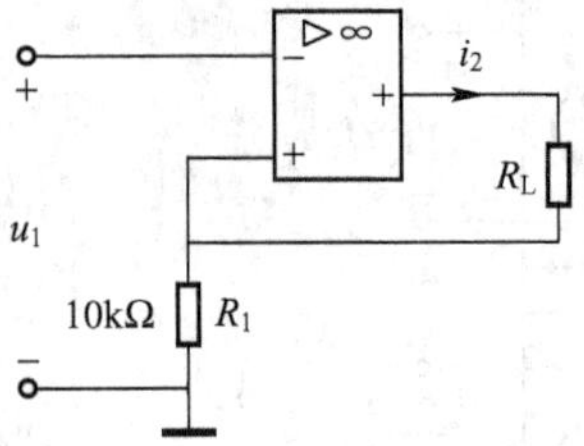

图 3.1.4　电压控制电流源（VCCS）电路

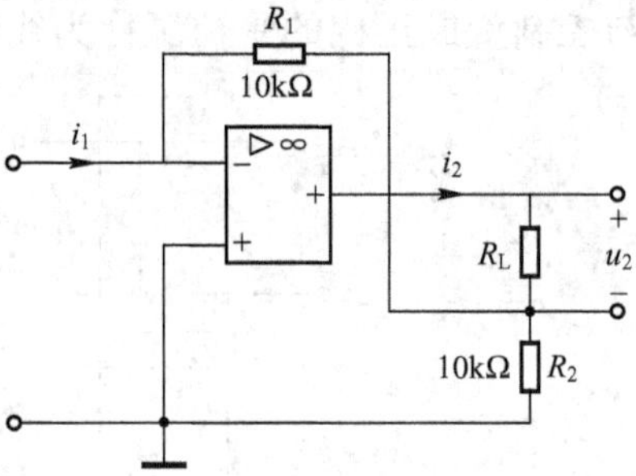

图 3.1.5　电流控制电流源（CCCS）电路

3. 实验任务

（1）仿真电压控制电压源电路

1）测试电压控制电压源的转移特性。

电路如图 3.1.2 所示，运算放大器的直流供电电压设置为 +15 V、−15 V，$R_L = 5\ \text{k}\Omega$，在输入端 u_1 接入表 3.1.1 所示直流电压，用数字万用表测量输出端 u_2 的电压，将数据记录在表 3.1.1 中，并计算电压放大倍数 μ。

表 3.1.1　电压控制电压源的转移特性

u_1/V	1	2	3	4	5
u_2/V					
μ					

2）测试电压控制电压源的负载特性。

输入 $u_1 = 2\ \text{V}$，负载电阻 R_L 换为 10 kΩ 可调电阻，用数字万用表测量负载电阻变化时的输出电压 u_2，将数据记录在表 3.1.2 中，观察负载变化对输出电压 u_2 是否有影响。

表 3.1.2　电压控制电压源的负载特性

R_L/kΩ	2	4	6	8	10
u_2/V					

3）测试运放直流供电电压对电路输入输出的影响。

改变运算放大器的直流供电电压见表 3.1.3，测量保持电压放大倍数 μ 不变的最大输入、输出电压值，将数据记录在表 3.1.3 中，分析运算放大器的直流供电电压对输入输出的影响。

表 3.1.3　运放直流供电电压对电路输入输出的影响

运算放大器的直流供电电压/V	±15	±12	±10	±8	±5
最大 u_1/V					
最大 u_2/V					

（2）仿真电流控制电压源电路

1）测试电流控制电压源的转移特性。

电路如图 3.1.3 所示，运算放大器的直流供电电压设置为 +15 V、-15 V，R_L = 5 kΩ，在输入端接入表 3.1.4 所示直流电流 i_1，用数字万用表测量输出端 u_2 的电压，将数据记录在表 3.1.4 中，并计算转移电阻 γ。

表 3.1.4　电流控制电压源的转移特性

i_1/mA	0.1	0.2	0.3	0.4	0.5
u_2/V					
γ					

2）测试电流控制电压源的负载特性。

输入 i_1 =0.2 mA，负载电阻 R_L 换为 10 kΩ 可调电阻，用数字万用表测量负载电阻变化时的输出电压 u_2，将数据记录在表 3.1.5 中，观察负载变化对输出电压 u_2 是否有影响。

表 3.1.5　电流控制电压源的负载特性

R_L/kΩ	2	4	6	8	10
u_2/V					

3）测试运放直流供电电压对电路输入输出的影响。

改变运算放大器的直流供电电压见表 3.1.6，测量转移电阻 γ 不变时的最大输入电流、输出电压值，将数据记录在表 3.1.6 中，分析运算放大器的直流供电电压对输入输出的影响。

表 3.1.6　运放直流供电电压对电路输入输出的影响

运算放大器的直流供电电压/V	±15	±12	±10	±8	±5
最大 i_1/mA					
最大 u_2/V					

（3）仿真电压控制电流源电路

1）测试电压控制电流源的转移特性。

电路如图 3.1.4 所示，运算放大器的直流供电电压设置为 +15 V、-15 V，$R_L=2\ \text{k}\Omega$，在输入端接入表 3.1.7 所示直流电压 u_1，用数字万用表测量输出端的电流 i_2，将数据记录在表 3.1.7 中，并计算转移电导 g。

表 3.1.7　电压控制电流源的转移特性

u_1/V	1	2	3	4	5
i_2/mA					
g					

2）测试电压控制电流源的负载特性。

输入 $u_1=2$ V，负载电阻 R_L 换为 10 kΩ 可调电阻，用数字万用表测量负载电阻变化时的输出电流 i_2，将数据记录在表 3.1.8 中，观察负载变化对输出电流 i_2 是否有影响。

表 3.1.8　电压控制电流源的负载特性

R_L/kΩ	2	4	6	8	10
i_2/mA					

3）测试运放直流供电电压对电路输入输出的影响。

改变运算放大器的直流供电电压见表 3.1.9，测量转移电导 g 不变时的最大输入电压、输出电流值，将数据记录在表 3.1.9 中，分析运算放大器的直流供电电压对输入输出的影响。

表 3.1.9　运放直流供电电压对电路输入输出的影响

运算放大器的直流供电电压/V	±15	±12	±10	±8	±5
最大 u_1/V					
最大 i_2/mA					

（4）仿真电流控制电流源电路

1）测试电流控制电流源的转移特性。

电路如图 3.1.5 所示，运算放大器的直流供电电压设置为 +15 V、-15 V，$R_L=2\ \text{k}\Omega$，在输入端接入表 3.1.10 所示直流电流 i_1，用数字万用表测量输出端的电流 i_2，将数据记录在表 3.1.10 中，并计算电流放大倍数 β。

表 3.1.10　电流控制电流源的转移特性

i_1/mA	0.1	0.2	0.3	0.4	0.5
i_2/mA					
β					

2）测试电流控制电流源的负载特性。

输入 $i_1=0.2$ mA，负载电阻 R_L 换为 10 kΩ 可调电阻，用数字万用表测量负载电阻变化时的输出电流 i_2，将数据记录在表 3.1.11 中，观察负载变化对输出电流 i_2 是否有影响。

表 3.1.11　电流控制电流源的负载特性

R_L/kΩ	2	4	6	8	10
i_2/mA					

3）测试运放直流供电电压对电路输入输出的影响。

改变运算放大器的直流供电电压见表 3. 1. 12，测量电流放大倍数 β 不变时的最大输入电流、输出电流值，将数据记录在表 3. 1. 12 中，分析运算放大器的直流供电电压对输入输出的影响。

表 3. 1. 12　运放直流供电电压对电路输入输出的影响

运算放大器的直流供电电压/V	±15	±12	±10	±8	±5
最大 i_1/mA					
最大 i_2/mA					

4. 仿真过程提示

（1）绘制电路原理图

1）±15 V 供电电源和接地：Place→Component→Sources→POWER SOURCES →VCC、VEE 和 GROUND，设置 VCC 为 15 V，设置 VEE 为 −15 V。

2）电阻：Place →Component→Basic→Resister，10 kΩ，5 kΩ。右键单击元件，选择 Rotate 90° clockwise 可实现元件旋转。

3）运算放大器：Place →Component→Analog →μA741。

4）直流电压源和接地：Place→Component→Sources→POWER SOURCES →DC_POWER 和 GROUND，设置直流源为 1 V。

5）万用表：在主窗口右边的虚拟仪器工具栏，单击万用表 Multimeter 的图标，在画图窗口放置两个万用表。

6）连线：按图 3. 1. 2 连线。当鼠标靠近元件引脚时，鼠标会变成“十字中心加黑点”的形状，单击第一个元件的引脚，此时光标会附着一条直线，移动光标的过程中，按下鼠标左键可以控制线的走向，到第二个元件的引脚再单击一次，完成连线。完成连线的电路如图 3. 1. 6 所示。

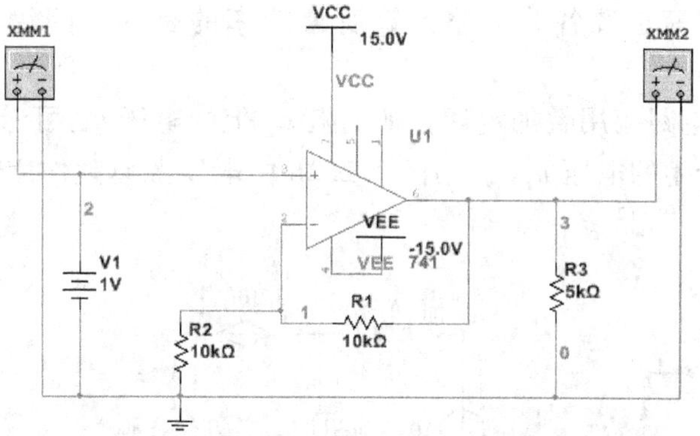

图 3. 1. 6　Multisim 中的电路原理图

（2）仿真分析

1）借助 Multisim 软件对图 3. 1. 6 电路仿真。在 Multisim 主窗口的菜单栏选择“Simulate”→“Run”，双击万用表，可以看到数字万用表面板显示的输出电压值，如图 3. 1. 7 所示。

2）将负载电阻 R_L 换为 10 kΩ 电位器（可调电阻）。在 Multisim 主窗口的菜单栏选择“Simulate”→“Run”，改变电位器的阻值，记录数字万用表显示的输出电压值，观察负载

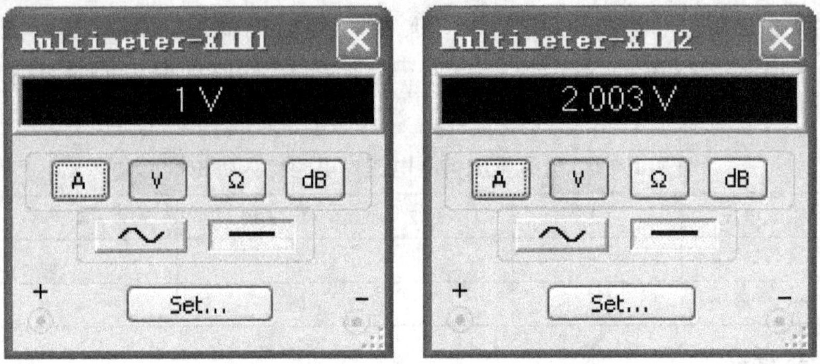

图 3.1.7　Multisim 中的仿真结果

对输出电压的影响。

3）改变直流供电电压 VCC、VEE 的值为 +10 V 和 -10 V，并修改直流电压源的值，单击“Simulate”→“Run”，观察数字万用表显示的输出电压值，寻找电压放大倍数不变时，最大输入输出电压值。

3.2　线性电路的叠加性与齐次性

1. 实验目的

1）验证叠加定理对含受控源电路的适用性。

2）验证线性电路的齐次性定理。

3）验证叠加性和齐次性在含非线性元件电路中的不适用性。

2. 实验原理

叠加定理对存在受控源的电路仍然适用。受控源被保留在各分电路中。需要注意的是，原电路的功率不等于按各分电路计算所得功率的叠加，因为功率是电压和电流的乘积。

对图 3.2.1 所示电路应用叠加定理。则电阻 R_2 上的电压 u_{R2} 可看成图 3.2.2a 中电流源单独作用时在 R_2 上产生的电压 $u_{R2}^{(1)}$，与图 3.2.2b 中电压源单独作用时在 R_2 上产生的电压 $u_{R2}^{(2)}$ 之和，即 $u_{R2}=u_{R2}^{(1)}+u_{R2}^{(2)}$。

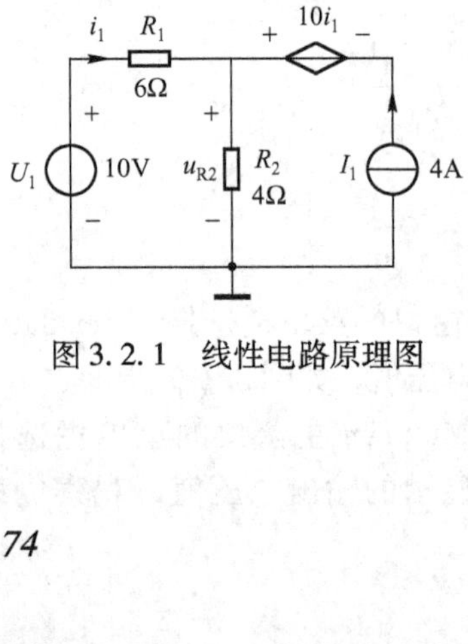

图 3.2.1　线性电路原理图

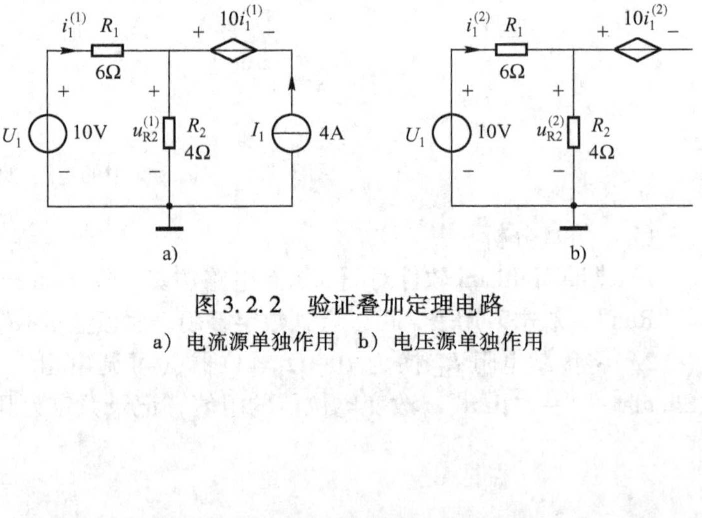

图 3.2.2　验证叠加定理电路

a）电流源单独作用　b）电压源单独作用

线性电路的齐次性是指当激励信号增加或减小 K 倍时，电路的响应（即在电路其他各电阻元件上所产生的电流和电压值）也将增加或减小 K 倍。当一个电路中有多个激励源时，激励源增加或减小的倍数相同，电路才满足齐次性。

与叠加定理相同，齐次性也只适用于线性电路，对非线性电路不适用。

3. 实验任务

1）借助 Multisim 软件仿真，计算图 3.2.1 所示电路中 U_1、I_1 共同作用时，电阻 R_2 两端的电压 u_{R2}，结果填入表 3.2.1 中。

表 3.2.1　叠加性与齐次性在线性电路中的测量数据

	U_1/V	I_1/A	u_{R2}/V
U_1、I_1 共同作用	10	4	
U_1 单独作用	10	0	
I_1 单独作用	0	4	
U_1、I_1 共同作用，只 U_1 增加 2 倍	20	4	
U_1、I_1 共同作用，且同时增加 2 倍	20	8	

2）借助 Multisim 软件仿真，应用叠加定理计算图 3.2.1 所示电路中 U_1 单独作用和 I_1 单独作用时，电阻 R_2 两端的电压 u_{R2}，结果填入表 3.2.1 中。

3）验证线性电路的齐次性定理。借助 Multisim 软件仿真，计算图 3.2.1 所示电路中 U_1、I_1 共同作用，且只 U_1 增加 2 倍与 U_1、I_1 共同作用，且同时增加 2 倍时电路中电阻 R_2 两端的电压 u_{R2}，结果填入表 3.2.1 中，分析齐次性的适用性。

4）研究叠加性和齐次性定理在含二极管元件的电路中的正确性。电路如图 3.2.3 所示，$R_1 = R_2 = 24\ \Omega$，$R_3 = 6\ \Omega$，按表 3.2.2 设置电源 U_1 和 U_2 参数，计算结点 2 的电压 u_2，分析叠加性与齐次性在非线性电路中的适用性。

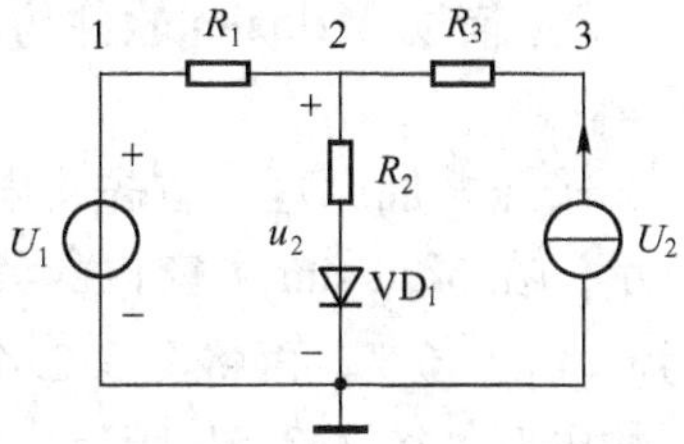

图 3.2.3　非线性电路原理图

表 3.2.2　叠加性与齐次性在非线性电路中的测量数据

	U_1/V	U_2/V	u_2/V
U_1、U_2 共同作用	12	12	
U_1 单独作用	12	0	
U_2 单独作用	0	12	
U_1、U_2 共同作用，只 U_1 增加 2 倍	24	12	
U_1、U_2 共同作用，且同时增加 2 倍	24	24	

4. 仿真过程提示

（1）绘制电路原理图

1）直流电压源和接地：Place→Component→Sources→POWER SOURCES→DC_POWER 和 GROUND，设置直流源为 10V。右键单击电压源，选择 Rotate 90°clockwise 可实现器件旋转。

2）直流电流源：Place→Component→Sources→SIGNAL_CURRENT_SOURCES →DC_CURRENT，设置电流为 4 A。

3）电阻：Place→Component→Basic→Resister，4 Ω，6 Ω。

4）电流控制电压源：Place→Component→Sources→CONTROLLED_VOLTAGE_SOURCES→CURRENT_CONTROLLED_VOLTAGE_SOURCES。将受控源的跨阻改为 10 Ω。

5）电压表：Place→Component→Indicators→VOLTMETER→VOLTMETER_V。

6）连线：当鼠标靠近元件引脚时，鼠标会变成“十字中心加黑点”的形状，单击第一个元件的引脚，此时光标会附着一条直线，移动光标的过程中，按下鼠标左键可以控制线的走向，到第二个元件的引脚再单击一次，完成连线。由于受控源的控制电流为流过电阻 R_1 的电流，故将受控源的电流端子串联入 R_1 支路中。完成连线的电路如图 3.2.4 所示。

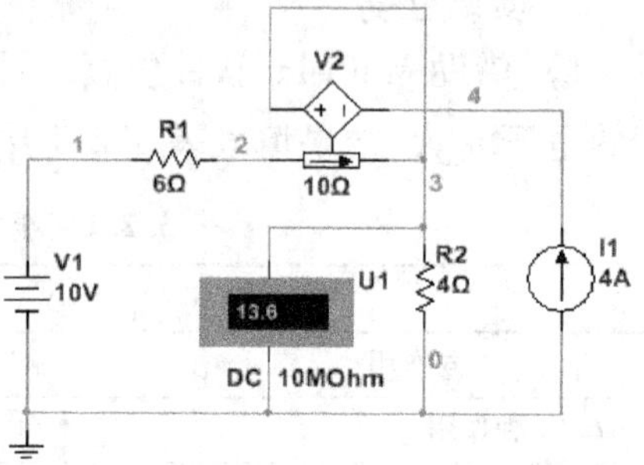

图 3.2.4　Multisim 中的电路原理图

（2）仿真分析

1）借助 Multisim 软件仿真，计算图 3.2.1 所示电路中电阻 R_2 两端的电压 u_{R2}。

在 Multisim 主窗口的菜单栏选择“Simulate”→“Run”，可看到在电压源和电流源共同作用时电阻 R_2 两端的电压为 13.6 V，如图 3.2.4 所示。

2）借助 Multisim 软件仿真，应用叠加定理计算图 3.2.1 所示电路中电阻 R_2 两端的电压 u_{R2}。

按照叠加原理，首先将电路中的电压源置零，仅在电流源 I_1 作用时的电路如图 3.2.5a 所示，在 Multisim 主窗口的菜单栏选择“Simulate”→“Run”，可看到电阻 R_2 两端的电压为 $u_{R2}^{(1)}=9.6\ \text{V}$。再将图 3.2.4 中的电流源置零，即将电流源支路开路，仅在电压源 V_1 作用时的电路如图 3.2.5b 所示。在 Multisim 主窗口的菜单栏选择“Simulate”→“Run”，可看到电阻 R_2 两端的电压为 $u_{R2}^{(2)}=4\ \text{V}$，故由叠加定理，电压源 V_1 和电流源 I_1 共同作用时，在电阻 R_2 上产生的压降之和为 $u_{R2}=u_{R2}^{(1)}+u_{R2}^{(2)}=9.6+4=13.6\ \text{V}$，与任务 1）中 V_1 和 I_1 同时作用时在 R_2 上产生的压降相同。由此验证了叠加定理的正确性。

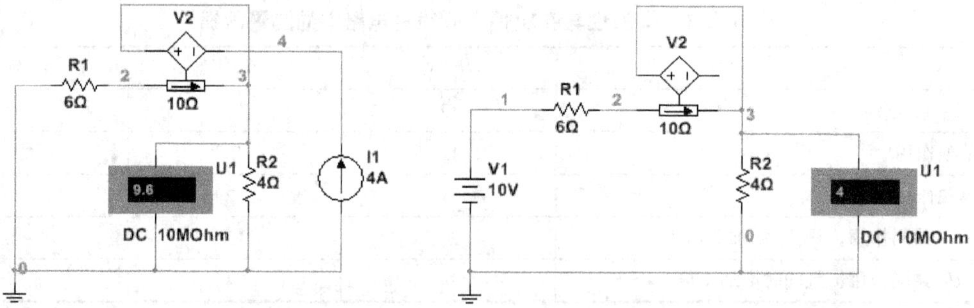

a)　　　　b)

图 3.2.5　验证叠加定理电路

a）电流源 I_1 单独作用　b）电压源 V_1 单独作用

3）验证线性电路的齐次性定理。借助 Multisim 软件仿真，计算图 3.2.1 所示电路中 U_1、I_1 共同作用且只 U_1 增加 2 倍，与 U_1、I_1 共同作用且同时增加 2 倍时电路中电阻 R_2 两端的电压 u_{R2}，结果如图 3.2.6a、b 所示。说明当电路中有多个激励源时，所有激励源增加或减小相同的倍数，电路才满足齐次性。

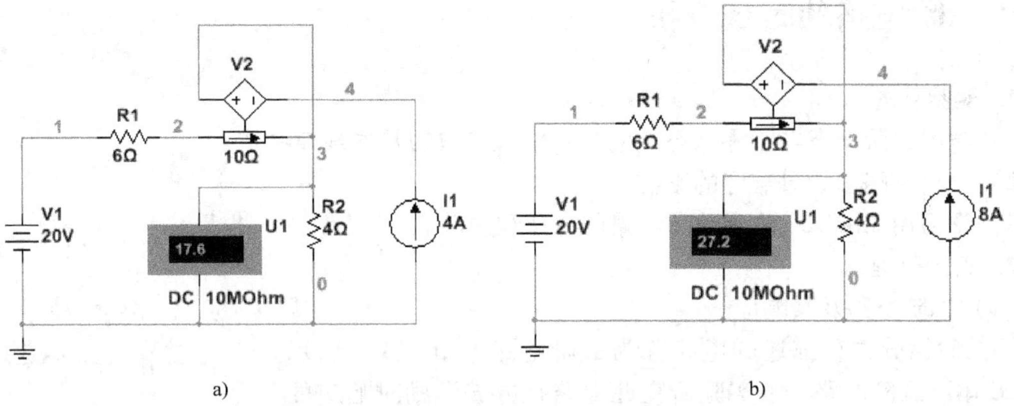

图 3.2.6　验证线性电路的齐次性定理结果图

a）电流源 4A 时的结果图　b）电流源 8A 时的结果图

（3）研究叠加性和齐次性在含二极管元件的电路中的适用性

在 Multisim 窗口中建立如图 3.2.7 所示的含二极管的电路，放置一个电压表，测量的结点 2 的电压为 4.584 V。应用叠加定理，当电压源 V_1 和 V_2 单独作用时的仿真电路如图 3.2.8a 和 3.2.8b 所示。由图可知，两个电压源单独作用时在二极管支路上产生的电压之和不等于两个电压源同时作用时产生的电压，由此验证了叠加性不适用于含非线性元件的电路。同样，改变电压源数值可以验证齐次性也不适用于非线性电路。

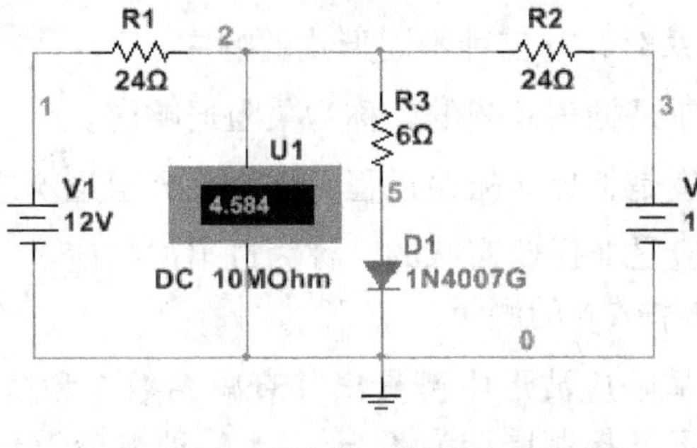

图 3.2.7　含二极管的电路

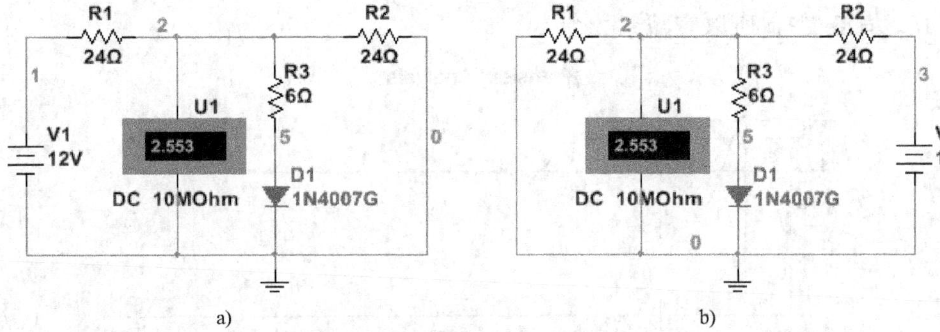

图 3.2.8　电压源 V_1 单独作用及电压源 V_2 单独作用

a）电压源 V_1 单独作用　b）电压源 V_2 单独作用

3.3　二阶电路的时域分析

1. 实验目的

1）学习二阶动态电路零状态响应和零输入响应的基本规律和特点。

2）分析电路参数对响应的影响。

3）学习用 Multisim 仿真动态电路的方法和技巧。

2. 实验原理

（1）二阶电路及其响应

用二阶微分方程描述的电路称为二阶电路。图 3.3.1 所示为 RLC 串联二阶电路。本实验研究此电路在方波激励时响应的动态过程。电路中电容电压 u_C 在零输入情况下满足的方程为

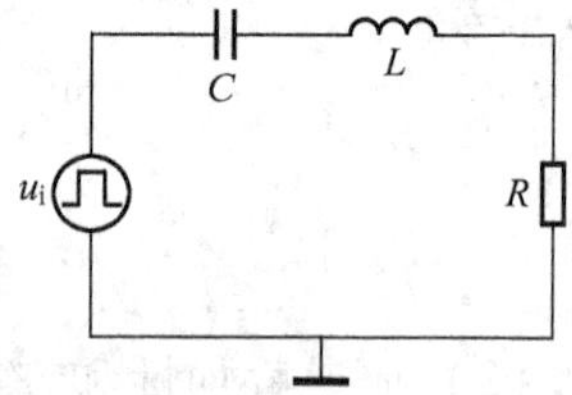

图 3.3.1　二阶电路的原理图

$$LC\frac{d^2u_C}{dt^2}+RC\frac{du_C}{dt}+u_C=0 \qquad (3.3.1)$$

上述二阶微分方程的解为

$$u=A_1e^{p_1t}+A_2e^{p_2t} \qquad (3.3.2)$$

$$p_{1,2}=-\frac{R}{2L}\pm\sqrt{\left(\frac{R}{2L}\right)^2-\frac{1}{LC}}=-\delta\pm\sqrt{\delta^2-\omega_0^2}$$

式中，A_1 和 A_2 为积分常数；p_1 和 p_2 为微分方程的特征根；δ 称为衰减系数；ω_0 称为固有振荡频率。

当电路参数满足下列关系时，有三种不同形式的响应：

1）当 $R<2\sqrt{L/C}$，响应是振荡衰减的，称为欠阻尼响应。

2）当 $R=2\sqrt{L/C}$，响应是临界非振荡过程，称为临界阻尼响应。

3）当 $R>2\sqrt{L/C}$，响应是非振荡衰减的，称为过阻尼响应。

（2）振荡频率 ω 和衰减系数 δ 的测量

对于欠阻尼情况，可以从响应波形中测量出其衰减系数 δ 和振荡角频率 $\omega=\sqrt{\omega_0^2-\delta^2}$。响应波形如图 3.3.2 所示。显然振荡周期为 $T_d=t_2-t_1$，即响应波形出现两个相邻极大值的相隔时间。振荡频率 $\omega=2\pi f_d=2\pi/T_d$。由衰减振荡的振幅包络线可求衰减系数 δ。由于 $U_{C1m}=Ke^{-\delta t_1}$，$U_{C2m}=Ke^{-\delta t_2}$，所以衰减系数为

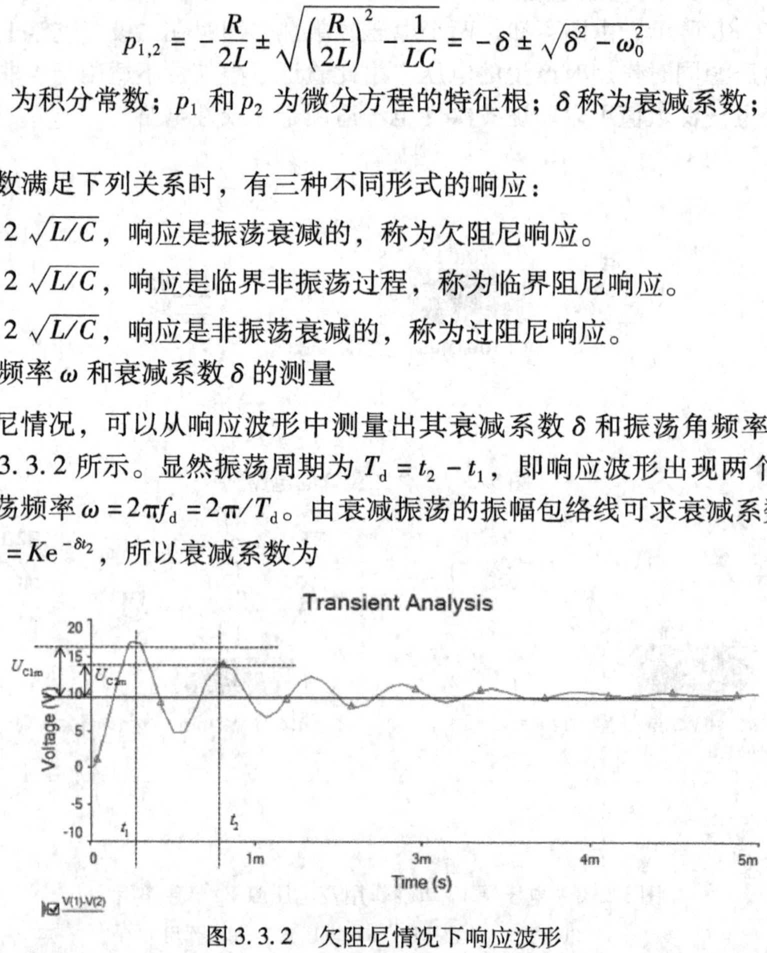

图 3.3.2　欠阻尼情况下响应波形

$$\delta = \frac{1}{T_d}\ln\frac{U_{C1m}}{U_{C2m}} \tag{3.3.3}$$

（3）状态轨迹

图 3.3.1 所示二阶电路中电容两端的电压 u_C 和回路电流 i 可作为电路的状态变量。若将 $u_C(t)$ 和 $i(t)$ 看作平面上的坐标点，这种平面就称为状态平面。在 Multisim 中示波器面板的 Timebase 栏中选择 A/B 模式，即可观察到 A 和 B 通道的状态轨迹图。

3. 实验任务

1）电路如图 3.3.1 所示，信号源输出 100 Hz、5 V 的方波信号，电容 $C=0.1\ \mu F$，电感 $L=100\ mH$，改变电阻的阻值，用示波器观察电容电压 u_C 在欠阻尼、临界阻尼和过阻尼状态时的波形，记录电阻值，验证不同状态时电阻值是否满足与 $2\sqrt{\frac{L}{C}}$ 的关系。

2）测量 $R=200\ \Omega$ 欠阻尼状态下振荡频率 ω 和衰减系数 δ。

3）观察电路中电容电压 u_C 和回路电流 i 在欠阻尼、临界阻尼和过阻尼状态时的状态轨迹。

4. 仿真过程提示

（1）绘制电路原理图

1）函数信号发生器：在主窗口右边的虚拟仪器工具栏选择函数发生器 Function Generator，在主窗口绘图区域鼠标单击一次，放置一个函数信号发生器。

2）接地：Place→Component→Sources→POWER SOURCES →GROUND。

3）电阻：Place→Component→Basic→RESISTOR，200 Ω。

3）电容：Place→Component→Basic→CAPACITOR，0.1 μF。

4）电感：Place→Component→Basic→INDUCTOR，100 mH。

5）连线。完成连线的原理图如图 3.3.3a 所示。

双击信号发生器的图标，产生如图 3.3.3b 所示前面板，信号函数发生器可以产生正弦波、三角波和方波电压信号源，通过控制面板能方便地对输出信号的频率、幅度、占空比和直流分量进行调节。三个接线端子"+"输出端产生一个正向输出信号；"Common"公共端通常接地；"-"输出端产生一个反向输出信号。

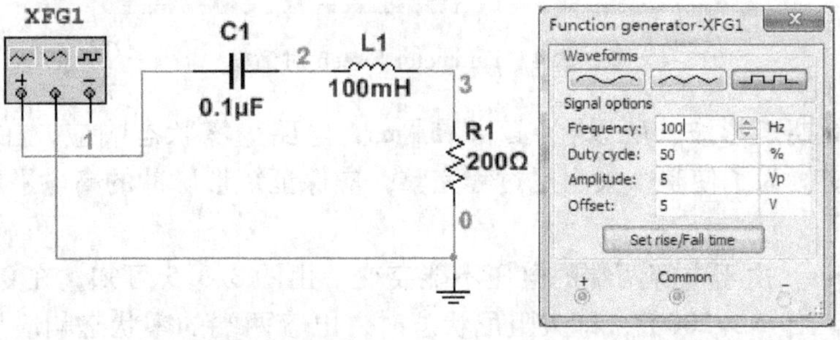

a)　　b)

图 3.3.3　原理图连线图和函数信号发生器前面板

a）原理图连线图　b）函数信号发生器前面板

（2）仿真分析

1）观察图 3.3.3a 所示电路中电容电压 u_{C1} 在欠阻尼、临界阻尼和过阻尼状态时的波形。

根据实验原理可知，当电阻 $R_1=200\,\Omega$、$2000\,\Omega$ 和 $4000\,\Omega$ 时，电容两端的电压分别处于欠阻尼、临界阻尼和过阻尼状态。

借助 Multisim 对电阻 R_1 取不同值时，电路的响应进行扫描分析。在 Multisim 主窗口的菜单栏选择 "Simulate" → "Analyses" → "Parameter Analysis"，弹出 Parameter Sweep 对话框，Parameter Sweep 对话框的参数设置如图 3.3.4 所示。在 Analysis Parameters 选项卡中的 Sweep parameters 栏：扫描类型 Device type 为 Resistor，Name 为 R1，Parameter 为 resistance；在 Points to sweep 栏，选择扫描变量的类型 Sweep variation type 为列表 "list"，在 Value list 栏输入 200，2000 和 4000；在 More Options 栏选择暂态仿真的仿真时间为 10 ms。

从原理图中可知电容两端的电压为 V(1) - V(2)。在 Parameter Analysis 对话框的 Output 选项卡中单击 "Add expression…"，弹出 Analysis Expression 对话框，在 Variables 栏中选择 V(1)，单击 "Copy variable to expression"，在 Functions 栏选择 "-"，单击 "Copy function to expression"，在 Variables 栏中选择 V(2)，单击 "Copy variable to expression"，表达式 V(1) - V(2)添加完毕，选择 "OK"。在 Parameter Sweep 对话框中单击 "Simulate" 开始运行，结果如图 3.3.5 所示。

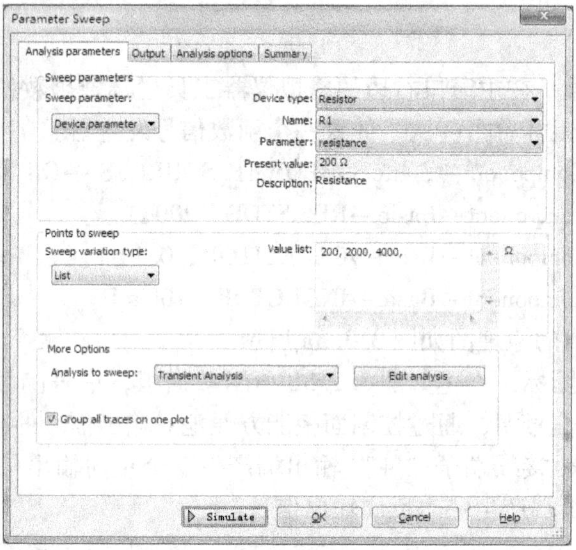

图 3.3.4　Parameter Sweep 对话框

由于激励为周期矩形波，所以在 $t\in[0,5]$ ms，电路为零状态响应，在 $t\in[5,10]$ ms，电路为零输入响应。为了使整个欠阻尼过程完整，应保证矩形脉冲的高电平或低电平周期大于(4 ~5)倍 $1/\delta$。

在 $t\in[0,5]$ ms，由于电容两端的电压不能突变，由图 3.3.5 可知，在 0^+ 时刻，电容的电压是从零增大。当 $R_1=200\,\Omega$，即欠阻尼状态时，电容两端的零状态响应呈振荡波形，并最终稳定在电源电压 10V。当 $R_1=2000\,\Omega$ 和 $4000\,\Omega$ 时，电路分别处于临界阻尼和过阻尼状态，此时电容两端的电压波形分别如图 3.3.5 所示，电压的上升速度均缓慢于欠阻尼状态，但均没有振荡过程。

在 $t\in[5, 10]$ ms，由于电容两端的电压不能突变，由图 3. 3. 5 可知，在 $t=5$ ms 时刻，电容的电压是从初值 10 V 减小。当 $R_1=200\,\Omega$，即欠阻尼状态时，电容两端的零输入响应呈振荡波形，并最终稳定在 0 V。当 $R_1=2000\,\Omega$ 和 $4000\,\Omega$ 时，电路分别处于临界阻尼和过阻尼状态，此时电容两端的电压波形分别如图 3. 3. 5 所示，电压的下降速度均快于欠阻尼状态，但均没有振荡过程。

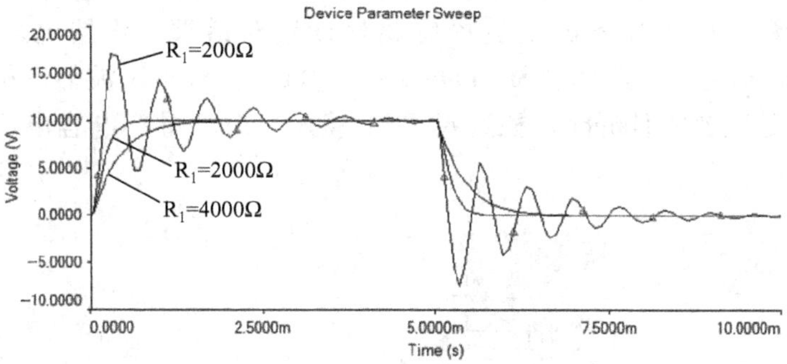

图 3. 3. 5　电容两端的三种电压波形

2）测量 $R_1=200\,\Omega$ 欠阻尼状态下的振荡频率 ω 和衰减系数 δ。

对于图 3. 3. 3a 所示电路，在 Multisim 主窗口菜单栏选择 “Simulate” → “Analyses” → “Transient Analysis”，弹出 Transient Analysis 对话框，设置仿真时间为 2. 5 ms，输出为电容电压，添加表达式 V(1) − V(2)，在 Transient Analysis 对话框中单击 “Simulate”，仿真结果显示在 Grapher View 窗口中，结果如图 3. 3. 6a 所示。在 Grapher View 窗口的菜单栏选择 “Cursor” → “Show cursors”，弹出如图 3. 3. 6b 所示 Cursor 窗口，然后在 Grapher View 窗口的菜单栏选择 “Cursor” → “Go to next YMAX”，将两个光标移动到第一个和第二个振荡周期的最大幅值处，在 Cursors 窗口会显示横纵坐标位置。可看到 $T_d=dx=650\,\mu s$，$U_{C1m}=y_1=17.24$，$U_{C2m}=y_2=13.98$，代入式（3. 3. 3），得到衰减系数和角频率为

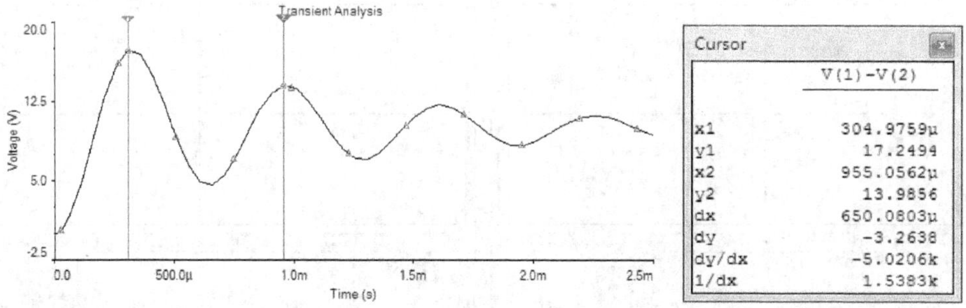

a)　　　　b)

图 3. 3. 6　电容两端的电压及 Cursor 窗口

a）电容两端的电压　b）Cursor 窗口

$$\delta=\frac{1}{T_d}\ln\frac{U_{C1m}}{U_{C2m}}=\frac{1}{650\mu s}\ln\frac{17.24}{13.98}=322.46,\qquad \omega=2\pi f_d=2\pi/T_d=9661$$

3）观察电路中电容电压 u_C 和回路电流 i 在欠阻尼、临界阻尼和过阻尼状态时的状态轨迹。

由于状态轨迹是以电压和电流为状态变量的曲线，在这里借助 Multisim 虚拟仪器工具栏的电流探针，测量回路电流。电流探针的输出端与示波器相连，其电流大小由示波器及探针的电压－电流转换比计算而得。示波器 A 通道的“＋”和“－”端连接在电容 C_1 两端，B 通道的“＋”端连接到电流探头的输出端。电路连线如图 3. 3. 7a 所示。双击电流探头，出现如图 3. 3. 7b 所示的电流探针属性设置对话框。设置电压－电流转换比为 1V/mA。在 Multisim 主窗口选择“Simulate”→“Run”，双击示波器图标，出现示波器面板，在示波器面板下方的 Timebase 栏选择 B/A 模式，即可得到电容电压 u_C 和回路电流 i 的状态轨迹图。

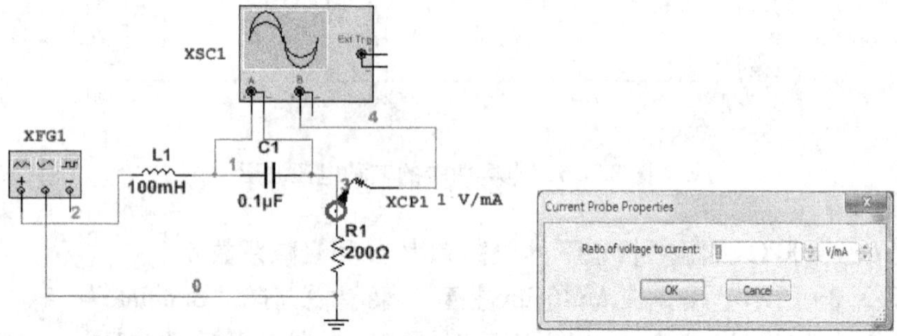

a) b)

图 3. 3. 7　原理图及电流探针属性设置窗口

a）原理图　b）电流探针属性设置窗口

图 3. 3. 8a 为电路处于欠阻尼状态的状态轨迹图，图 3. 3. 8b 为电路处于临界阻尼和过阻尼时的状态轨迹。

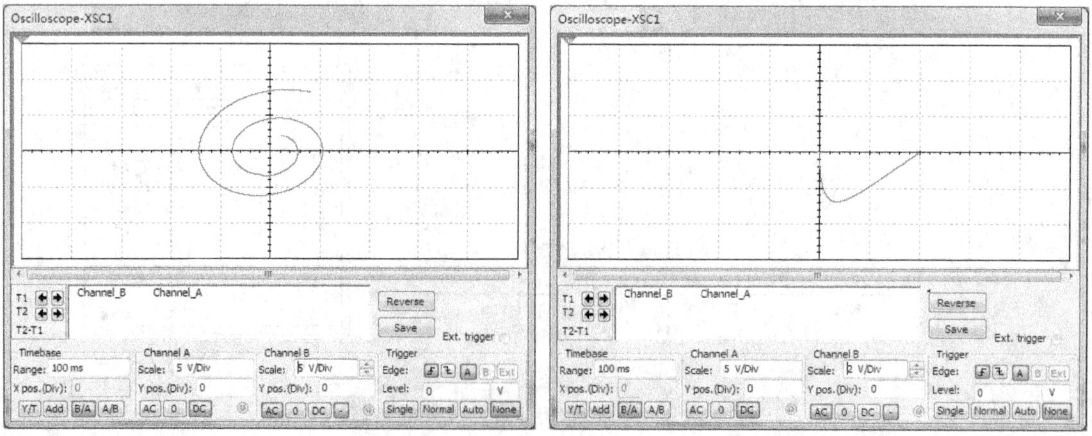

a) b)

图 3. 3. 8　电容电压和回路电流的状态轨迹

a）欠阻尼状态　b）临界阻尼和过阻尼状态

3.4 *RLC* 串联电路的谐振

1. 实验目的

1）熟悉 *RLC* 串联谐振电路。

2）学习用 Multisim 仿真电路的方法和技巧。

2. 实验原理

图 3.4.1 所示为 *RLC* 串联电路。在正弦电压激励下，电路的工作状态将随频率的变化而变化，这是由于感抗和容抗都是频率的函数而造成的。图 3.4.1 所示电路的输入阻抗为

$$Z(\mathrm{j}\omega)=R+\mathrm{j}\left(\omega L-\frac{1}{\omega C}\right) \tag{3.4.1}$$

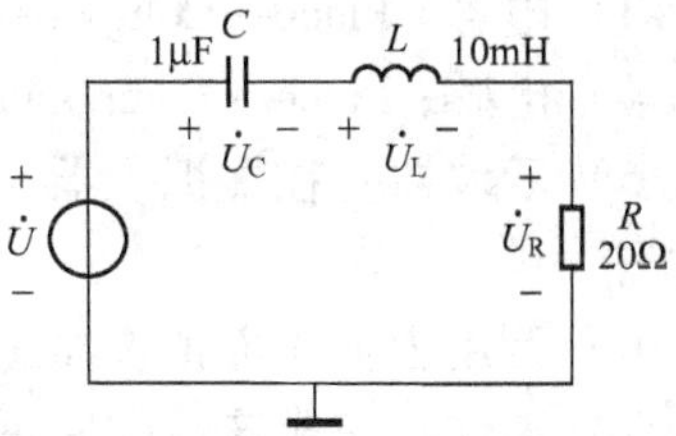

图 3.4.1　串联 *RLC* 电路原理图

从式（3.4.1）中可知，感抗和容抗有相互抵消的作用。当 $\omega_0L-\dfrac{1}{\omega_0C}=0$ 时，即回路电抗 $X(\omega_0)=0$，阻抗 $Z(\mathrm{j}\omega)$ 为一纯电阻，这时端口电压和电流同相，称电路发生串联谐振。谐振角频率 ω_0 和谐振频率分别为

$$\omega_0=\frac{1}{\sqrt{LC}},\ f_0=\frac{1}{2\pi\sqrt{LC}} \tag{3.4.2}$$

串联电路发生谐振时，阻抗最小，因此在输入电压有效值 U 不变的情况下，电流 I 和 U_R 最大。据此可以判断串联电路是否发生谐振。

对于图 3.4.1 所示电路，当发生串联谐振时有 $\dot{U}_L+\dot{U}_C=0$。

$$\dot{U}_L=\mathrm{j}\omega_0L\dot{I}=\mathrm{j}\frac{\omega_0L}{R}\dot{U}=\mathrm{j}Q\dot{U} \tag{3.4.3}$$

$$\dot{U}_C=\frac{1}{\mathrm{j}\omega_0C}\dot{I}=\frac{1}{\mathrm{j}\omega_0CR}\dot{U}=-\mathrm{j}Q\dot{U} \tag{3.4.4}$$

式中，Q 称为电路的品质因数。品质因数 Q 是反映谐振电路性质的一个重要指标。Q 值越大，电路中电流的幅值随频率变化的曲线越尖锐，说明偏离谐振点时，电流的幅值急剧下降，电路对非谐振频率下的电流具有较强的抑制能力，所以选择性就好。反之，Q 值越小，则电路在谐振点附近的电流变化不大，选择性就差。Q 值可通过谐振时，测量电容电压与电源电压的比值或电感电压与电源电压的比值获得。

3. 实验任务

1）对图 3.4.1 所示电路，当 $C=1\mu\mathrm{F}$，$L=10\,\mathrm{mH}$，$R=20\,\Omega$ 时发生谐振，根据理论公式计算 f_0，设置信号源频率为 f_0，测量电路中各元件的电压，分析是否发生谐振。如果发生谐振，计算此时的 Q 值，并与 Q 值的理论值比较，填入表 3.4.1 中。

表 3.4.1　*Q* 值测量

	f_0	电容电压	电感电压	电阻电压	Q 理论值	Q 测量值
$R=20\,\Omega$						
$R=90\,\Omega$						
$R=160\,\Omega$						
$R=230\,\Omega$						

2）设置交流分析（AC Analysis），通过扫描寻找谐振频率 f_0，并观察电阻上的电压或电流的幅频特性和相频特性曲线。

3）增大电阻，测量不同电阻时的品质因数 Q，填入表 3.4.1 中，分析电阻对品质因数 Q 的影响。

4. 仿真过程提示

（1）绘制电路原理图

1）交流源和接地：Place→Component→Sources→POWER SOURCES→AC_POWER 和 GROUND，设置交流源的电压有效值为 2 V，频率为 1592 Hz。

2）电阻：Place→Component→Basic→RESISTOR，20 Ω。

3）电容：Place→Component→Basic→CAPACITOR，1 μF。

4）电感：Place→Component→Basic→INDUCTOR，10 mH。

5）示波器：在虚拟仪器工具栏选择 Oscilloscope，在画图窗口单击一次，放置一个示波器。

6）万用表：在虚拟仪器工具栏选择万用表 Multimeter，在画图窗口放置三个万用表。

7）连线。完成连线的原理图如图 3.4.2 所示，将三个万用表分别连接在电容、电感和电阻两端。

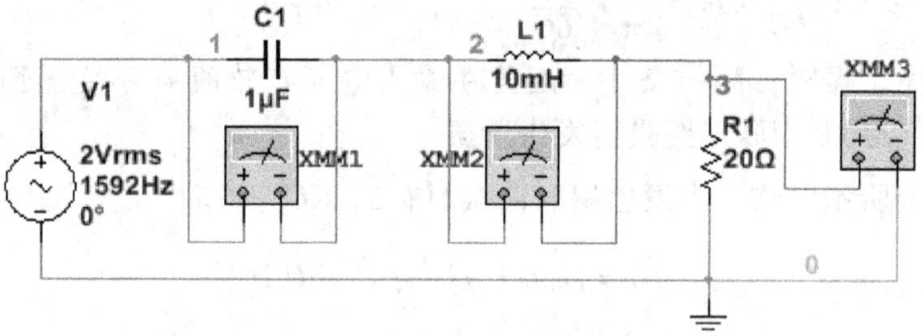

图 3.4.2　*RLC* 串联谐振电路的 Multisim 原理图

（2）仿真分析

1）对图 3.4.1 所示电路，当 $C=1\ \mu F$，$L=10\ mH$，$R=20\ \Omega$ 时，根据理论公式计算 f_0，设置信号源频率为 f_0，测量电路中各元件的电压，分析是否发生谐振。

在 Multisim 主窗口菜单栏选择 “Simulate” → “Run”。双击三个万用表，打开万用表前面板，选择交流电压。分别得到电容、电感和电阻上的电压有效值如图 3.4.3 所示。

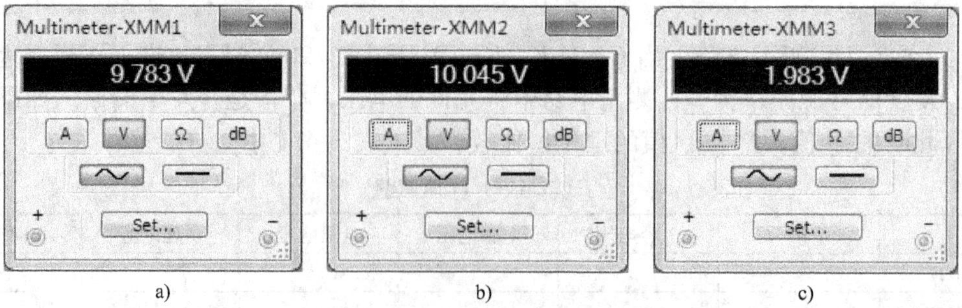

图 3.4.3　电容、电感及电阻两端电压的有效值

a）电容电压　b）电感电压　c）电阻电压

从图 3.4.3 可看到，电容和电感两端电压的有效值基本相等，而电阻两端的电压有效值为电源电压，这说明电容和电感两端电压的幅值相等，相位相反，互相抵消。

2）设置交流分析（AC Analysis），通过扫描寻找谐振频率 f_0，并观察电阻上的电压或电流的幅频特性和相频特性曲线。

在 Multisim 主窗口的菜单栏选择“Simulate”→“Analyses”→“AC Analysis”，弹出 AC Analysis对话框，在 Frequency Parameters 选项卡中设置扫描频率的范围为 1 Hz ~ 1 GHz。从图 3.4.2中可知 V(3)结点的电压为电阻两端的电压。在输出“Output”选项卡中将 V(3)添加为输出变量。单击窗口下方的“Simulate”按钮进行仿真。幅频特性和相频特性曲线分别如图 3.4.4和 3.4.5 所示。

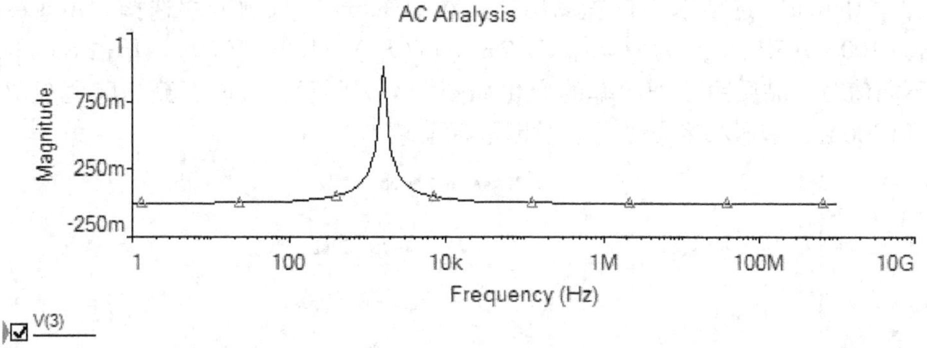

图 3.4.4　*RLC* 串联谐振电路幅频特性

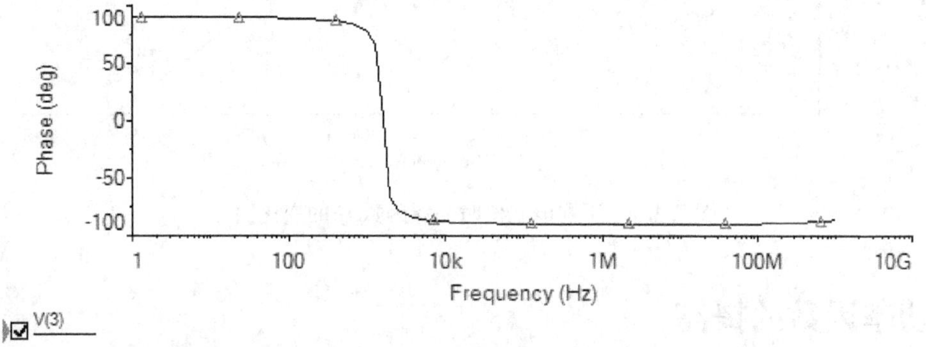

图 3.4.5　*RLC* 串联谐振电路相频特性

在 Grapher View 窗口的菜单栏选择“Cursor”→“Show cursors”，弹出如图 3.4.6 所示 Cursor 对话框。在 Grapher View 窗口的菜单栏选择“Cursor”→“Go to next Y_ MAX =>”，则在 Cursor 对话框显示出现 *Y* 值最大的位置，从 Cursor 对话框中可看到最大值处的频率 $x_1 = 1.5849$ kHz时，最大值为 $y_1 = 0.999$。因为在谐振频率点处，电阻两端的电压和电流达到最大值，谐振点的频率值为 $f_0 = 1.5948$ kHz。

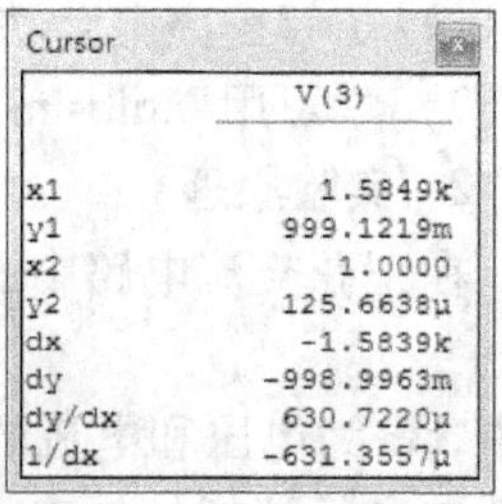

图 3.4.6　Cursor 窗口

注意：在 Multisim 中进行交流分析时，无论在电路的输入端输入何种信号，进行分析时都将以正弦信号进行分析。

3）增大电阻，观察电阻对品质因数 Q 的影响。

对于图 3.4.2 所示电路，选择分析类型为 Parameter Sweep，观察电阻值对品质因数的影响。在 Multisim 主窗口工具栏选择 "Simulate" → "Analyses" → "Parameter Sweep…"，弹出 Parameter Sweep 对话框。

首先在 "Analysis parameters" 选项卡中设置分析参数。在 Sweep parameter 区设置如下：Device Type：Resistor；Name：R1；Parameter：resistance。

在 Points to sweep 区设置如下：Start：20 Ω；Stop：300 Ω；Number of Points：3。

在 More Options 区设置如下：Analysis to sweep：AC Sweep。并选择 "Edit analysis" 设置交流分析的频率范围为 1 Hz ~ 1 MHz。

其次，"Output" 选项卡中设置输出项。在 "Output" 选项卡中选择 "Add expression" 添加输出为 100 * I(R1)。因为 $Q = \omega_0 LI = 2\pi fL * I(R_1) = 100 * I(R_1)$。单击 Simulate。当电阻 R_1 取不同值时，品质因数随频率的变化如图 3.4.7 所示，可以看到，随电阻 R_1 的值从 20 Ω增加到 300 Ω，谐振频率点处的品质因数逐渐减小。

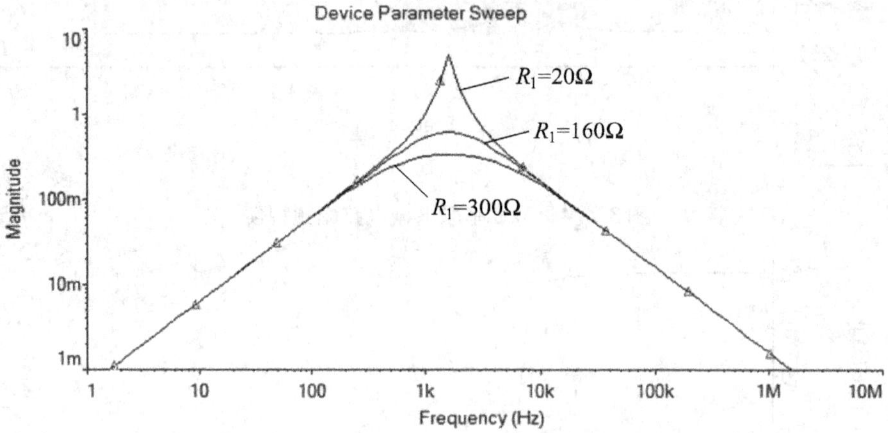

图 3.4.7 不同电阻值时品质因数 Q 的变化图形

3.5 功率因数的提高

1. 实验目的

1）了解提高电路功率因数的意义和方法。

2）学习用 Multisim 仿真电路的方法和技巧。

2. 实验原理

在正弦交流电路中，定义有功功率为瞬时功率在一个周期内的平均值：

$$P = UI\cos\varphi \tag{3.5.1}$$

式中，φ 为电压和电流的相位差，$\cos\varphi$ 称为功率因数，用 λ 表示，$\lambda = \cos\varphi$。有功功率代表一端口实际消耗的功率。同时定义无功功率 $Q = UI\sin\varphi$，无功功率体现了电路中能量的交换能力。可以得到

$$\varphi = \arctan\frac{Q}{P} \tag{3.5.2}$$

当负载电压及有功功率一定时，功率因数越低，输电线路上的电流就越大，线路损耗也越大。此外，如果功率因数比较低，会导致电源设备容量得不到充分利用。因此提高负载端功率因数，对降低电能损耗、提高电源设备容量的利用率有着重要作用。

由于实际负载（如电动机，电焊变压器等）多为感性，会导致系统功率因数较低。常采用并联电容的方法提高功率因数，如图 3.5.1a 所示。

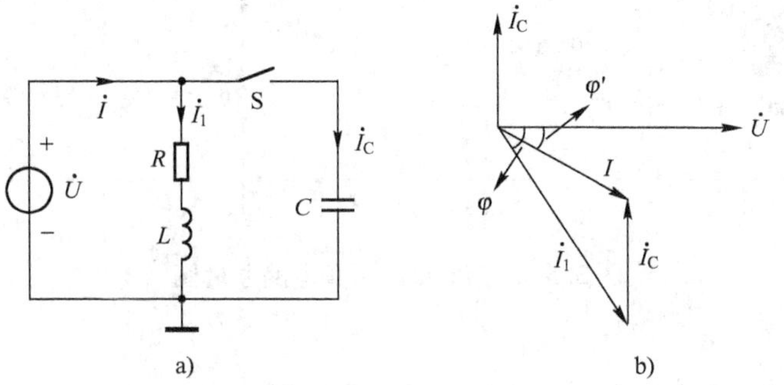

图 3.5.1　串联 *RLC* 电路

a）原路图　b）相量图

对于图 3.5.1a 所示电路，并接电容前，电路中的电抗为感性，回路电流为$\dot{I}$，当并接电容后，电容两端的电流超前电源电压 90°，此时，总电流$\dot{I}=\dot{I}_1+\dot{I}_C$，从相量图 3.5.1b 可看出，并接电容后，总电流$\dot{I}$和电源电压的相位差 φ'减小了，所以功率因数 $\lambda=\cos\varphi$ 增大。应注意，并联电容并没有改变电路消耗的有功功率。

3. 实验任务

1）测量图 3.5.1a 所示电路，开关断开时的功率因数，电源有效值为 220 V，频率为 50 Hz，电阻 $R=100\ \Omega$，电感 $L=0.3185$ H。

2）测量图 3.5.1a 所示电路，开关接通并联一个 10 μF 电容后的功率因数。

4. 仿真过程提示

（1）绘制电路原理图

1）交流源和接地：Place→Component→Sources→POWER SOURCES→AC_POWER 和 GROUND，设置交流源的电压有效值为 220 V，频率为 50 Hz。

2）电阻：Place→Component→Basic→RESISTOR，100 Ω。

3）电感：Place→Component→Basic→INDUCTOR，0.3185 H。

4）电容：Place→Component→Basic→CAPACITOR，10 μF。

5）开关：Place→Component→Basic→SWITCH→SPST。

6）功率表：在主窗口右侧的虚拟仪器工具栏，单击 Wattmeter，鼠标在屏幕上单击一次，放置一个功率表。将功率表的电压和电流的“+”端子相接，两个电压端子并接在电源两端，两个电流端子串联在电路中。

7）电压表：Place→Component→Indicators→VOLTMETER→VOLTMETER_V。

8）电流表：Place→Component→Indicators→AMMETER→AMMETER_V。

9）连线。完成连线的电路如图 3.5.2 所示。

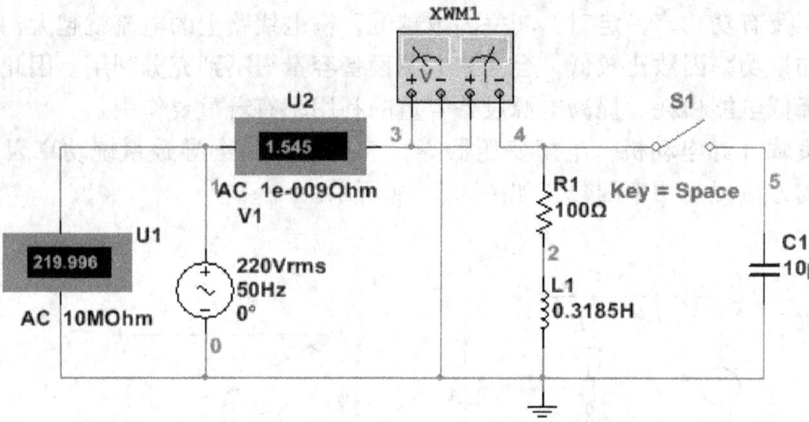

图 3.5.2　Multisim 仿真电路原理图

（2）仿真分析

1）测量图 3.5.1a 所示电路开关断开时的功率因数。

在开关断开的状态下，在 Multisim 主窗口的菜单栏选择“Simulate”→“Run”，双击功率表图标，出现功率表前面板如图 3.5.3a 所示，可看到不并联电容时，电阻和电感串联支路消耗的功率为 238.713 W，功率因数为 0.70229。

2）测量图 3.5.1a 所示电路开关接通并联一个 10 μF 电容后的功率因数。

单击开关使开关闭合，此时电容并接在电阻和电感的串联支路上，在 Multisim 主窗口的菜单栏选择“Simulate”→“Run”，双击功率表图标，出现功率表前面板如图 3.5.3b 所示，可看到并接电容后，回路所消耗的功率没变化，但功率因数提高到 0.93835。

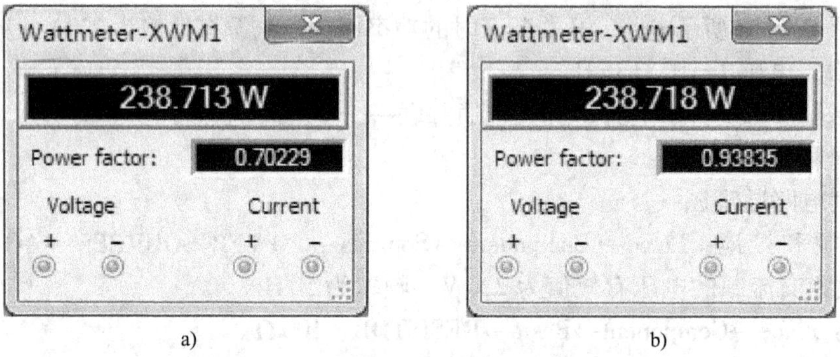

图 3.5.3　不并接及并接电容时的功率表前面板

a）不并接电容时的功率表前面板　b）并接电容后的功率表前面板

3.6　交直流电路最大功率传输的仿真测试

1. 实验目的

1）掌握交直流电路中最大功率传输的条件。

2）学习用 Multisim 仿真电路的方法和技巧。

2. 实验原理

含源一端口电路 N 向终端负载 Z_L 传输功率，根据戴维南定理，可将原网络等效为电压源$\dot{U}_{oc}$与阻抗 Z_{eq}的串联电路，如图 3.6.1 所示。

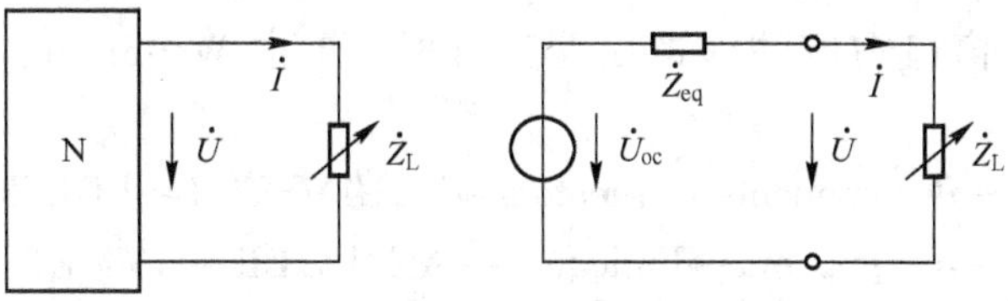

图 3.6.1　最大功率传输及等效电路

设 $Z_{eq}=R_{eq}+jX_{eq}$，$Z_L=R+jX$，则负载吸收的有功功率为

$$P=I^2R=\frac{U_{oc}^2R}{(R+R_{eq})^2+(X+X_{eq})^2} \tag{3.6.1}$$

从式（3.6.1）可以看出，负载端获得的功率与一端口的等效参数 Z_{eq}和负载的参数 Z_L有关。Z_L 必须根据 Z_{eq}进行匹配，才可获得最大功率。

负载 Z_L 获得的最大功率为

$$P_{max}=\frac{U_{oc}^2}{4R_{eq}} \tag{3.6.2}$$

获得最大功率的条件为

$$\begin{cases} X=-X_{eq} \\ R=R_{eq} \end{cases} \tag{3.6.3}$$

3. 实验任务

1）利用 Multisim 中的 Parameter Sweep Analysis 方法，确定图 3.6.2 直流电路中负载电阻 R_L 获得最大功率时的取值。

2）利用 Multisim 中的 Parameter Sweep Analysis 方法，确定图 3.6.3 交流电路中负载电阻 R_2 获得最大功率时，电容 C 的取值。并验证获得最大功率的条件。

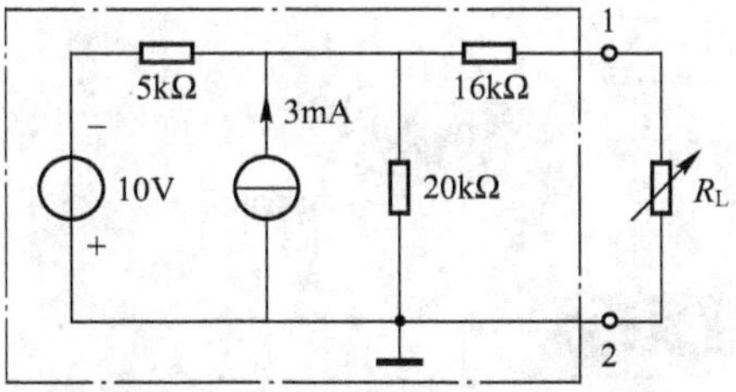

图 3.6.2　直流电路最大功率测试电路

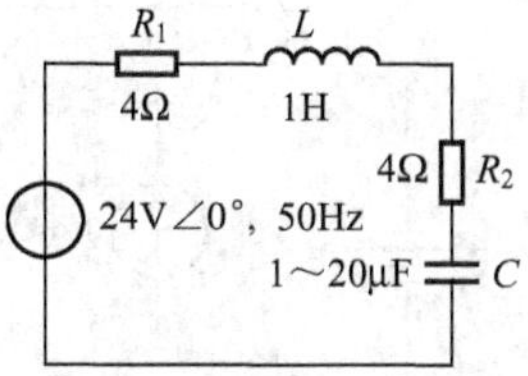

图 3.6.3　交流电路最大功率测试电路

4. 仿真过程提示

对图 3.6.2 所示的直流电路：

（1）绘制电路原理图

1）直流电压源和接地：Place→Component→Sources→POWER SOURCES→DC_POWER 和 GROUND，设置直流源为 10 V。

2）直流电流源：Place→Component→Sources→SIGNAL_CURRENT_SOURCES→DC_CURRENT，设置电流为 3 mA。

3）电阻：Place→Component→Basic→Resister，5 kΩ，16 kΩ，20 kΩ。

4）开关：Place→Component→Basic→SWITCH→SPDT。

5）功率表：在主窗口右侧的虚拟仪器工具栏，单击 Wattmeter，鼠标在屏幕上单击一次，放置一个功率表。

6）电压表：Place→Component→Indicators→VOLTMETER→VOLTMETER_V。

7）电流表：Place→Component→Indicators→AMMETER→AMMETER_V。

8）连线。完成连线的电路如图 3. 6. 4 所示。

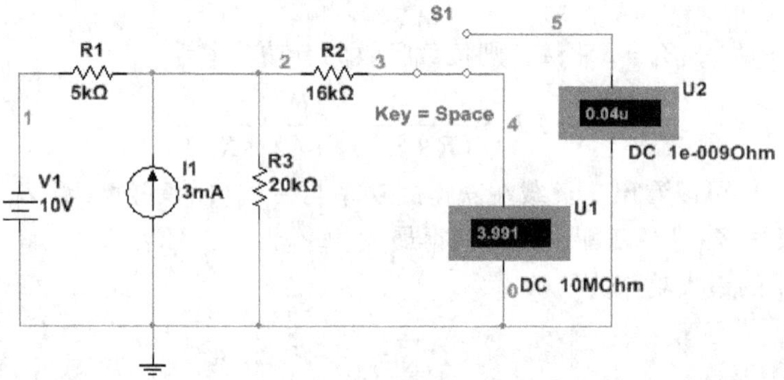

图 3. 6. 4　Multisim 中的电路原理图

（2）仿真分析

1）求解等效电阻。

方法 1：

在 Multisim 主窗口的菜单栏选择“Simulate”→“Run”，此时，在电压表中显示开路电压为 3. 991 V，如图 3. 6. 4 所示。按下空格键，开关切换至电流表，并可看到短路电流为 0. 2 mA，如图 3. 6. 5 所示。可求得等效电阻 $R_{eq}=\frac{u_{oc}}{i_{sc}}=19.955\ k\Omega$。

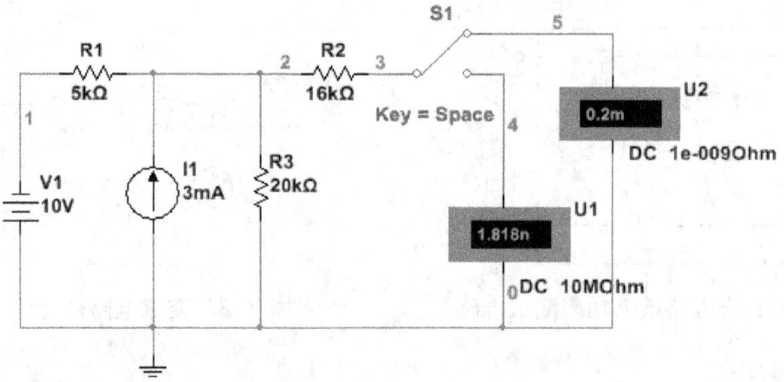

图 3. 6. 5　电路的短路电流

方法 2：

等效电阻 R_{eq} 为一端口的全部独立电源置零后的输入电阻，故将原理图 3. 6. 4 中的电压源短路，电流源开路，并在主窗口右侧虚拟仪器工具栏选择数字万用表 XMM1，仿真电路如

图 3.6.6a 所示。选择“Simulate”→“Run”，用鼠标双击数字万用表，可出现数字万用表的面板，如图 3.6.6b 所示，选择电阻档，在数字显示窗口中显示出等效电阻为 20 kΩ。

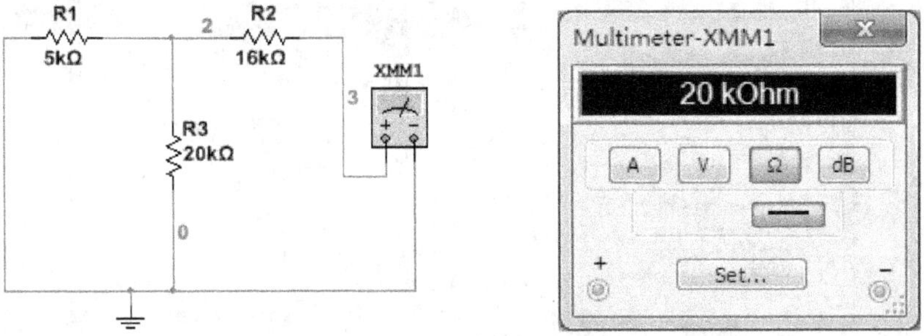

a)　　b)

图 3.6.6　一端口内独立电源置零的仿真电路和数字万用表面板

a）一端口内独立电源置零的仿真电路　b）数字万用表面板

2）确定负载 R_L 获得最大功率时的阻值。

在主窗口右侧虚拟仪器工具栏选择功率表 XWM1，并添加一负载电阻 R_L，仿真电路及功率表面板如图 3.6.7a、b 所示。现在分析在负载电阻 R_L 变化的情况下，R_L 上功率的变化情况。选择参数扫描分析。

注意：功率表的电压和电流的“+”输入端应该并接在一起，电压端并接在负载 R_L 两端，电流端子串联在电路中。

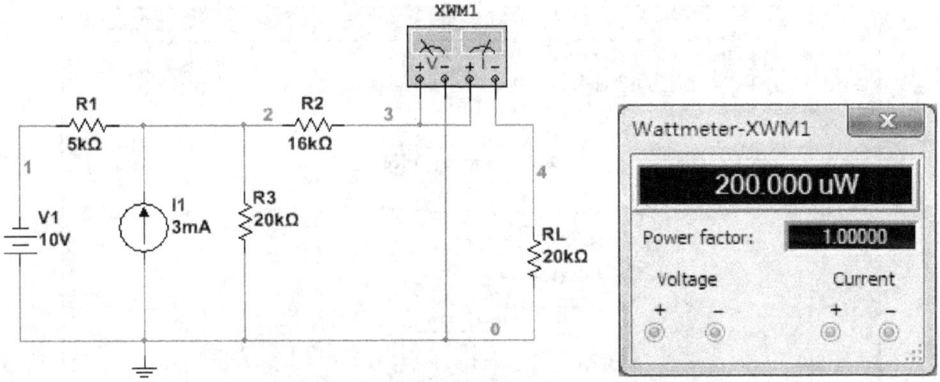

a)　　b)

图 3.6.7　最大功率传输仿真及结果图

a）最大功率传输仿真图　b）功率表面板

在 Multisim 主窗口的菜单栏选择“Simulate”→“Analyses”→“Parameter Sweep …”，弹出如图 3.6.8所示的 Parameter Sweep 对话框。首先在“Analysis parameters”选项卡中设置扫描参数。在 Sweep parameters 区设置如下：Device Type：Resistor；Name：RL；Parameter：resistance。

在 Points to sweep 区设置如下：Start：1 kΩ；Stop：30 kΩ；Number of Points：30。

在 More Options 区设置如下：Analysis to sweep：DC Operating Point。并选择 Display results on a graph 复选框。设置的参数窗口如图 3.6.8 所示。

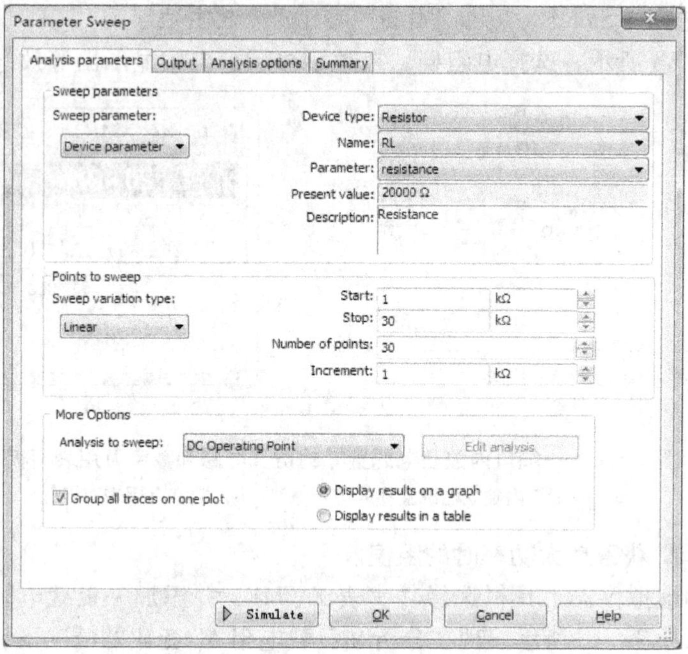

图 3.6.8　Parameter Sweep 参数设置窗口

其次，在“Output”选项卡中选择输出项，在“Variables in circuit”栏中选择 P(RL)，单击“Add”，再单击“Simulate”按钮，仿真结果如图 3.6.9 所示。

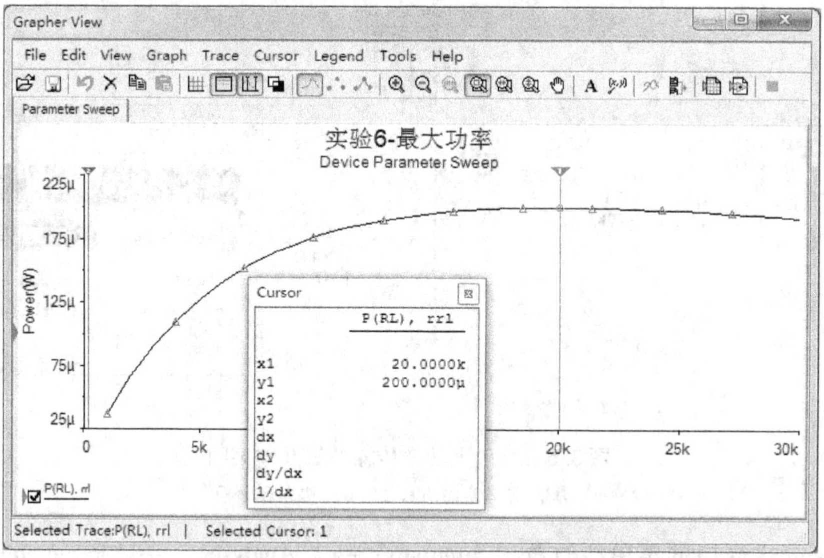

图 3.6.9　仿真结果 Grapher View 窗口

在图 3.6.9 所示仿真结果 Grapher View 窗口的菜单栏中选择“Cursor”→“Show cursors”，会弹出 Cursor 窗口，然后在菜单栏中选择“Cursor”→“Go to next Y MAX =>”，则在 Grapher View 窗口中自动定位到功率最大处，在 Cursor 窗口中显示最大功率是 0.2 mW，此时对应 $R_L = 20\,k\Omega$，由此可见，当负载电阻 $R_L = R_{eq}$ 时，负载获得最大功率。

注意：若利用 Multisim 中的 Parameter Sweep Analysis 方法，确定图 3.6.3 交流电路中负

载电阻 R_2 获得最大功率时，电容 C 的取值，则设置参数需注意如下：

1）Place→Component→Sources→POWER SOURCES→AC_POWER，设置交流源的 Voltage（RMS）为 24 V，AC analysis magnitude 为 33. 941 V，Frequency（F）为 50 Hz。

2）在 Multisim 主窗口工具栏选择“Simulate”→“Analyses”→“Parameter Sweep Analysis”。

在 Sweep Parameters 区设置如下：Device Type：Capacitor；Name：C；Parameter：Capacitance。

在 Points to sweep 区设置如下：Start：1 uF ；Stop：20 uF；Number of Points：20。

在 More Options 区设置如下：Analysis to sweep：Single Frequency AC Analysis。并单击右边的“Edit Analysis”按钮，设置频率为 50 Hz。

其次，在“Output”选项卡中选择输出项，在“Variables in circuit”栏中选择 P(R2)，单击“Add”，再单击“Simulate”按钮。

3.7 三相电路

1. 实验目的

1）熟悉三相电路中电源和负载的星形和三角形接法。

2）学习用二瓦计法测量三相电路的功率。

3）观察在三相四线制供电系统中中线的作用。

2. 实验原理

对称三相电源是由 3 个等幅值、同频率、初相依次相差 120°的正弦电压源按星形（Y）或三角形（△）连接而成的。3 个阻抗连接成星形（三角形）就构成三相负载。三相交流电路有三相四线制和三相三线制两种结构。

（1）用二瓦计法测量三相负载消耗的功率

在三相三线制供电系统中，不论三相负载对称与否，也不论负载是星形接法还是三角形接法，均可用两个功率表测量三相功率，习惯上称为二瓦计法。两个功率表的接线方式如图 3. 7. 1所示，两个功率表的电流线圈分别串入两相中（图示为 A、B 两相），两个功率表的电压线圈的非同名端（即非 * 端）共同接到剩余的一相（图示为 C 相）上。三相总的有功功率为两个功率表读数之和，即 $\sum P = P_1 + P_2$。

（2）判别三相不对称负载的相序

图 3. 7. 2 是一种相序指示仪器，若电容所在一相设为 A 相，则电压较高的一相为 B 相，较低的一相为 C 相。

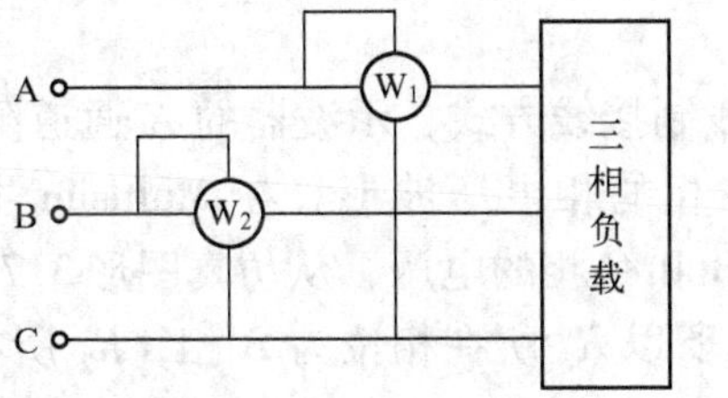

图 3. 7. 1　二瓦计法测功率

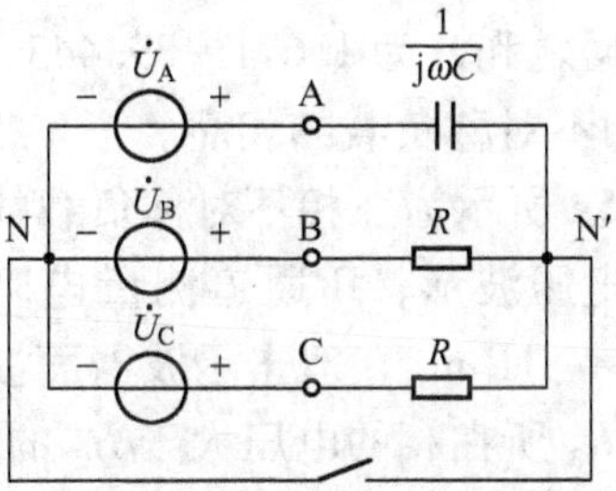

图 3. 7. 2　相序指示器

（3）观察在三相四线制供电系统中中线的作用

对于图 3.7.2 所示电路，如果开关合上（接上中线），则会强制$\dot{U}_{NN'}=0$，所以尽管三相负载不对称，但接上中线后，会强制三相电压对称，使各相保持独立，各相的工作互不影响。

3. 实验任务

1）用二瓦计法测量三相负载消耗的功率。

2）判别三相不对称负载的相序。

3）观察在三相四线制供电系统中中线的作用。

4. 仿真过程提示

（1）绘制电路原理图

1）三相星形连接交流源和接地：Place→Component→Sources→POWER SOURCES→THREE－PHASE－WYE 和 GROUND，设置交流源的电压有效值为 220 V，频率为 50 Hz。

2）电阻：Place→Component→Basic→RESISTOR，1 kΩ。

3）电感：Place→Component→Basic→INDUCTOR，5 H。

4）功率表：在虚拟仪器工具栏选择 Wattmeter，在画图窗口单击一次，放置一个功率表。

5）连线。2 个功率表的电压和电流的“＋”端连接在一起，电流端子分别串联在 A 相和 B 相电路中，电压端子分别并接在 AC 和 BC 两条支路上。完成连线的原理图如图 3.7.3 所示。

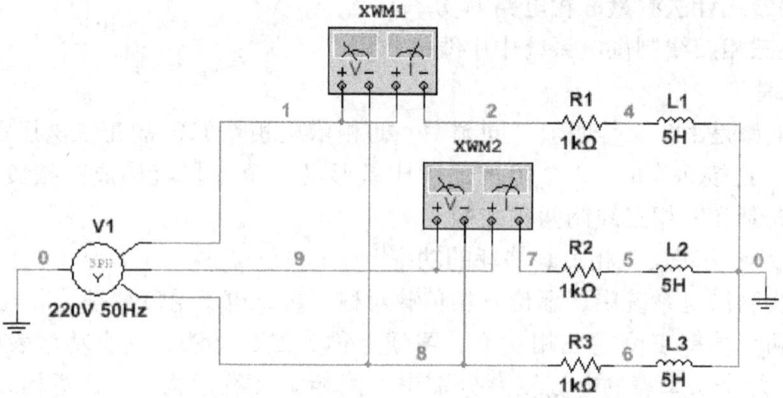

图 3.7.3　三相三线制 Y 形对称电源和负载电路

（2）仿真分析

1）用二瓦计法测量三相负载消耗的功率。

在 Multisim 主窗口的菜单栏选择“Simulate”→“Run”，双击功率表 XWM1 和 XWM2 的图标，出现两个功率表的面板，如图 3.7.4 所示。则此三相电路所消耗的总功率为两个功率表显示数据之和，为 1.671＋39.443＝41.114 W。

2）三相不对称负载的相序。

图 3.7.5a 所示为三相不对称负载的三相三线制接线方式，示波器的 A 通道测量电阻 R_2 所在相的相电压波形，B 通道测量电阻 R_3 所在相的相电压波形。在 Multisim 主窗口选择“Simulate”→“Run”，双击示波器面板，观察 B 和 C 相的电压，从仿真图形 3.7.5b 中可以看到，电阻 R_3 所在相的电压大于 R_2 的相电压，所以 R_3 所在相位为 B 相，R_2 所在相位为 C 相，且从图中也可看出 R_3 的电压相位超前 R_2 的电压。

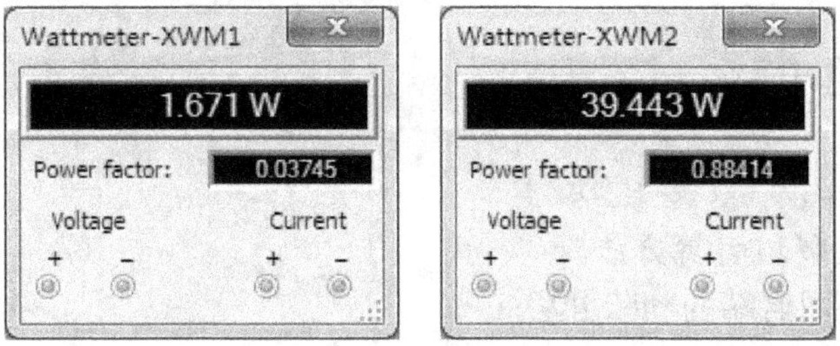

图 3.7.4　两个功率表显示的结果

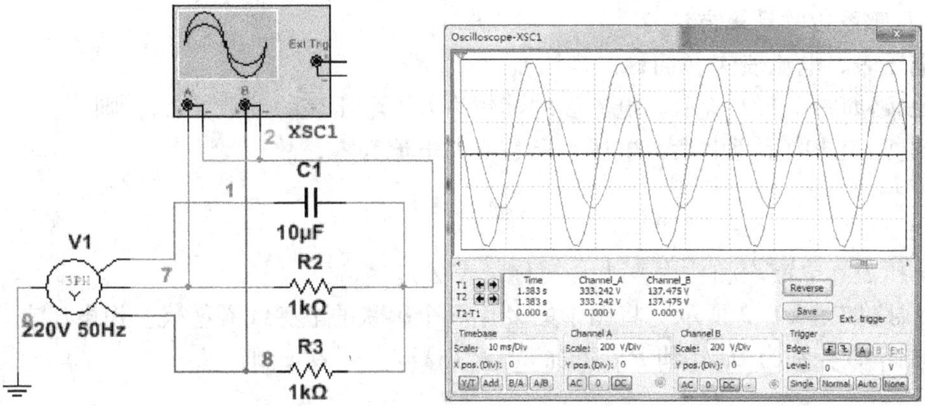

a)　　　　　　　　　　　　　　b)

图 3.7.5　三相不对称负载的相序

a）三相三线制接线方式　b）仿真结果

3）观察在三相四线制供电系统中中线的作用。

将星形（Y）负载的中点连接到电源的地，就构成三相四线制接线方式，如图 3.7.6a 所示。在 Multisim 主窗口单击“Simulate”→“Run”，双击示波器面板，观察 B 和 C 相的电压，出现如图 3.7.6b 所示仿真结果，可以看到，对于有中线的三相四线制接线方式，中线可以使各相保持独立，各相互不影响。

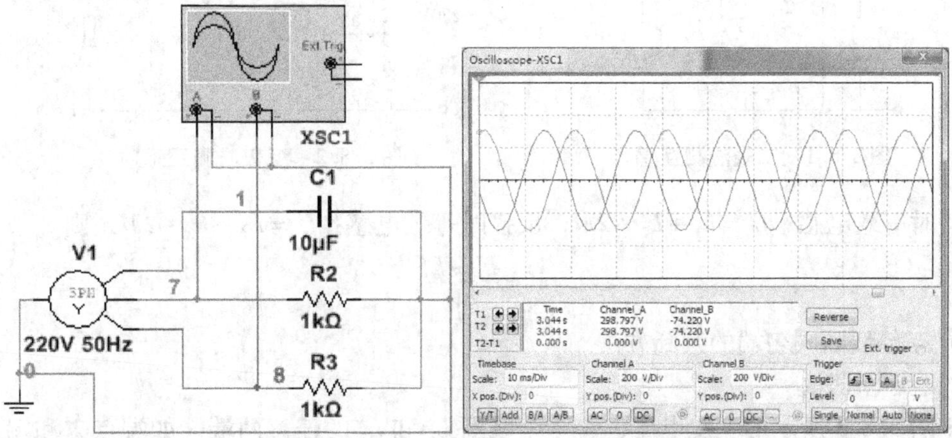

a)　　　　　　　　　　　　　　b)

图 3.7.6　三相四线制接线方式和仿真结果

a）三相四线制接线方式　b）仿真结果

3.8　具有互感的电路

1. 实验目的

1）掌握互感系数 M 的计算方法。

2）学习互感电路同名端的判断方法。

3）学习 Multisim 仿真电路的方法和技巧。

2. 实验原理

（1）互感系数的计算方法

1）电压表、电流表法（简称二表法）。

设计线路如图 3.8.1 所示。电流表的读数为 I_1，电压表的读数为 U_2，则：

由于电压表的内阻足够大，电压表所在支路电流为零，故

$$M=\frac{U_2}{\omega I_1} \tag{3.8.1}$$

2）电压表、电流表和功率表法（简称三表法）。

设计线路如图 3.8.2 所示。将图中的 Z 用两个串联的电感线圈替代。设电压表、电流表和功率计的读数分别为 U、I 和 P，阻抗 $Z=R+\mathrm{j}X=|Z|\mathrm{e}^{\mathrm{j}\varphi}$，则

$$R=\frac{P}{I^2}$$

$$|X|=\sqrt{\left(\frac{U}{I}\right)^2-R^2}$$

$$L=\frac{X}{\omega}$$

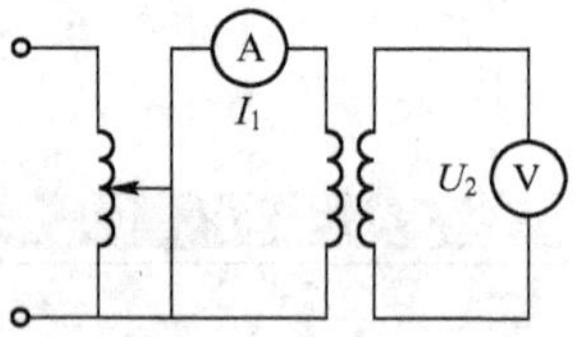

图 3.8.1　二表法测互感

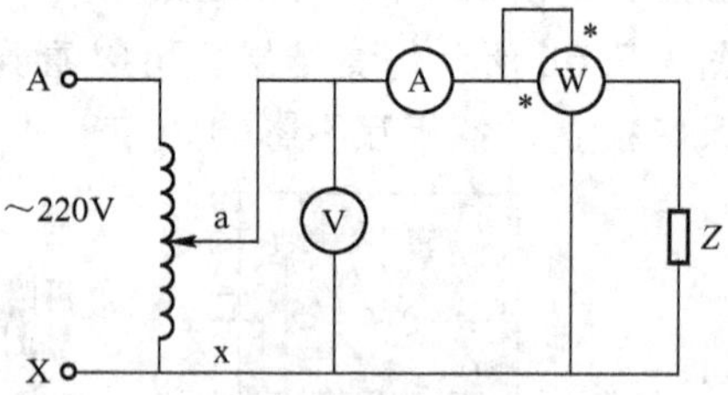

图 3.8.2　三表法测互感

顺接时等效电感：$L'=L_1+L_2+2M$，反接时等效电感：$L''=L_1+L_2-2M$，则

$$M=\frac{L'-L''}{4} \tag{3.8.2}$$

（2）互感线圈同名端的判断方法

1）交流电压法。

对于图 3.8.3 所示的互感电路，将两个线圈 L_1 和 L_2 的任意两端，如端点 2 和端点 4 连接在一起，构成串联电路。在其中的一个线圈，如 L_1 的 1－2 两端加一个交流电压，L_2 的 3－4端开路，用交流电压表分别测出端电压 $\dot{U}_{12}$、$\dot{U}_{34}$、$\dot{U}_{13}$ 的有效值 U_{12}、U_{13} 和 U_{34}，若电压

有效值 U_{13} 是两个线圈端电压有效值 U_{12} 和 U_{34} 之差，则 1、3 是同名端；若电压有效值 U_{13} 是两个线圈端电压有效值 U_{12} 和 U_{34} 之和，则 1、4 是同名端。

原理说明：

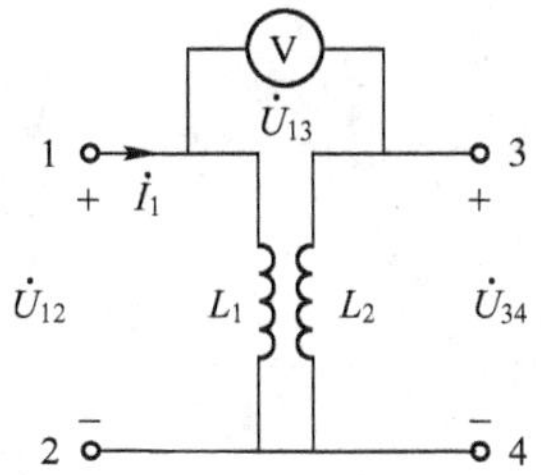

图 3.8.3　互感电路

$$\dot{U}_{12} = \dot{I}_1(\mathrm{j}\omega L_1)$$

$$\dot{U}_{34} = \mathrm{j}\omega M\,\dot{I}_1$$

顺接时

$$\dot{U}_{13} = \dot{I}_1(\mathrm{j}\omega L_1) + \mathrm{j}\omega M\,\dot{I}_1$$

即：$\dot{U}_{13} = \dot{U}_{12} + \dot{U}_{34}$

则 1、4 是同名端。

反接时

$$\dot{U}_{13} = \dot{I}_1(\mathrm{j}\omega L_1) - \mathrm{j}\omega M\,\dot{I}_1$$

即：$\dot{U}_{13} = \dot{U}_{12} - \dot{U}_{34}$

则 1、3 是同名端。

2）交流电流法。

将 L_1 和 L_2 两个电感线圈正串、反串接入电路，在电压相同的情况下，分别测电路中的电流。顺接等效电感增大，电流减小，则两电流流入端为同名端；反接等效电感减小，电流增大，则电流一进一出端为同名端。

3）并联测试法。

将 L_1 和 L_2 两线圈并联后与电阻串联接入电路，由去耦等效可知，在电源电压不变的情况下，同侧、异侧各测一次线圈两端的电压，若电压大则两个连在一起的端点为同名端。

3. 实验任务

1）仿真计算两种不同方法下，电感 $L_1 = L_2 = 100$ mH 时，电路的互感系数，将数据填入表 3.8.1 中。

表 3.8.1　测量互感系数

		U_2	I_1		M
二表法					
		U	I	P	M
三表法	顺接				
	反接				

2）采用三种不同方法，判断线圈的同名端，$L_1 = L_2 = 100$ mH。

4. 仿真过程提示

（1）绘制电路原理图

1）交流电源和接地：Place→Component→Sources→POWER SOURCES→AC_POWER 和 GROUND，双击交流源设置交流源的幅值为 2 Vrms，频率为 60 Hz。

2）互感：Place→Component→Basic→TRANSFORMER→COUPLED_INDUCTORS，双击互感元件，输入一次侧和二次侧的电感为 100 mH，输入耦合系数为 0.5。

3）电压表：Place→Component→Indicators→VOLTMETER→VOLTMETER_V，双击电压

表，将模式调整为交流模式。

4）连线。完成连线的原理图如图 3.8.4 所示。

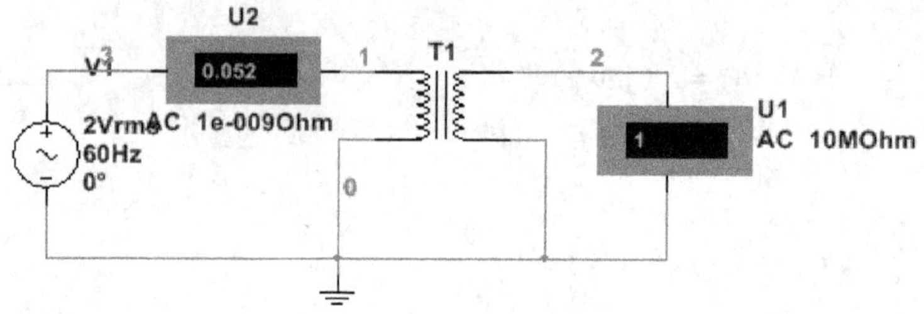

图 3.8.4 互感系数测量电路

（2）仿真分析

1）仿真计算图 3.8.1 所示电路的互感系数。

电路连接如图 3.8.4 所示，在菜单栏选择"Simulate"→"Run"。电压和电流值显示在屏幕中，根据原理与说明部分，可知互感系数 $M = U_2/(\omega I_1) = 0.05$，根据耦合系数的公式可得 $k = M/\sqrt{L_1 L_2} = 0.5$。

2）判断图 3.8.1 所示电路的同名端。

对图 3.8.4 在菜单栏选择"Simulate"→"Run"，结果如图 3.8.5 所示。在电压表的面板上可看到电压值，可以得到 $U_3 = U_2 - U_1$，根据实验原理，可知 1 和 2 端为同名端。

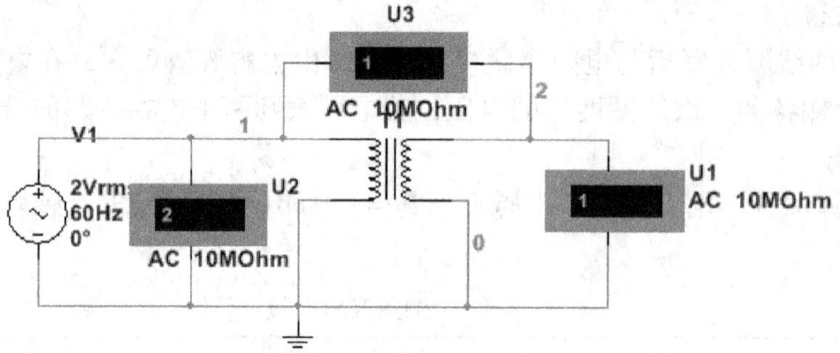

图 3.8.5 判断同名端电路

将图 3.8.4 中互感右边的两个接线端子互换，再进行仿真，可得到 3.8.6 所示电路。从图中电压表的示数可得到 $U_3 = U_2 + U_1$，根据实验原理，可知 1 和 0 端为同名端。

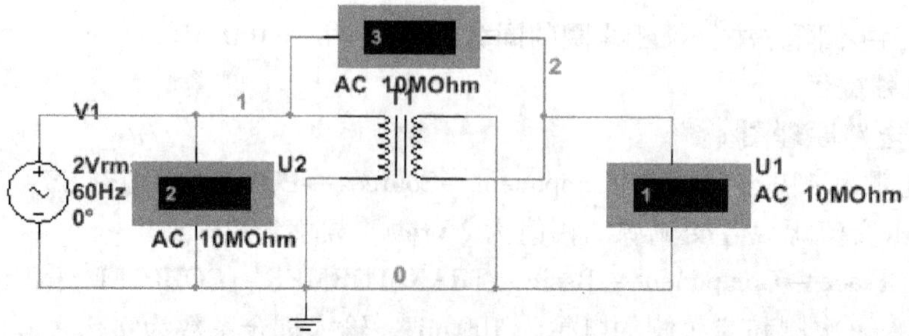

图 3.8.6 判断同名端

3.9 带通滤波电路

1. 实验目的

1）学习带通滤波器。

2）了解带通滤波器的参数设定方法。

3）学习 Multisim 仿真电路的方法和技巧。

2. 实验原理

滤波器电路是一种能使有用的频率信号通过而同时抑制无用频率信号的装置。用电阻、电容和有源器件（如运算放大器）实现的滤波器称为有源滤波器。根据通带和阻带所处的频率区域的不同，可将滤波器分为低通、高通、带通和带阻滤波器。带通滤波器可以选择特定的频率成分，滤去其他频率成分。多重反馈型带通滤波器如图 3.9.1 所示。

对结点 2 和 3 列写结点电压方程，得

$$\begin{cases}\dfrac{u_i-u_2}{R_1}=\dfrac{u_2}{R_2}+\dfrac{u_2-u_3}{1/(sC_1)}+\dfrac{u_2-u_0}{1/(sC_2)}\\[2mm]\dfrac{u_2-u_3}{1/(sC_1)}=\dfrac{u_3-u_0}{R_3}\end{cases}$$

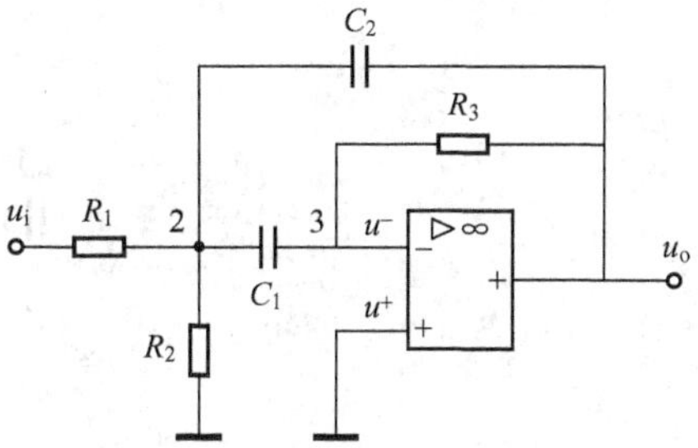

图 3.9.1 多重反馈型带通滤波器原理图

根据“虚短”“虚断”原理，可知 $u^+=u^-=u_3=0$，代入上式可得

$$H(s)=\frac{u_o(s)}{u_i(s)}=\frac{bs}{s^2+\dfrac{\omega_0}{Q}s+\omega_0^2} \qquad (3.9.1)$$

式中，$b=-\dfrac{1}{C_2R_1}$；$\omega_0=\sqrt{\dfrac{R_1+R_2}{C_1C_2R_1R_2R_3}}$为特征角频率；$Q=\dfrac{\omega_0}{\dfrac{1}{C_2R_3}+\dfrac{1}{C_1R_3}}$为品质因数。

对于阻抗可以自由选定的有源滤波器，一般先选定电容的值，因为能购买到的电容容量值只有 E6 系列或 E12 系列中所具有的值，故不能得到任意容量的电容值。设 $C_f=C_1=C_2$，且令 $H(j\omega_0)=\dfrac{u_o(j\omega_0)}{u_i(j\omega_0)}=\dfrac{bQ}{\omega_0}=A$ 为通带增益，则可以得到

$$f_0=\frac{1}{2\pi}\sqrt{\frac{R_1+R_2}{C_1C_2R_1R_2R_3}},\ R_3=\frac{Q}{\pi f_0C_f},\ R_1=\frac{R_3}{2A},\ R_2=\frac{R_3}{2(2Q^2-A)}$$

故选定电容参数后，可以根据上述公式选择电阻元件参数。

3. 实验任务

设计一个中心频率为 1 kHz、$Q=5$、增益为 1 的带通滤波器。

根据原理与说明中的推导公式，设 $C_f=C_1=C_2=0.1\ \mu\text{F}$，可以得到 $f_0=1\ \text{kHz}$，$R_3=15.92\ \text{k}\Omega$，$R_1=7.96\ \text{k}\Omega$，$R_2=162.5\ \Omega$。

4. 仿真过程提示

（1）绘制电路原理图

1） ±15 V 供电电源和接地：Place→Component→Sources→POWER SOURCES→VCC、

VEE 和 GROUND，设置 VCC 为 +15 V，VEE 为 -15 V。

2）电阻：Place→Component→Basic→Resister，7.96 kΩ，15.923 kΩ，162 kΩ。

3）电容：Place→Component→Basic→CAPACITOR，0.1 μF。

4）运算放大器：Place→Component→Analog→OP07AH。

5）波特图仪：在虚拟仪器工具栏选择波特图仪（Bode Plotter）图标，在画图窗口单击一次，放置一个波特图仪。

6）连线。波特图仪的输入“IN”端的“+”和“-”端子分别连接信号源 V_1 的两端。输出“OUT”端的“+”和“-”端子连接到运算放大器的输出端。完成连线的原理图如图 3.9.2 所示。

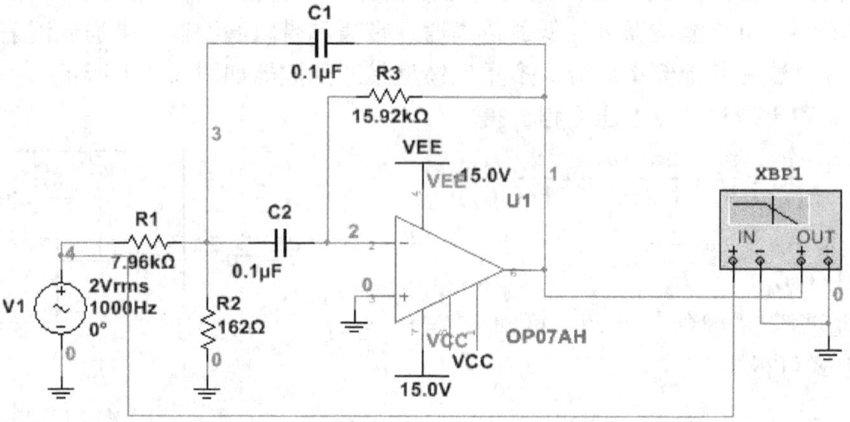

图 3.9.2　多重反馈型带通滤波器

（2）仿真分析

在主窗口的菜单栏选择“Simulate”→“Run”。双击波特图仪便可看到多重反馈型带通滤波器的幅频特性和相频特性图形，结果如图 3.9.3 和图 3.9.4 所示。

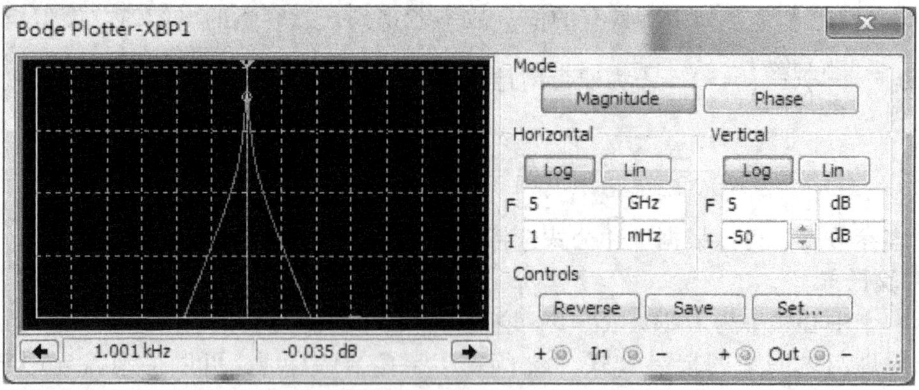

图 3.9.3　多重反馈型带通滤波器的幅频响应

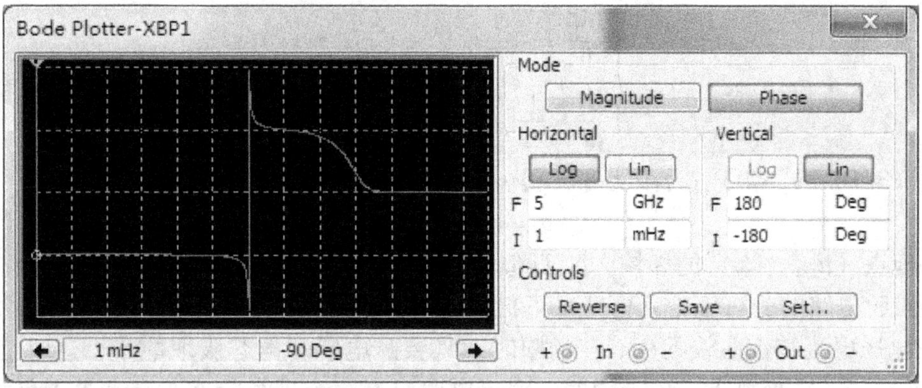

图 3.9.4　多重反馈型带通滤波器的相频响应

3.10　范德坡振荡电路

1. 实验目的

1）学习范德坡振荡电路的实现方法。

2）学习 Multisim 仿真非线性电路的方法。

2. 实验原理

图 3.10.1 示出了一种典型振荡电路，其中电感和电容均是无源的，电阻网络 N_R是有源的（特性曲线的一部分在二、四象限），并具有流控特性 $u=f(i)$。理论证明，当下列条件

$$\begin{cases} f(0)=0 \\ \left.\dfrac{\mathrm{d}f(i)}{\mathrm{d}i}\right|_{i=0}<0 \\ i\to\infty\text{时},f(i)\to\infty \\ i\to-\infty\text{时},f(i)\to-\infty \end{cases} \tag{3.10.1}$$

成立时，图 3.10.1 所示电路一定存在周期性振荡。

设 N_R的电压电流特性为

$$u=r(-i+ki^3) \tag{3.10.2}$$

式中，r 和 k 为正常数。图 3.10.2 给出了电压电流特性的大致形状。可验证，式（3.10.2）满足式（3.10.1）条件。

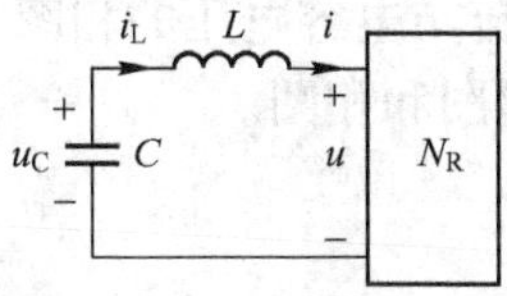

图 3.10.1　范德坡振荡电路

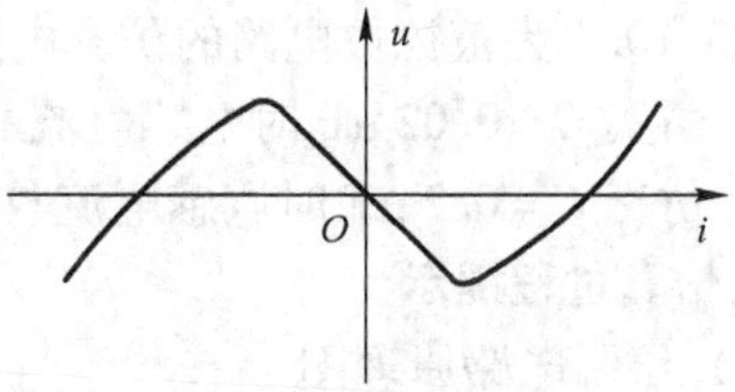

图 3.10.2　流控特性

以电容电压 u_C和电感电流 i_L为变量，电路的状态方程为

$$
\begin{cases}
\dfrac{\mathrm{d}u_{\mathrm{C}}}{\mathrm{d}t} = -\dfrac{1}{C}i_{\mathrm{L}} \\
\dfrac{\mathrm{d}i_{\mathrm{L}}}{\mathrm{d}t} = \dfrac{1}{L}[u_{\mathrm{C}} + r(i_{\mathrm{L}} - ki_{\mathrm{L}}^3)]
\end{cases}
\tag{3.10.3}
$$

令式（3.10.3）等号右方项为零，得电路的平衡点为

$$u_{\mathrm{CQ}} = 0,\ i_{\mathrm{LQ}} = 0$$

在平衡点（u_{CQ}，i_{LQ}）的邻域，N_{R}近似为一定常负电阻，它要向电感和电容发出能量，根据线性二阶电路的分析理论，电路是不稳定的，（u_{C}，i_{L}）要离开平衡点（u_{CQ}，i_{LQ}）。当N_{R}工作在电压电流特性曲线的一、三象限时，N_{R}要从电感和电容吸取能量，这时（u_{C}，i_{L}）则要向（u_{CQ}，i_{LQ}）处靠近。以上说明，由于电路只有一个平衡状态，且又是不稳定的，因此任何（u_{C}，i_{L}）无法呈现静止状态。由于（u_{C}，i_{L}）在所有时间必须持续改变，而且不能自我交错，最终必趋向于一固定的周期稳态解，故电路产生周期振荡波形。若以时间 t 为参量，以两个状态变量为坐标画出（u_{C}，i_{L}）的运动轨迹，稳态时的轨迹称为极限环。

由式（3.10.3），以 i_{L}为变量的二阶微分方程为

$$L\frac{\mathrm{d}^2 i_{\mathrm{L}}}{\mathrm{d}t^2} - (r - 3ki_{\mathrm{L}}{}^2)\frac{\mathrm{d}i_{\mathrm{L}}}{\mathrm{d}t} + \frac{1}{C}i_{\mathrm{L}} = 0 \tag{3.10.4}$$

在理论分析中，为了减少方程中参数的数目，令

$$
\begin{cases}
\tau = \dfrac{1}{\sqrt{LC}}t \\
\varepsilon = r\sqrt{\dfrac{C}{L}} \\
x = \sqrt{3k}\,i_{\mathrm{L}}
\end{cases}
\tag{3.10.5}
$$

式中，由于$\sqrt{LC}$的单位与时间 t 的相同，t 是一个无量纲的“时间”；ε 则为平衡点处电路品质因数 Q 绝对值的倒数；x 为新的方程变量。由式（3.10.4）和式（3.10.5），得

$$\frac{\mathrm{d}^2 x}{\mathrm{d}\tau^2} - \varepsilon(1 - x^2)\frac{\mathrm{d}x}{\mathrm{d}t} + x = 0 \tag{3.10.6}$$

式（3.10.6）是 19 世纪荷兰电机工程师范德坡（Van de Pol）提出的，故称为范德坡方程。图 3.10.3 为非线性电阻实现电路。

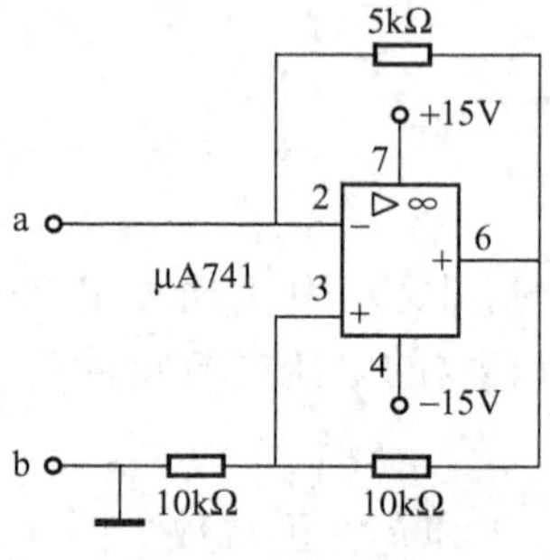

图 3.10.3　非线性电阻实现电路

3. 实验任务

图 3.10.4 为范德坡电路的仿真电路图，选择电感 $L = 250$ mH。

1）仿真 $C = 0.02\ \mu$F 时电感电流的时域波形、电感电流与电容电压的相图。

2）仿真 $C = 0.2\ \mu$F 时电感电流与电容电压的时域波形图和相图。

4. 仿真过程提示

（1）绘制电路原理图

1）±15V 供电电源和接地：Place→Component→Sources→POWER SOURCES→VCC、VEE 和 GROUND，设置 VCC 为 +15 V，VEE 为 −15 V。

2）电感：Place→Component→Basic→INDUCTOR，250mH。

3）电容：Place→Component→Basic→CAPACITOR，0.02 μF。

4）电阻：Place→Component→Basic→Resister，5 kΩ，10 kΩ。

5）运算放大器：Place→Component→Analog→OP07 AH。

6）示波器：在主窗口右侧的虚拟仪器工具栏，单击示波器 Oscilloscope 的图标，鼠标在屏幕上单击一次，放置一个示波器。

7）电流探头：在主窗口右侧的虚拟仪器工具栏，单击电流探头的图标，鼠标在屏幕上单击一次，放置一个电流探头，并将它放置在回路中，双击设置电压电流转换比为 1 V/mA。

8）连线。示波器 A 通道的“+”和“-”端连接在电容 C_1 两端，示波器 B 通道的“+”端连接到电流探头的输出端，完成连线的电路如图 3.10.4 所示。

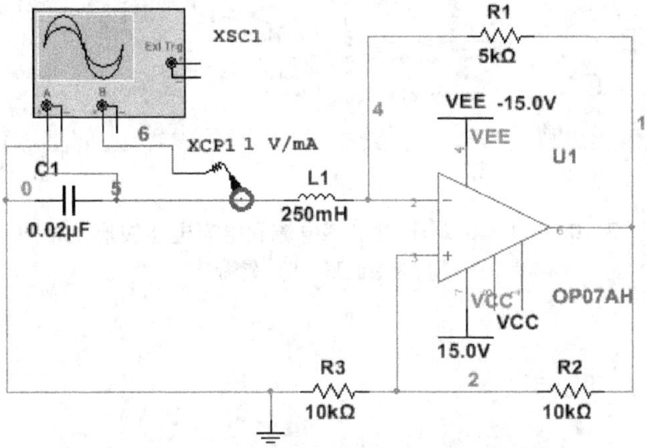

图 3.10.4 Multisim 中的电路原理图

（2）仿真分析

在主窗口的菜单栏选择“Simulate”→“Run”。双击示波器，其 A 路通道显示 $C=0.02$ μF 时，电容电压的时域波形，如图 3.10.5a 所示，从时域波形图中可看到回路中的电容电压呈正弦变化。在示波器面板选择 B/A 模式，可观察到 $C=0.02$ μF 时电感电流和电容电压波形的相图，其相图为一个极限环，如图 3.10.5b 所示。

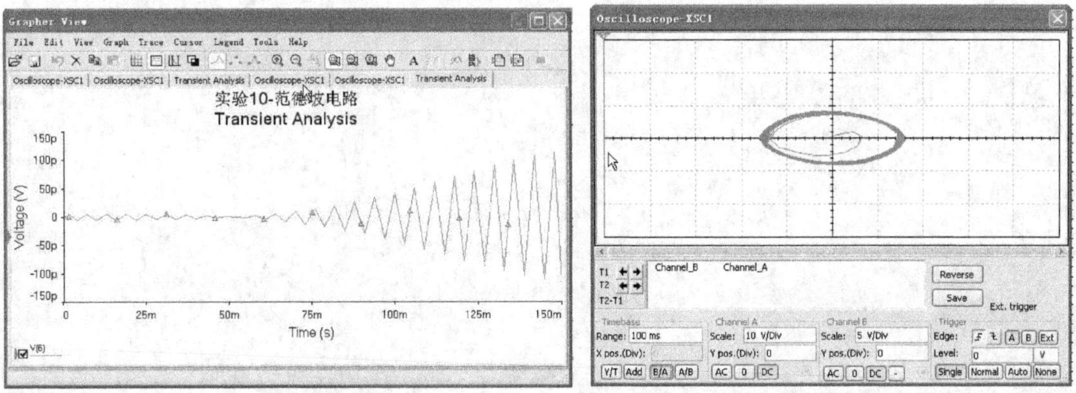

a) b)

图 3.10.5 $C=0.02$ μF 时波形图与相图

a）电容电压时域波形 b）电感电流和电容电压相图

$C=0.2\ \mu F$ 时，电感电流和电容电压波形的时域波形图和相图分别如图 3.10.6a、b 所示，由图可知，此时回路电流和电容上的电压产生了畸变，但仍然是周期性的，相图仍为一个极限环。

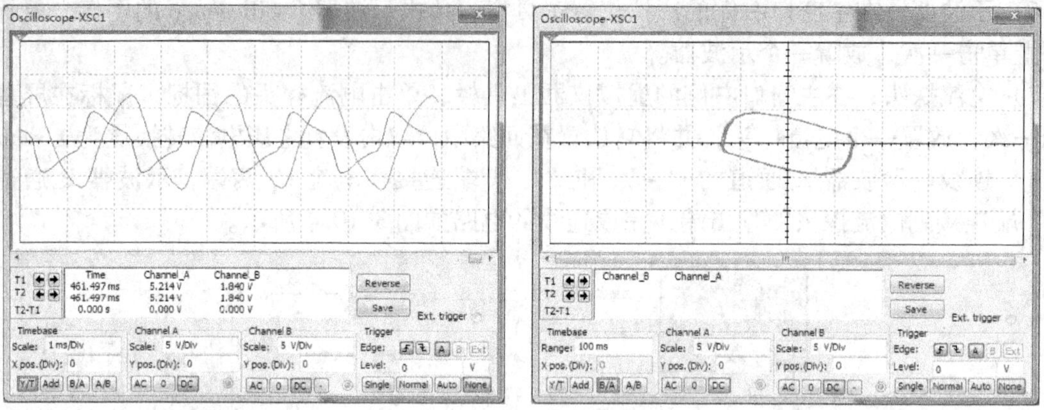

a)　　　　b)

图 3.10.6　$C=0.2\ \mu F$ 时电感电流和电容电压波形及相图

a）时域波形　b）相图

第 4 章　电路综合实验

4.1　电阻网络有限可测点的故障诊断

1. 工程背景

发电厂、变电站集中安装了最重要的电气设备和电气装置，因此需要有良好的接地，以实现工作接地、保护接地和防雷接地的综合要求。合格的接地网用钢质或铜质的金属材料，以水平敷设的人工接地体为主，辅以垂直接地体，以网格的形式相互连接，埋于地下，构成人工接地装置。接地网上固定点之间的电阻是一定的。接地电阻主要靠大面积水平接地体发挥作用，正常时它具有均压、散流、减少接触电压和跨步电压的作用。

电力系统的接地网是维护电力系统安全可靠运行、保障运行人员和电气设备安全的重要设备，但往往由于埋入地中的接地网受土壤腐蚀的长期作用，难免出现截面积变小、断点或连接不良等故障，使接地网性能下降。因此，电力系统接地网的故障诊断是电力部门一项重要的研究课题。

有关接地网的故障诊断，目前文献多采用电路和网络理论分析方法进行研究，将接地网看成纯电阻网络，利用接地网的拓扑结构和接地引线间电阻的测量数据，建立接地网的腐蚀诊断方程，通过求解诊断方程得到接地网支路导体的变化值，进而判断接地网的腐蚀程度。

基于这一工程背景，本实验从实验教学角度出发，以培养学生的独立工作能力和创新意识为着眼点，将接地网简化为简单的纯电阻网络，在电阻网络中引出有限可测点，人为设定故障支路，要求学生利用所学电路基础理论知识，采集信息并能对其进行分析，最终查找故障，解决问题。希望通过此实验的开设，培养学生理论知识的综合应用能力，提高学生实验知识、方法和技能的灵活应用能力。

2. 实验任务

将由 12 个电阻，9 个结点组成的“田”字形网络封装在一个封闭盒中，电路连接如图 4.1.1 所示，只在 0、2、4、6、8，5 个结点处，对外引出引线，可供测量。当其中有任意一条支路断路时，要求将测量数据输入自编的计算机程序，程序能判断出故障支路。

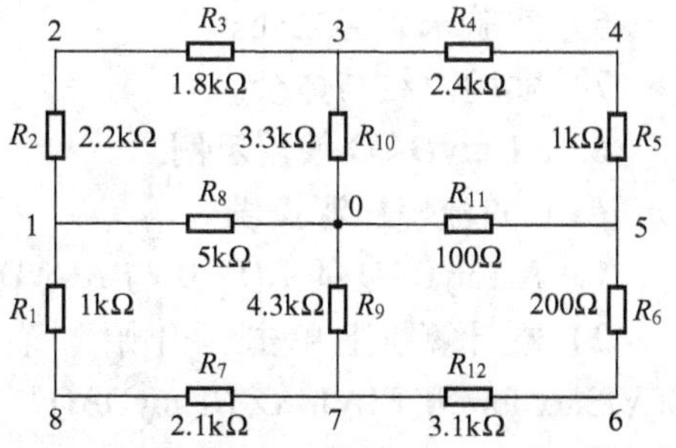

图 4.1.1　“田”字型电阻网络

参考电路如下。

说明：在自行搭建实验板的过程中，实验中网络结构可不限于“田”字形，电阻取值可任意选取，5 个引出结点也可自行选取。

3. 实验要求

本实验设置 3 个层次。

第 1 层次：已知 5 根引出线，且在已知每根引出线上的结点标号的情况下，要求学生自行设计实验方案，编制程序，由诊断程序找出电路故障。

第 2 层次：增加难度，在实验板上不标明 5 个引出线的结点编号，只说明是哪 5 个结点被引出，要求学生自行设计实验方案，编制程序，由诊断程序找出电路故障。

第 3 层次：对于能力再高些的学生，在实验板上不标明结点编号，也不说明是哪些结点被引出，要求学生查找电力系统接地网故障诊断方面的相关论文，从神经网络及网络状态变量灵敏度等知识着手，利用结点电压法，自行设计实验方案，编制程序，由诊断程序找出电路故障。

以上 3 个层次可根据个人能力选择完成。

本实验要求学生：

1）查找电力系统接地网故障诊断的相关资料，了解故障诊断的方法。

2）掌握 Y（星形）与 △（三角形）电阻网络等值变换的方法。

3）熟悉结点电压法方程的列写过程。

4）掌握 Multisim 或 Pspice 仿真软件的使用。实验中需有 Multisim 或 Pspice 仿真数据与实测数据的对比分析。

5）掌握一种编程工具（Matlab、VB、VC 等），能根据题目要求编写故障检测程序。

4. 仪器和器材

面包板	1 块
电阻元件	若干
NI myDAQ	1 块
计算机	1 台（安装有 NI myDAQ 驱动及 Multisim 或 Pspice）

5. 实验报告书写要求（供参考）

1）工程背景。

2）设计要求与任务。

3）实验设计思路。

4）实验所用器材。

5）实验过程。

6）实验未完善之处。

7）实验总结与体会。

6. NI myDAQ 使用示例

（1）直流电压源提供

1）NI myDAQ 的 AO - 0 与 AGND 接口对外提供直流电压。

2）在计算机上单击“开始”菜单→“所有程序”→“National Instruments”→“NI ELVISmx for NI ELVIS & NI myDAQ”→“NI ELVISmx Instrument Launcher”，启动仪器软面板，如图 4.1.2 所示。单击“DC Level Output”，设置所需直流电压即可。

注：若自行设计电路中的支路电流大于 10 mA，则电源直接用 NI myDAQ +15 V 或 +5 V 提供。也可按 2.2 节“可调电压源与电流源的实现”，自行搭建可变电压源。

（2）电阻及电压的测量

1）将红色 DMM 表棒的一端插入 NI myDAQ 上的 HI - V 接口，黑色 DMM 表棒一端插入

NI myDAQ 上的 COM 接口。

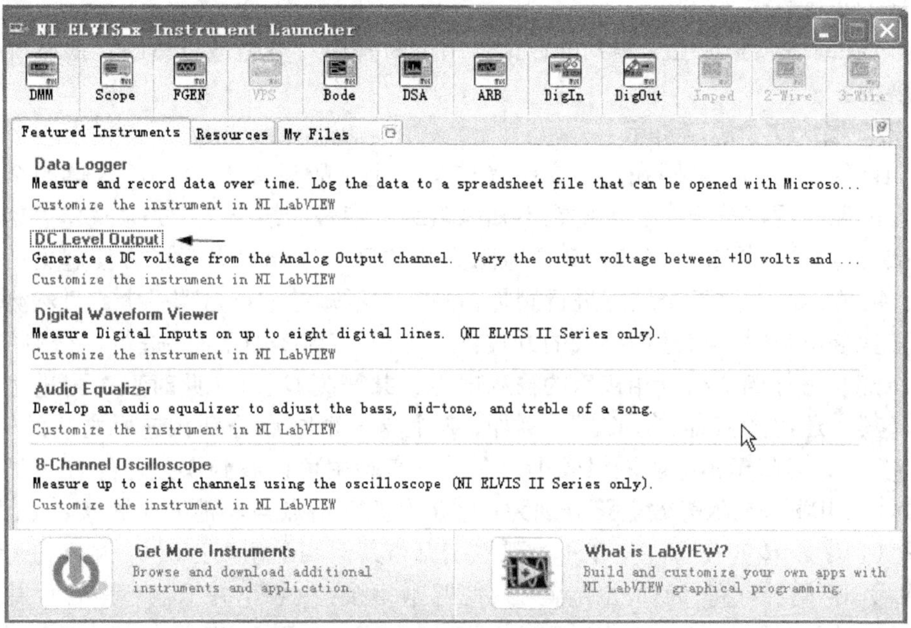

图 4.1.2　NI ELVISmx Instrument Launcher 界面上的 DC Level Output 入口

2）在计算机上单击“开始”菜单→“所有程序”→“National Instruments”→“NI ELVISmx for NI ELVIS & NI myDAQ”→“NI ELVISmx Instrument Launcher”，启动仪器软面板，如图 4.1.3 所示。

图 4.1.3　仪器软面板

单击 DMM（数字万用表），打开数字万用表软面板。分别选择电阻或直流电压档进行测量。

7. 参考信息

（1）第 1 层次实验思路提示

1）根据结点电压法，分别列出在结点 0-2、0-4、0-6、0-8 之间加载直流电压的情况下，各条支路断路时的结点电压方程。编制程序，遍历计算各条支路分别断路时，电压加载端的等效电阻值，形成故障字典法所需的故障对照表。

2）用 Multisim 或 Pspice 工程软件，对电路进行仿真计算，验证自编程序计算结果的正确性。

3）用面包板自行搭建实验电路，对电路进行测量，获得计算值与测量值的最大相对误差。

4）编写诊断程序，用故障字典法，根据 4 组测量数值都能匹配的原则，完成诊断程序。同时，通过在自行搭建的实验电路上采集的数据对每条支路断路时的情况进行诊断，验证诊断程序的正确性。

5）输入在封装实验板上采集到的数据，用诊断程序对电路进行诊断，最终确定故障支路，完成实验。

（2）第2层次实验思路提示

该电阻网络中有四组电阻在同一支路（广义）上，故只有2、4、6、8这四个结点能将这四组电阻断路情况区分出来，因此在不知电阻结点编号的情况下，必须选定这四个待测结点，并且要另选一个结点才能将这12个电阻完全“区分”出来。为了方便起见，仍按题目既定的2、4、6、8、0这五个结点进行测量，测量时不知道结点是哪一个，显然测输入电阻最为简便。实验测量时，有意用导线的方式将此“田”字形电阻网络进行“分割”，即分别测出一个结点与另外四个结点相接后的输入电阻，共需测 C_5^1 组（此时五次测量达到等效不分先后）（其实还可做其他“分割”，例如，2个与3个结点分别相连后之间的输入电阻，此时需测 C_5^2 组，但限于本电阻网络较小，在后续实验中可以看到误差已经较小了，故只测5次即可）。五组输入电阻等效电路分别为：①6为孤立结点与其他四个相接：（（R_{11} 并 R_5）串 R_6）并（（R_9 并 R_7）串 R_{12}）；②4为孤立结点与其他四个相接：（（R_6 并 R_{11}）串 R_5）并（（R_3 并 R_{10}）串 R_4）；③2为孤立结点与其他四个相接：（（R_4 并 R_{10}）串 R_3）并（（R_8 并 R_1）串 R_2）；④8为孤立结点与其他四个相接：（（R_9 并 R_{12}）串 R_7）并（（R_2 并 R_8）串 R_1）；⑤0为孤立结点与其他四个相接：（（R_7 并 R_{12}）串 R_9）并（（R_5 并 R_6）串 R_{11}）并（（R_3 并 R_4）串 R_{10}）并（（R_1 并 R_2）串 R_8）。由MATLAB程序得到12种电阻断路情况分别对应的这5种类型的输入电阻（在后续实验可以看到这12种情况的五个值是互不相等的），并与测得值进行比较，找到偏差“距离”最小的情况即为所求。

（3）第3层次实验思路提示

由于电阻网络中支路数较多，有限个引出点的结点编号未知，这就使得故障诊断实验不能简单地通过手工计算解决。

如果电阻网络内部发生断路，则结点间的电压关系就会发生改变。因此如果能提前计算出电路在某些结点处的电压关系，并与实际测得的数据相对比，即可得出开路电阻所在的支路。

1）结点电压的计算。

对于图4.1.1所示网络，规定加载已知电压源电压 U_S 的两个结点A、B为电源结点，其余结点为可能的测量结点。设测量结点之间的电压值为 U_{mea}。由于在测量前并不知道测量结点的分布情况，而是从某些结点引出导线进行测量（标记为A、B、C、D、…），则需要考虑不同电阻开路以及不同结点间加载电源电压的情况。这样，图4.1.1所示网络对应的所有可能情况就有 $12\times A_9^2=864$ 种。考虑到线性电路的性质，则至少需要计算 $12\times C_9^2=432$ 种情况，再考虑到每种电路状况下，选择的测量结点也是未知的。如果此时使用人工计算，则运算量非常大，而且分析计算结果也将是一项相当艰巨的任务。因此，可以使用计算机完成将计算结果进行列表以及查表工作，并将结果汇总后显示出来。

首先使用程序计算在每一种电路状况（包括电源所在的结点位置A、B以及开路的电阻 R_{oc}）下的结点电压以备后期求解时使用，若以图4.1.1中的0结点为参考结点，列出结点电压方程为

$$
\begin{cases}
(G_1+G_2+G_8)U_1-G_1U_8-G_2U_2=0\\
(G_2+G_3)U_2-G_2U_1-G_3U_3=0\\
(G_3+G_4+G_{10})U_3-G_3U_2-G_4U_4=0\\
(G_4+G_5)U_4-G_4U_3-G_5U_5=0\\
(G_5+G_6+G_{11})U_5-G_5U_4-G_6U_6=0\\
(G_6+G_{12})U_6-G_6U_5-G_{12}U_7=0\\
(G_7+G_9+G_{12})U_7-G_7U_8-G_{12}U_6=0\\
(G_1+G_7)U_8-G_1U_1-G_7U_7=0
\end{cases}
\tag{4.1.1}
$$

设开路电阻为 R_x，则在式（4.1.1）中对相关电导令 $G_x=0$ 即可。

在 A、B 结点之间加上电压源 U_S，则增补方程：

$$U_A-U_B=U_S \tag{4.1.2}$$

同时，在结点 A 和结点 B 的方程等号左侧分别增补电压源电流未知量 $-I_S$ 和 I_S。例如，若将电压源 U_S 加在结点 3、4 之间，则结点 3、4 的电压方程改写为

$$
\begin{cases}
\cdots\\
(G_3+G_4+G_{10})U_3-G_3U_2-G_4U_4-I_S=0\\
(G_4+G_5)U_4-G_4U_3-G_5U_5+I_S=0\\
\cdots\\
U_3-U_4=U_S
\end{cases}
\tag{4.1.3}
$$

根据结点电压方程列出方程组的矩阵表达式，即 $AX=b$。

通过编写程序，求解出结点电压，即可进一步计算出任意两个测量结点之间的电压。

2）故障诊断程序的设计。

编写电阻网络故障诊断程序的关键在于如何根据实测电压逆向求解开路电阻支路。由于通过程序可以迅速计算出电路所有可能的情况及此时对应的结点电压，因此通过计算所有的电路状况，将输入的实测电压 U_{mea} 与任意两结点之间的理论电压 U 进行比对，计算出相对误差，则误差最小的那一种情况及测量结点组合即为所求。显然，只测量一个电压是不够的，因为在所有的电路状况中要考虑所有的电压组合，就单次实测电压而言，在不同情况下的结点之间的电压可能非常接近，造成无法诊断或诊断错误。为了提高诊断的准确性，逆向求解过程需要输入多个实测电压作为一个组合。在遍历每种电路状况时，计算出每个实测电压在这种情况下的最小相对误差及其对应的测量结点后，使用算术平均值进行合成，用来表示这一电路状况下对某一实测电压组合的整体误差。

考虑到线性电路的性质，如果选择 A、B 为电源结点，C、D 为测量结点，则其测量结果与 B、A 为电源结点，D、C 为测量结点的情况是完全一样的，因此在实测时为了判断结点编号，可以进行以下测量过程：

如果有 5 个引出结点，标记为 A、B、C、D、E，则选择 A、B 结点为电源结点，分别选择测量结点组合 A、C，A、D，A、E，B、C，B、D，B、E，则在求解出开路电阻及电源结点的同时，也可根据测量的先后及程序给出的测量电压所对应的结点编号得出每个结点的编号。

(4) 实验展示

学生制作的万能板电阻网络电路如图 4.1.4 所示。图中的开关可控制相应支路的通断。

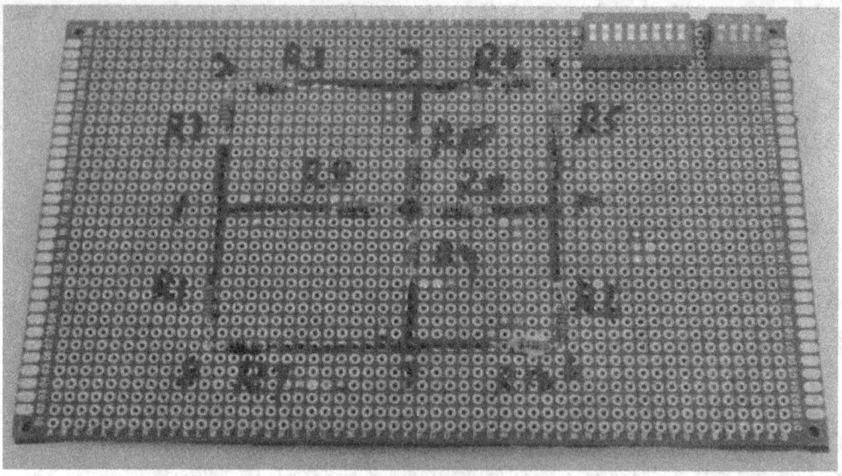

图 4.1.4 学生制作的万能板电阻网络电路

4.2 空心电感设计程序的研制

1. 工程背景

电抗器也叫电感器，由于导体通电时会在其所占据的一定空间范围产生磁场，所以所有能载流的电导体都有一般意义上的感性。然而通电长直导体的电感较小，所产生的磁场不强，因此实际的电抗器是导线绕成螺线管形式，称为空心电抗器。

电抗器在电力系统中起到补偿无功功率、限制短路电流、滤除高次谐波等作用，是电力系统的重要电力设备之一。空心电抗器因为结构简单、电感线性度好、重量轻、机械强度高以及噪声低等优点被电力系统广泛应用。

空心电感为空心电抗器的简化模型。对于一些小型电抗器生产厂家来说，需要根据已掌握的经验公式，研发空心电抗器设计程序，指导产品生产。在这一工程背景下，本实验将研发空心电抗器设计程序的科研项目，简化为空心电感设计程序的实现。要求学生收集、整理多层串绕空心电感计算方法，并将其程序化。

希望通过从软件编制到实际制作整个过程的训练，达到开阔学生的思路、激发学生学习兴趣的目的。同时，通过实施本方案设计的每个步骤，使学生提前接受毕业设计工作的训练，为后期的毕业设计工作奠定基础。

2. 实验任务

1）资料查询：通过资料的查询，了解空心电感的特性、参数要求及相关设计与分析方法。

2）掌握一种编程工具，能根据题目要求编写空心电感设计程序。

3）用 Ansoft Maxwell 2D 工程软件对设计出的空心电感进行仿真分析并校验。

4）自行绕制一个电感，对其进行测量，并与用设计程序得到的电感值进行对比，分析误差产生的原因。

5）撰写总结报告，并提交程序清单及自行绕制的电感。

3. 实验要求

1）根据表4.2.1提出的输入参数，运用熟悉的编程工具完成空心电感多层铜线密绕设计程序的编程工作。

表4.2.1　空心电感输入参数

输入参数	参数值举例	输入参数	参数值举例
最大电流	3 A	电抗器期望高度值	100 mm
额定电感值	60 mH	额定电感允许偏差值	±0.5 mH

要求通过设计程序可以得到如下制作参数：

- 最大电流。
- 线圈层数。
- 额定电感值。
- 电抗器期望高度值。
- 导线线径。
- 线圈内径。
- 线圈匝数。
- 最终电感值。
- 铜导线长度。
- 导线电阻值。

2）设计程序具有的功能：

- 具有输入参数纠错功能。当输入数据不符合要求时，弹出信息提示窗，要求重新输入参数。
- 能根据额定电感允许的偏差值，自动迭代计算，直至得到最佳的最终电感值。
- 具有判断功能。当满足条件的值存在时，输出最终结果；当循环迭代10000次后，仍然不能满足条件时，弹出信息提示窗口提示“给出的设计要求不能得到正确的计算结果，请重新输入参数！”
- 具有设计系统界面，在界面上设有“开始设计”按钮及“退出系统”按钮。
- 在参数输入及结果输出页面，设有“数据提交”按钮、“数据重录”按钮及“退出系统”按钮。

3）按设计程序输出的制作参数绕制一个空心电感。

4）设计空心电感测量电路，对电感值 L 进行测量，验证程序的可靠性。

注意：根据空心电感设计程序的要求，此系统既应具有友好的用户界面，又能完成程序计算的任务，因此，建议选用界面设计相对方便，又能满足计算要求的Visual BASIC编程工具。如果学生选用VC++或其他编程工具，只要能满足要求，完成设计任务即可。

4. 仪器和器材

滑线变阻器100 Ω	1个
可变电容箱	1个
自制空心电感	1个

NI myDAQ　　　　　　　　1 块

计算机　　　　　　　　　1 台（安装有 NI myDAQ 驱动及 Ansoft Maxwell 2D）

5. 实验报告书写要求（供参考）

1）工程背景。

2）相关公式。

3）程序设计思路。

4）验证程序结果的实验过程。

5）实验总结与体会。

6）附件：空心电感多层铜线密绕设计系统源程序。

6. NI myDAQ 使用示例

空心电感实测电路所用虚拟仪器设置如下：

（1）信号发生器（FGEN）设置

1）NI myDAQ 的 AO－0 与 AGND 接口对外提供信号发生器（FGEN）输出的信号。

2）在计算机上单击“开始菜单”→“所有程序”→“National Instruments”→“NI ELVISmx for NI ELVIS & NI myDAQ”→“NI ELVISmx Instrument Launcher”，启动仪器软面板，如图 4.2.1 所示。单击 FGEN，设置所需交流信号。

图 4.2.1　仪器软面板

（2）示波器（Scope）设置

1）NI myDAQ 的 AI－0 与 AGND 接口接收 RLC 串联回路中电阻两端的电压信号。

2）启动仪器软面板，如图 4.2.1 所示。单击 Scope 可观察谐振发生时的频率值。

7. 参考信息

（1）空心电感计算相关的资料

1）多层密绕空心线圈电感值 L 计算。

多层密绕空心线圈电感值 L 的计算有多种经验公式，比较适合学生编程的公式有如下 4 种：

● 公式 1：

$$L=\frac{N^2D^2}{50\times(D+22+1.3th/D)}\ (\mu\text{H}) \tag{4.2.1}$$

式中，L 为线圈的电感值；D 为线圈的平均直径（cm）；h 为线圈的长度（cm）；t 为线圈的厚度（cm）；N 为匝数。

● 公式 2：

$$L=(k\mu_0\mu_S N^2 S)/h \qquad (\text{H}) \tag{4.2.2}$$

式中，L 为主线圈的电感值；μ_0为真空磁导率，其值为 $4\pi\times10^{-7}$（H/m）；μ_S 为线圈内部磁心的相对磁导率，空心线圈时 $\mu_S=1$；N 为线圈圈数；S 为线圈的截面积（m^2），对空心线圈计算 S 时，线圈直径取其内外直径的平均值 $D_{平均}$；h 为线圈的长度（m）；k 为系数，其值取决于线圈内外直径的平均值（$D_{平均}$）与长度（h）的比值，k 值见表 4.2.2。

表 4.2.2　计算多层密绕空心线圈电感值 L 的系数 k 值表

线圈平均直径（$D_{平均}$）/线圈高度（h）	系数（k）	线圈平均直径（$D_{平均}$）/线圈高度（h）	系数（k）
0.1	0.96	1.5	0.6
0.2	0.92	2.0	0.52
0.3	0.88	3.0	0.43
0.4	0.85	4.0	0.37
0.6	0.79	5.0	0.32
0.8	0.74	10	0.2
1.0	0.69	20	0.12

● 公式 3：

$$L = \frac{6.4\mu_0 N^2 D^2}{3.5D + 8h} \times \frac{D - 2.25t}{D}\ (\mathrm{mH}) \tag{4.2.3}$$

式中，L 为线圈的电感值；μ_0 为真空磁导率，其值为 $4\pi \times 10^{-7}$（H/m）；D 为线圈的外径（mm）；h 为线圈的长度（mm）；t 为线圈的厚度（mm）；N 为匝数。

● 公式 4：

$$L = \frac{0.08N^2 D^2 \times 10^{-3}}{3D + 9h + 10t}\ (\mathrm{mH}) \tag{4.2.4}$$

式中，D 为线圈的平均直径（cm）；h 为线圈的长度（cm）；t 为线圈的厚度（cm）；N 为匝数。

注：公式 4 适合线圈长度 h 小于线圈厚度 t，即 $h<t$ 的情况。

2）空心线圈平均匝数初始取值公式：

$$N = \frac{85000 \times dL_n^{0.875}}{D^{1.5}} \tag{4.2.5}$$

式中，N 为空心线圈各层平均匝数（匝）；L_n 为额定电感（mH）；D 为空心线圈内径（mm）；d 为导线线径（mm）。

3）空心线圈高度与平均匝数关系式：

$$h = Nd/K_{rx} \tag{4.2.6}$$

式中，h 为线圈长度（mm）；N 为线圈匝数（匝）；d 为导线线径（mm）；K_{rx} 为绕线系数，一般情况下取 1.05。

4）最大电流 I 与导线线径 d 的关系：

对于铜线，1 mm^2 的导线截面允许通过 5～8 A 的电流。一般情况下：

$I=1$ A　线径 $d=0.46$ mm

$I=2$ A　线径 $d=0.56$ mm

$I=3$ A　线径 $d=0.68$ mm

$I=4$ A　线径 $d=0.77$ mm

$I\geqslant5$ A　线径 $d=\sqrt{4/5\pi I}$ mm

5）由线径 d 确定导线的线号（AWG）值，进而确定其电阻率 ρ。

AWG（American Wire Gauge）称为美国线规，简称线号，是一种区分导线直径的标准。AWG 值参数对应表见表 4.2.3。AWG 值为 1～50 的整数，每一个 AWG 值都对应有唯一的导线外径、截面积和电阻率。因此，根据 AWG 值与线径 d 的一一对应关系，可确定所选用导线的 AWG 值，从而获取其电阻率 ρ。

表 4.2.3 AWG 值参数对应表

美国线规参照表（AWG Specifications Table）						
线号（AWG sizes）	直径（Diameter）		面积（Area）		铜线电阻（Copper resistance）	
	英寸（inches）	毫米（mm）	千圆密尔 Kcmil（d2x1000 inches）	平方毫米（mm^2）	每千英尺欧姆（ohms per 1000 feet）	每千米欧姆（ohms per km）
1	0.289300	7.34822	83.7	42.4	0.124	0.41
2	0.257630	6.54380	66.4	33.6	0.156	0.51
3	0.229420	5.82727	52.6	26.7	0.197	0.65
4	0.204310	5.18947	41.7	21.2	0.249	0.82
5	0.181940	4.62128	33.1	16.8	0.313	1.03
6	0.162020	4.11531	26.3	13.3	0.395	1.30
7	0.144300	3.66522	20.8	10.6	0.498	1.63
8	0.128496	3.26380	16.5	8.37	0.628	2.06
9	0.114400	2.90576	13.1	6.63	0.792	2.60
10	0.101890	2.58801	10.4	5.26	0.999	3.28
11	0.090700	2.30378	8.23	4.17	1.260	4.13
12	0.080808	2.05253	6.53	3.31	1.588	5.21
13	0.072000	1.82880	5.18	2.63	2.003	6.57
14	0.064084	1.62773	4.11	2.08	2.525	8.28
15	0.057100	1.45034	3.26	1.65	3.184	10.45
16	0.050821	1.29086	2.58	1.31	4.016	13.18
17	0.045300	1.15062	2.05	1.04	5.064	16.61
18	0.040303	1.02370	1.62	0.82	6.385	20.95
19	0.035900	0.91186	1.289	0.653	8.051	26.41
20	0.031961	0.81181	1.022	0.518	10.15	33.30
21	0.028500	0.72390	0.812	0.412	12.80	41.99
22	0.025300	0.64262	0.640	0.324	16.14	52.95
23	0.022600	0.57404	0.5108	0.259	20.36	66.80
24	0.020100	0.51054	0.4040	0.205	25.67	84.22
25	0.017900	0.45466	0.3204	0.162	32.37	106.2
26	0.015900	0.40386	0.2528	0.128	40.81	133.9
27	0.014200	0.36068	0.2016	0.102	51.47	168.9
28	0.012600	0.32004	0.1588	0.080	64.90	212.9
29	0.011300	0.28702	0.1277	0.065	81.84	268.5

（续）

美国线规参照表（AWG Specifications Table）						
线号（AWG sizes）	直径（Diameter）		面积（Area）		铜线电阻（Copper resistance）	
	英寸（inches）	毫米（mm）	千圆密尔 Kcmil (d2x1000 inches)	平方毫米 (mm^2)	每千英尺欧姆 (ohms per 1000 feet)	每千米欧姆 (ohms per km)
30	0.010000	0.25400	0.10000	0.051	103.20	338.6
31	0.008930	0.22682	0.07974	0.0404	130.10	426.8
32	0.007950	0.20193	0.06320	0.0320	164.10	538.4
33	0.007100	0.18034	0.05041	0.0255	206.90	678.8
34	0.006300	0.16002	0.03969	0.0201	260.90	856.0
35	0.005600	0.14224	0.03136	0.0159	329.00	1079
36	0.005000	0.12700	0.02500	0.0127	414.80	1361
37	0.004500	0.11430	0.02025	0.0103	523.10	1716
38	0.004000	0.10160	0.01600	0.0081	659.60	2164
39	0.003500	0.08890	0.01225	0.0062	831.80	2729
40	0.003140	0.07976	0.00986	0.0050	1049.0	3442
41	0.002800	0.07112	0.00784	0.00397	1288.0	4226
42	0.002494	0.06335	0.00622	0.00315	1585.1	5201
43	0.002221	0.05641	0.00493	0.00250	2070.4	6793
44	0.001978	0.05024	0.00391	0.00198	2496.2	8190
45	0.001761	0.04473	0.003101	0.00157	3206.2	10519
46	0.001568	0.03983	0.002459	0.00125	4057.9	13313
47	0.001397	0.03548	0.001952	0.00099	5009.8	16436
48	0.001244	0.03160	0.001548	0.00078	6756.1	22166
49	0.001107	0.02812	0.001225	0.00062	8281.4	27170
50	0.000986	0.02504	0.000972	0.00049	10388.2	34082

- 提示 1：对于经验公式的处理，主要考虑在计算机中如何表达更便于其求解。
- 提示 2：查找电流与线径的关系，找出根据电流选取线经的计算公式。
- 提示 3：循环迭代条件的设计是编制此系统的关键。应根据具体问题，先画出程序框图。
- 提示 4：Ansoft 解算出的电感值 L 为单匝线圈的电感，因此对串联电感，总电感为 $L_{总}=LN^2$，其中 N 为线圈的匝数。

（2）电感值的测量方法

1）间接测量方法。

在图 4.2.2 所示的 RLC 串联电路中，施加一正弦电压，电路中电流的有效值为

$$I(\omega)=\frac{U}{\sqrt{R^2+\left(\omega L-\frac{1}{\omega C}\right)^2}} \qquad (4.2.7)$$

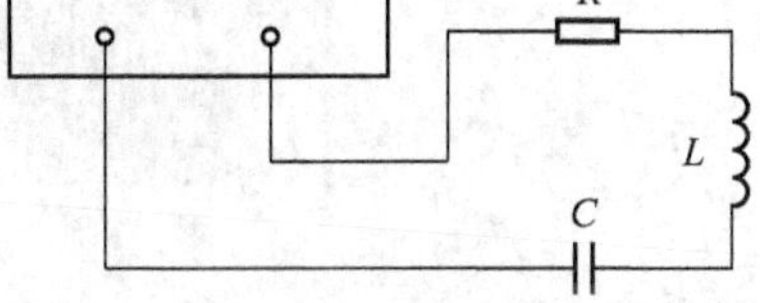

图 4.2.2　RLC 串联电路图

式中，电抗 $X(\omega)=\omega L-\frac{1}{\omega C}$是角频率的函数。当外施电压的角频率 $\omega=\omega_0$ 时，$X(\omega_0)=0$。这时电路的工作状态称为串联谐振。谐振时电路中电流的有效值达到最大 $I_0=I(\omega_0)=\frac{U}{R}$，根据这个特点可以判断电路是否发生了谐振。$\omega_0$称为谐振角频率，$f_0=\frac{\omega_0}{2\pi}$称为谐振频率，可由下式求得

$$\omega_0=\frac{1}{\sqrt{LC}},\quad f_0=\frac{1}{2\pi\sqrt{LC}} \tag{4.2.8}$$

可见，在电容 C 已知的情况下，只要测得 f_0 就可间接测得电感值 L。

2）直接测量方法。

可用交流电桥或 RLC 阻抗分析仪直接测得电感值。

（3）实验展示

空心电感设计程序计算值及实际绕制样品实测值见表 4.2.4。学生实际绕制的空心电感如图 4.2.3 所示。

表 4.2.4　空心电感设计程序计算值及实际绕制样品实测值

参数名称	设计程序计算值	实际测量值	误　差
最大电流/A	3		
线圈层数/层	7	7	
每层匝数/匝	140.0560	140	
导线线径/mm	0.68	0.68	
最终电感值/mH	60.1310	63.8	6.10%
期望电感高度值/mm	100	105	5%
线圈内径/mm	92.3176	89	3.59%
线圈外径/mm	102.3136	101	1.28%

图 4.2.3　学生绕制的空心电感

4.3 无损耗传输线的研究

1. 工程背景

高速电路的快速发展，使得其对于传输的速度、功率等的要求也越来越高，从而不得不对最基本的传输线做各种分析研究。

在集总参数系统中，电参数都集中在电路元件上，元件之间连线的长短对信号本身的特性没有影响，系统中各点的电压只是时间的函数。

而实际的系统并不是这样，集总参数系统是实际系统的一种理想化近似。在实际系统中，各种参数分布于电路所在空间的各处，当这种分散性对信号本身的影响不可忽略时，需要用分布参数系统对问题进行分析。

在电路分析中，对必须考虑信号传输的连接线，称为传输线。作为一个分布参数系统，传输线具有以下基本特征：

1）电参数分布在其占据的所有空间位置上。

2）信号传输需要时间。传输线的长度直接影响着信号的特性。

3）信号同时是时间和位置的函数。

本实验要求学生从时间及位置两个层面对无损耗传输线进行分析研究。

2. 实验任务

1）查阅资料，了解无损耗传输线上波的传播特性，即传输线在时间层面的特性。

2）查阅资料，了解正弦稳态情况下，无损耗传输线在不同终端情况时沿线电压、电流的分布情况，即传输线在位置层面的特性，加深对行波、驻波概念的理解。

3）学习利用 Multisim 软件仿真无损耗传输线在时间及位置两种不同层面下波形的特性。

4）掌握传输线正弦稳态下的实测方法。

3. 实验要求

（1）借助 Multisim 软件仿真无损耗传输线时域响应状态下波的传播特性

1）终端接匹配电阻。此时传输线处于行波状态，传输线上只有入射波，无反射波出现。

2）终端开路。此时传输线处于驻波状态，传输线上出现全反射现象，入射波与反射波叠加形成驻波。观察各结点的电压波形，计算波长 λ。

（2）借助 Multisim 软件仿真无损耗传输线上沿线电压、电流的分布情况

1）终端开路。

2）终端短路。

3）终端接匹配负载。

4）终端接 300Ω 纯电阻。

5）终端接纯电感。

6）终端接纯电容。

观察以上六种情况下电压、电流波形分布情况，并对波形分布进行分析。

（3）实测 TC8D 同轴测量线上沿线电压的分布波形

1）终端开路。

2）终端短路。

3）终端接匹配负载。

描绘电压振幅沿线的分布规律，并测量传输线在工作频率时的波长 λ。

4. 仪器和器材

YS1127 高频信号发生器	1 台
TC8D 同轴测量线	1 套
TT2 - W 定向耦合器	1 个
YS3892 选频放大器	1 台
计算机	1 台（安装有 Pspice 或 Multisim 工程软件）

5. 实验报告书写要求（供参考）

1）实验目的。

2）无损耗传输线原理。

3）实验器材。

4）仿真过程。

5）实测过程。

6）在坐标纸上画出各项实验曲线，并与理论曲线比较。

7）分析实验结果与理论分析之间不完全一致的原因。

8）实验总结与体会。

6. 参考信息

以下为无损耗传输线在正弦稳态条件下即位置层面的参考信息。

（1）原理说明

如果传输线的电阻 R_0 和导线间的漏电导 G_0 都等于零，则该传输线就称为无损耗传输线。

设长度为 l 的无损耗传输线沿 z 轴放置，其电源端在 $z=-l$ 处，负载端在 $z=0$ 处，如图 4.3.1 所示，在正弦稳态条件下，若用 $\dot{U}(z)$ 和 $\dot{I}(z)$ 分别表示 $u(z,t)$ 和 $i(z,t)$ 在 z 处的相量，则相量表达式为

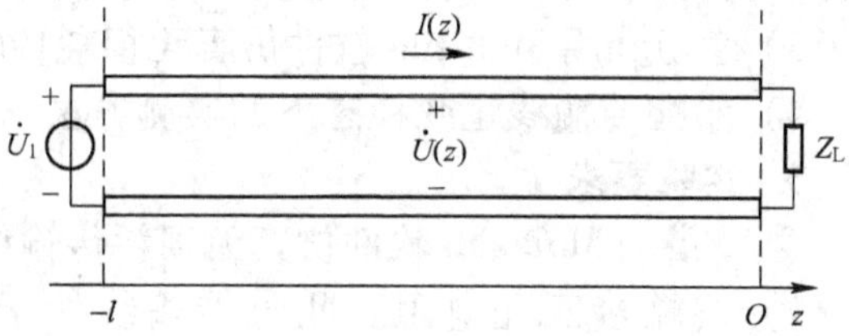

图 4.3.1　传输线

$$\begin{cases}\dfrac{\mathrm{d}\dot{U}(z)}{\mathrm{d}z^2}=-\omega_0^2L_0C_0\dot{U}(z)\\[2ex]\dfrac{\mathrm{d}\dot{I}(z)}{\mathrm{d}z^2}=-\omega_0^2L_0C_0\dot{I}(z)\end{cases}\tag{4.3.1}$$

式中，L_0 和 C_0 分别表示传输线单位长度的电感和电容。当负载端的电压 $\dot{U}(0)=\dot{U}_2$ 和电流 $\dot{I}(0)=\dot{I}_2$ 为已知时，最终可得沿线电压和电流为

$$\begin{cases}\dot{U}(z)=\dot{U}_2\cos(\beta z)+\mathrm{j}Z_0\dot{I}_2\sin(-\beta z)\\[2ex]\dot{I}(z)=\dot{I}_2\cos(\beta z)+\mathrm{j}\dfrac{\dot{U}_2}{Z_0}\sin(-\beta z)\end{cases}\tag{4.3.2}$$

式中，$\beta=\omega\sqrt{L_0C_0}$，称为相位常数，$\beta$ 与波长 λ 之间的关系为 $\beta=2\pi/\lambda$。

正弦稳态下当其终端接有不同的负载时，沿线电压的分布规律不同。

1）当终端开路时，有

$$\begin{cases} \dot{U}(z) = \dot{U}_2\cos(\beta z) \\ \dot{I}(z) = \mathrm{j}\dfrac{\dot{U}_2}{Z_0}\sin(-\beta z) \end{cases} \tag{4.3.3}$$

式中，电压的振幅沿线按正弦规律分布，电压波为驻波。在 $-z=0$，$\frac{1}{2}\lambda$，λ，…处为电压的波腹，而在 $-z=\frac{1}{4}\lambda$，$\frac{3}{4}\lambda$，$\frac{5}{4}\lambda$，…处为电压波节。相邻的波腹和波节在空间上相差$\frac{1}{4}\lambda$。同理，电流的振幅沿线按正弦规律分布，电流波为驻波。在 $-z=0$，$\frac{1}{2}\lambda$，λ，…处为电流的波节，而在 $-z=\frac{1}{4}\lambda$，$\frac{3}{4}\lambda$，$\frac{5}{4}\lambda$，…处为电流波腹。相邻的波腹和波节在空间上相差$\frac{1}{4}\lambda$。电压、电流波形在空间上也相差$\frac{1}{4}\lambda$。

2）当终端短路时，有

$$\begin{cases} \dot{U}(z) = \mathrm{j}Z_0\dot{I}_2\sin(-\beta z) \\ \dot{I}(z) = \dot{I}_2\cos(\beta z) \end{cases} \tag{4.3.4}$$

式中，$Z_0=\sqrt{\frac{L_0}{C_0}}$，称为传输线的特性阻抗，本实验中设定 $Z_0=50\,\Omega$；$\dot{I}_2$ 为负载端的电流。电压的振幅沿线仍按正弦规律分布，电压波为驻波。在 $-z=0$，$\frac{1}{2}\lambda$，λ，…处为电压的波节，而在 $-z=\frac{1}{4}\lambda$，$\frac{3}{4}\lambda$，$\frac{5}{4}\lambda$，…处为电压波腹。同理，电流的振幅沿线仍按正弦规律分布，电流波为驻波。在 $-z=0$，$\frac{1}{2}\lambda$，λ，…处为电流的波腹，而在 $-z=\frac{1}{4}\lambda$，$\frac{3}{4}\lambda$，$\frac{5}{4}\lambda$，…处为电流的波节。电压、电流波形在空间上也相差$\frac{1}{4}\lambda$。

3）当终端接负载阻抗 $Z_L=Z_0$ 时，有

$$\begin{cases} \dot{U}(z) = \dot{U}_2\mathrm{e}^{-\mathrm{j}\beta z} \\ \dot{I}(z) = \dot{I}_2\mathrm{e}^{-\mathrm{j}\beta z} \end{cases} \tag{4.3.5}$$

式中，$\dot{U}_2$ 为负载端的电压；$\dot{I}_2$ 为负载端的电流。显然，电压、电流的振幅沿线不变，且无反射电压、电流波，电压、电流波为行波，这种情况称为负载匹配。

4）当终端接纯电阻负载时，沿线电压和电流呈现行驻波。

5）当终端接电抗性负载时，沿线电压和电流呈现驻波，但终端为非波节点或波腹点。

（2）仿真过程提示

1）绘制电路原理图：终端开路。

- 交流电压源和接地：Place→Component→Sources→POWER SOURCES→AC_POWER 和 GROUND，设置交流源幅值为 1V，频率为 3GHz。
- 电阻：Place→Component→Basic→Resister，50 Ω。
- 无损耗传输线：Place→Component→Misc→LOSSLESS_LINE_TYPE2，双击传输线，设

置特性阻抗 $Z_0 = 50\,\Omega$，频率为 $f = 3$ GHz，传输线归一化长度为 NL = 1。

- 连线：单击第一个元件的引脚开始进行连线，光标会变成“十字中心加黑点”的形状，移动光标，此时光标会附着一条直线，移动光标的过程中，按下鼠标左键可以控制线的走向，单击第二个元件的某一引脚完成连线。完成的电路如图 4.3.2 所示。

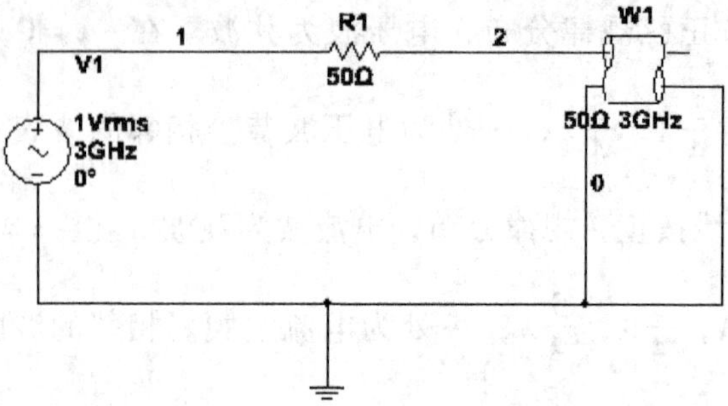

图 4.3.2　传输线终端开路时的原理图

2）仿真分析。

设置参数分析，即在电源频率为 3 GHz 条件下，无损耗传输线的归一化长度由 0 ~ 1 变化时，分析沿线电压幅值的分布规律。

在 Multisim 主窗口的菜单栏选择“Simulate”→“Analyses”→“Parameter Analysis”，弹出 Parameter Analysis 对话框，在 Analysis Parameter 选项卡中设置参数扫描的设备类型（Device type）为传输线 Tranline；命名（Name）为 TW1，分析参数（Parameter）为 NL，扫描变量的类型为线性“Linear”，对 NL 由 0 ~ 1 变化时进行扫描分析。在 More Options 栏选择单频率分析（Single Frequency Analysis），单击“Edit analysis”按钮，设置频率为 3GHz。Parameter Analysis 对话框的参数设置如图 4.3.3 所示。

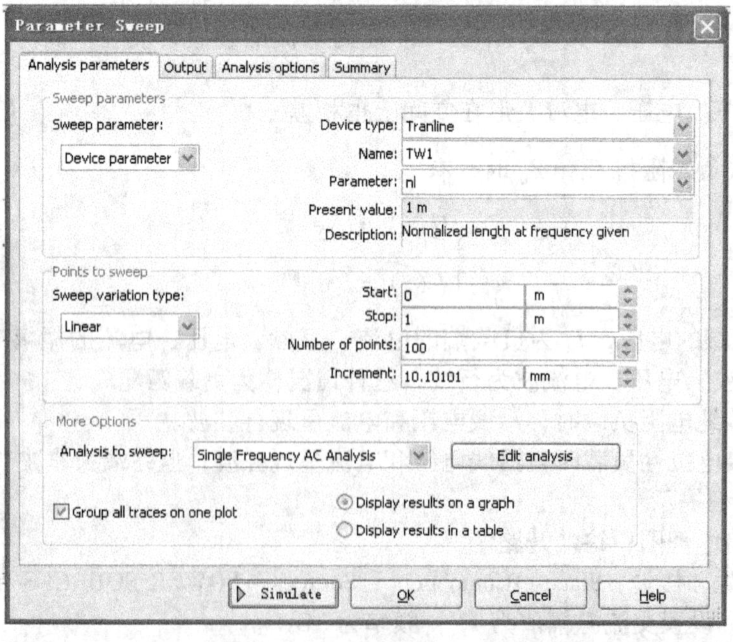

图 4.3.3　Parameter Analysis 对话框的设置

从原理图中可知，当传输线的归一化长度 NL 由 0 ~ 1 变化时，结点 2 的电压 V(2)展现了传输线沿线的分布规律，因此，在 Parameter Analysis 对话框的 Output 选项卡中单击“Add expression…”，弹出 Analysis Expression 对话框，在“Variables”栏中选择V(2)，单击“OK”。在 Parameter Sweep 对话框中单击“Simulate”开始运行，结果如图 4.3.4所示。

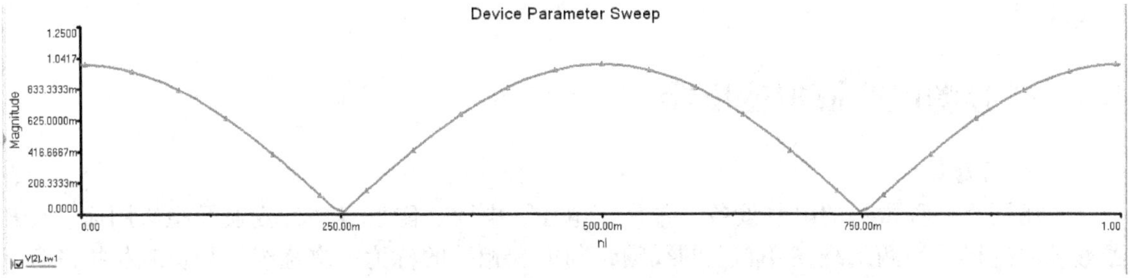

图 4.3.4　传输线终端开路时的仿真结果图

（3）实测说明

1）无损耗传输线测量电路连线框图如图 4.3.5 所示。测量电路由高频信号源、定向耦合器、TC8D 同轴测量线及选频放大器组成。

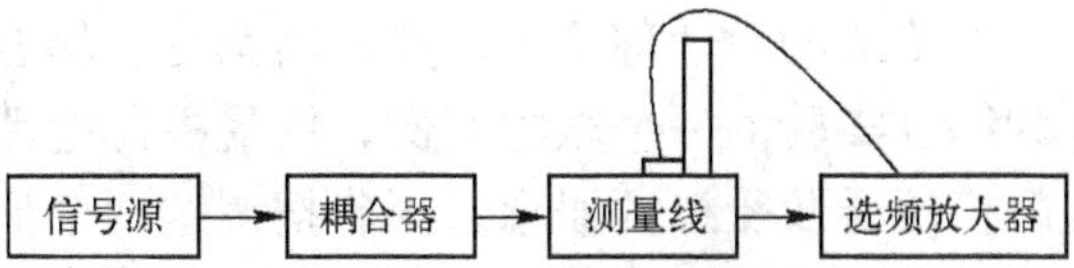

图 4.3.5　实验电路连线框图

TC8D 同轴测量线，在同轴线的外导体上沿轴向有一道狭缝，测量探针经狭缝垂直插入同轴线内（探针实际上是一个偶极子接收天线），探针从测量线中感应一个高频电压，其大小与探针所在测量线截面处的电压成正比。感应电压经二极管检波后接到指示器（本实验指示器为选频放大器）上。当探针沿线移动时，指示器的读数将反映沿线电压的分布状况。

实测电路如图 4.3.6 所示，将高频信号源频率调至 3 GHz，调制选择开关按下，1 kHz 调制灯亮。调节选频放大器上的放大选择旋钮及增益旋钮，使指示器的最大值略小于满偏值。

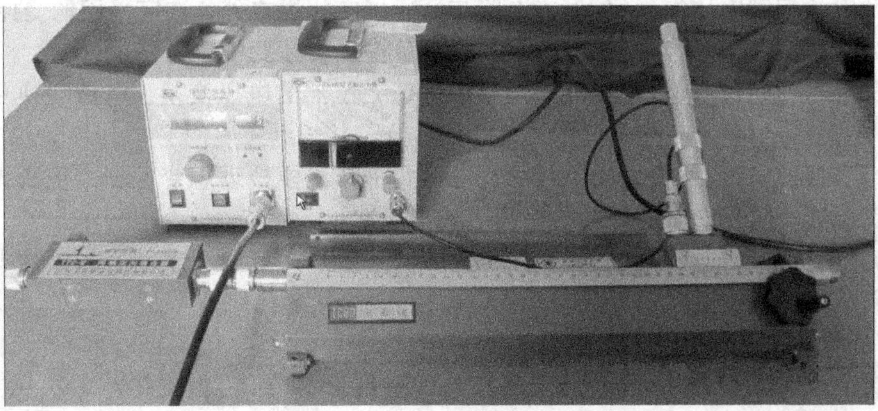

图 4.3.6　无损耗传输线实测图

2）由 YS3892 选频放大器测得的感应电压与传输线对应位置处的电压振幅成正比。选频放大器上的放大选择旋钮的 dB 数与电压放大倍数关系见表 4.3.1。

表 4.3.1　放大选择旋钮的 dB 数与电压放大倍数关系表

dB 数	0	10	20	30	40	50	60
电压放大倍数	1	3.16	10	31.6	100	316	1000

3）调节测量线探针深度时必须谨慎小心，在保证输出有一定值的情况下，探针深度不宜太深。

4.4　受控源电路模拟变压器

1. 实验背景

变压器是一种常见的电气设备，常用于电压、电流、阻抗等各种变换及稳压用途。变压器最基本的形式为两组绕在铁心上的线圈，与电源相接的称为一次绕组，与负载相接的称为二次绕组。

受控源是一种非独立电源，其电压或电流受电路中其他电压或电流所控制。当控制量为零时，受控源的电压或电流也就为零。被控制量与控制量成正比的受控源称为线性受控源。

在传统的教学理论中，变压器都是从耦合电感的角度分析的，其描述繁琐抽象。本实验作为综合实验的一个教学实例，用受控源电路模拟变压器，意在使学生从理论上准确可靠地理解变压器及受控源概念，正确把握这两个概念的相通之处。

2. 实验任务

1）设计受控源模拟理想变压器电路，用 Pspice 仿真实现，并与直接采用变压器模型器件的电路及耦合电感模拟变压器的电路对比，验证受控源模拟理想变压器的正确性。

2）设计受控源模拟实际变压器电路，用 Pspice 仿真实现，并与变压器二次侧归算后的等效电路对比，验证受控源模拟实际变压器的正确性。

3. 实验要求

1）查阅相关资料，了解理想变压器、实际变压器及受控源概念。

2）分析比较电压控制电压源（VCVS）、电流控制电流源（CCCS）、电压控制电流源（VCCS）及电流控制电压源（CCVS）电路与变压器的相通之处，选定采用的受控源类型。

3）给出受控源模拟理想变压器电路及受控源模拟实际变压器电路。

4）用 Pspice 仿真，确认电路能完全模拟理想变压器的电压变换、电流变换及阻抗变换特性。

5）分别用理想变压器模型器件及耦合电感两种方法模拟理想变压器，仿真校验受控源模拟理想变压器一次、二次电压及电流关系的正确性。

6）仿真受控源模拟实际变压器，并与变压器二次侧归算到一次侧后的等效电路的结果比对，说明受控源模拟实际变压器电路的正确性。

4. 仪器和器材

计算机　　　　　　　　1 台（安装有 Pspice 或 Multisim 工程软件）

5. 实验报告书写要求（供参考）

1）实验目的。

2）受控源模拟理想变压器原理。

3）实验器材。

4）仿真过程。

5）实验总结与体会。

6. 参考信息

（1）受控源模拟理想变压器

理想变压器是从实际变压器中抽象出来的，如图 4.4.1 所示。理想变压器可定义为

$$\dot{U}_2 = n\dot{U}_1 \tag{4.4.1}$$

$$\dot{I}_2 = -\frac{1}{n}\dot{I}_1 \tag{4.4.2}$$

式（4.4.1）中，$\dot{U}_2$ 为变压器二次电压；$\dot{U}_1$ 为变压器一次电压；n 为变比。式（4.4.2）中，$\dot{I}_2$ 为变压器二次电流；$\dot{I}_1$ 为变压器一次电流；n 为变比。由式（4.4.1）和式（4.4.2）可以看出，变压器虽然用耦合元件表示，但其唯一的参数是变比 n，而变比 n 是常数。因此，当将式（4.4.1）用电压控制电压源（VCVS）等效，式（4.4.2）用电流控制电流源（CCCS）等效时，应能满足理想变压器的特性。受控源等效电路如图 4.4.2 所示。从图 4.4.2 一次侧看进去，理想变压器被等效为电流控制电流源，控制量是$\dot{I}_2$，受控量是$\dot{I}_1$。受控量$\dot{I}_1$ 的大小与方向完全取决于控制量$\dot{I}_2$，$\dot{I}_2$ 的值由负载确定。从图 4.4.2 二次侧看进去，理想变压器被等效为电压控制电压源，控制量是$\dot{U}_1$，受控量是$\dot{U}_2$。受控量$\dot{U}_2$ 的大小与方向完全取决于控制量$\dot{U}_1$，与负载的大小无关。从输入、输出端的电压、电流关系看等效电路满足理想变压器的特性。

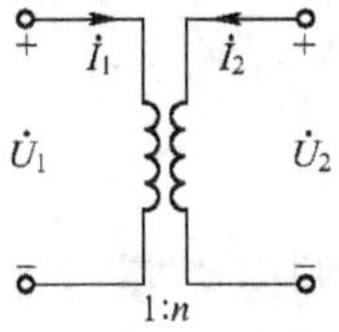

图 4.4.1　理想变压器模型图

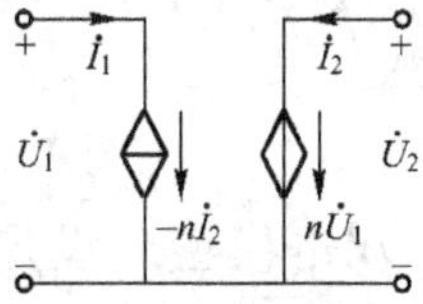

图 4.4.2　受控源等效电路

由式（4.4.1）和式（4.4.2）可知，从一次侧看进去的等效阻抗 $Z_{eq}(j\omega)$与二次阻抗 $Z_L(j\omega)$的关系为 $Z_{eq}(j\omega)=\frac{1}{n^2}Z_L(j\omega)$。

（2）受控源模拟理想变压器的仿真实现

使用 Pspice 工程软件，用受控源电路模拟理想变压器。

1）单击“开始”→“程序”→“orCAD Release9.1”→“File”→“New”→“Project”，打开原理图绘制窗口。

2）绘制的等效电路如图 4.4.3 所示。

3）仿真结果。

设置变比 $n=2$，电源为 50 Hz、10 V 的正弦波，则模拟理想变压器输入输出电压关系如图 4.4.4 所示，输入输出电流关系如图 4.4.5 所示。

提示：

1）在 Pspice 中，理想变压器模型器件为 XFRM_LINEAR，该模型只有两个绕组，为使

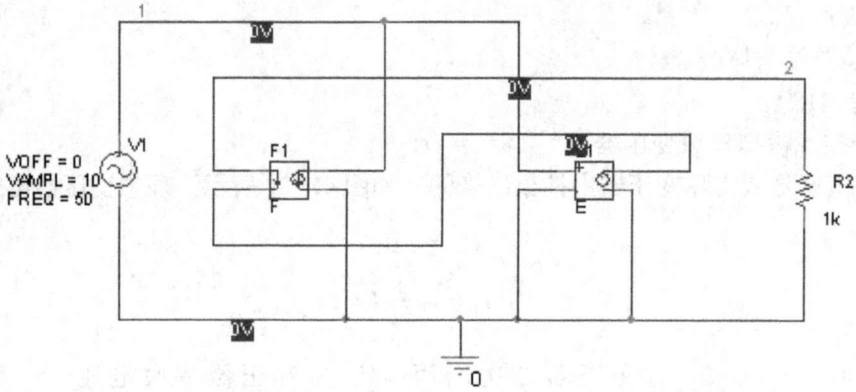

图 4.4.3　受控源电路模拟理想变压器电路

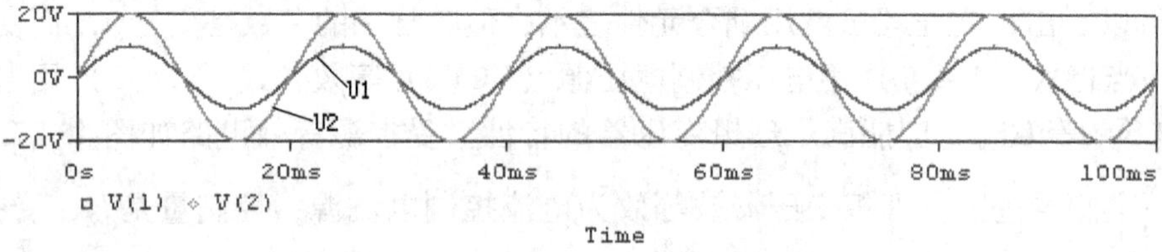

图 4.4.4　模拟理想变压器电压关系图

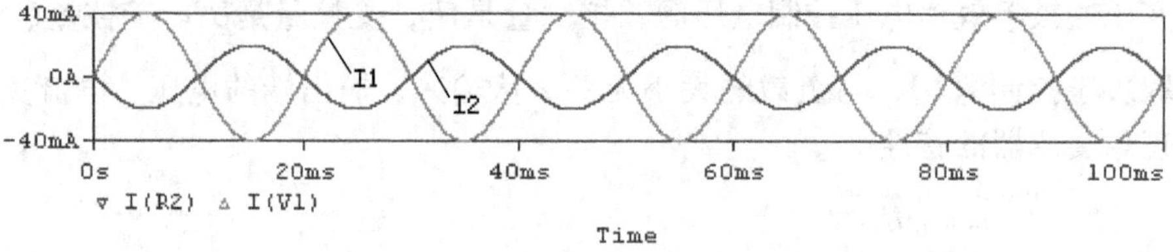

图 4.4.5　模拟理想变压器电流关系图

变压器更理想化，双击模型后设定耦合系数为 1，两个绕组的电感量分别设定为 250 H 和 1000 H。表示一次与二次绕组的匝比为 1:2。因为电感量之比是匝数比的平方。

2）在 Pspice 中耦合电感模拟变压器电路所用模型器件为 K_Linear、绕组用电感 L1 和 L2 表示。双击 K_Linear 模型在其参数 L1 中输入 L1，在参数 L2 中输入 L2，实现两个绕组的耦合。耦合系数设定为 1，说明是完全耦合。电感 L1 和 L2 的电感量，就代表绕组的电感量。设定 L1 为 250H，L2 为 1000H。

（3）受控源模拟实际变压器

由铁心线圈实现的实际变压器必然存在一定的铁损、铜损及漏抗。因此，用受控源模拟实际变压器时需将这些因数考虑进去。构建的模拟电路如图 4.4.6 所示，其中电阻 R_1 和 R_2 为一、二次绕组的铜线电阻；X_1 和 X_2 为一、二次绕组的漏抗，R_e 和 X_e 是铁损。

（4）变压器二次侧归算到一次侧后的等效电路

在变压器分析中，为了简化研究方法，往往对变压器的二次侧进行归算，用一个和一次绕组有同样匝数的等效绕组代替二次绕组。因此，从一次侧看，归算前后变压器内部的电磁过程、能量传递过程具有相同的效果。变压器二次侧归算后的等效电路如图 4.4.7 所示，其中，归算后的电压、电流分别为

$$\dot{U}'_2 = n\dot{U}_2 \tag{4.4.3}$$

$$\dot{I}'_2 = \frac{1}{n}\dot{I}_2 \tag{4.4.4}$$

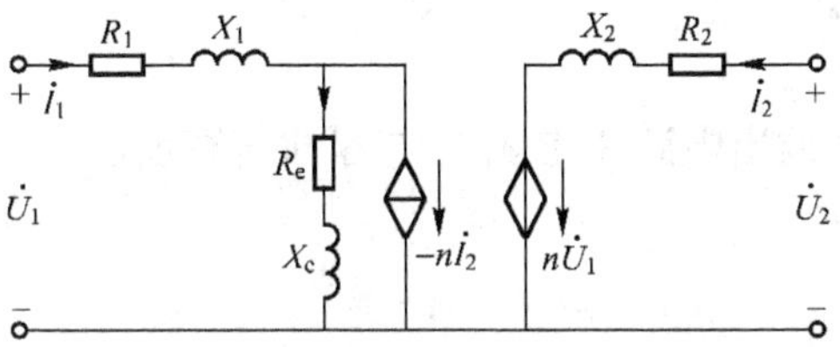

图 4.4.6　受控源模拟实际变压器

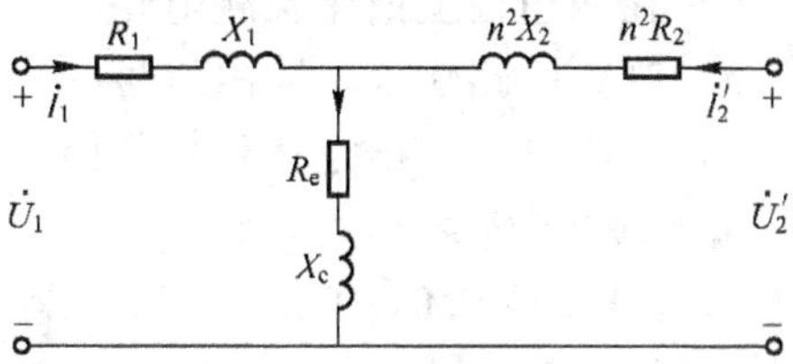

图 4.4.7　变压器二次侧归算后的等效电路

变压器二次侧归算后的等效阻抗 $Z_{eq}(j\omega)$ 与归算前的阻抗 $Z_L(j\omega)$ 的关系为

$$Z_{eq}(j\omega) = n^2 Z_L(j\omega) \tag{4.4.5}$$

注意在电路模型中，二次侧各量均已归算到一次侧，若要得到二次侧的实际数值，还必须进行一定的换算。

4.5　护眼灯的原理探究——移相电路

1. 工程背景

因学生视力保护问题而研发的产品——护眼灯是目前市场上的热销产品。常用的护眼灯设计原理有三种：①采用变频电子镇流器将市电频率由低频 50 Hz 提高至高频 5500 Hz，以减少频闪，保护视力；②将交流电先变成直流电，采用直流镇流器，用直流供电，达到真正无频闪，从而使光线接近自然光，缓解视力疲劳；③通过移相电路实现。以下主要说明移相电路实现护眼的原理。

我国照明电源采用工频 50 Hz、220 V 正弦交流电源，每当交流电压过零时，家庭用的荧光灯管的光通量为零，荧光灯管的闪烁频率对于长期在灯下工作的人造成眼部不适，为了消除频闪效应，可采用双灯管或三灯管照明。对双灯管电路让其中一个灯管的电源移相 90°。这样当一个灯管的电压最小时，另一个的电压最大，光通量互补，消除频闪效应的影响；对三灯管照明电路可以通过移相电路，使三灯管所接电源各相差 120°，由于三相交流电的瞬时有功功率是不随时间变化的常数，所以效果会更好。

本实验在此工程背景下，利用电容对输入信号的超前和滞后作用对移相电路进行研究。

2. 实验任务

本实验是利用电容对输入信号的超前和滞后作用进行工作的，常用于系统中相位校正。由于采用无源校正网络进行串联校正时，整个系统的开环增益要下降，因此，通常需要用运算放大器提高增益加以补偿。所以对相位校正网络的相频和幅频分析在电力系统中占有非常重要的地位。

本实验的任务是设计一个基于运放的超前和滞后移相电路，要求输出信号的相位可在 0°～180°之间变化，且输出幅度保持不变。

3. 实验要求

1）了解一阶超前、滞后以及二阶超前、滞后电路的相频及幅频特性。画出满足上述任务要求的移相电路图。

2）根据运算放大器芯片 μA741 的性能指标，确定电路中电阻、电容及电源的值。

3）用 Multisim 仿真自行设计的电路，并根据仿真结果校验电阻、电容及电源取值。

4）在面包板上搭建实测电路。

5）观察电路输入、输出信号的相频及幅频特性。

6）程序设计。给定移相相位值，通过自编程序输出电路中电阻、电容的估算值。

4. 仪器和器材

电容 0.1 或 0.01 μF	各 2 个
电阻	若干
电位器	1 个
NI myDAQ	1 块
运算放大器 μA741	1 块
面包板	1 块
计算机	1 台（安装有 NI myDAQ 驱动及 Multisim）

5. 实验报告书写要求（供参考）

1）介绍设计原理及相关公式的推导过程。

2）实验电路图及实验数据表格。

3）实验过程。

4）实验总结与体会。

5）附件：自编源程序。

6. NI myDAQ 使用示例

（1）运放直流供电电压的提供

由 NI myDAQ 自带的 +15V、-15V 和 AGND 接口给运算放大器提供直流供电电压。

（2）信号发生器（FGEN）设置

1）NI myDAQ 的 AO-0 与 AGND 接口对外提供信号发生器（FGEN）输出的信号。

2）在计算机上单击“开始”菜单→“所有程序”→“National Instruments”→“NI ELVISmx for NI ELVIS & NI myDAQ”→“NI ELVISmx Instrument Launcher”，启动仪器软面板，如图 4.5.1 所示。单击“FGEN”图标，设置所需交流信号。

图 4.5.1 仪器软面板

（3）示波器（Scope）的设置

1）NI myDAQ 的 AI-0 与 AGND 接口采集移相电路输出端的信号。

2）启动仪器软面板，如图 4.5.1 所示。单击“Scope”图标，可观察输出端信号。

（4）波特图仪（Bode）的设置

1）NI myDAQ 的 AI-0⁺ 接口设置为激励通道，AI-1⁺ 设置为响应通道。

2）启动仪器软面板，如图 4.5.1 所示。单击“Bode”图标，单击绿色箭头（Run）按钮采集数据点。

3）数据采集完成后，单击波特图仪右下角的“Log”按钮，可将采集的数据保存至数据文件中。

7. 参考信息

（1）超前移相电路

1）原理简述。

图 4. 5. 2 中，电路 R_0 的作用是实现 0°～180°相移。根据理想运放“虚短”、“虚断”的特性，有

$$\begin{cases}\dfrac{\dot{U}_i-\dot{U}^-}{R_1}=\dfrac{\dot{U}^--\dot{U}_0}{R_2}\\[2ex]\dfrac{\dot{U}_i-\dot{U}^+}{\dfrac{1}{\mathrm{j}\omega C_0}}=\dfrac{\dot{U}^+}{R_0}\end{cases}\tag{4.5.1}$$

当 R_1 与 R_2 取相同阻值时，移相角度 φ 与 f_0、C_0、R_0 之间的关系为

$$\tan\frac{\varphi}{2}=\frac{1}{2\pi f_0C_0R_0}\tag{4.5.2}$$

式（4. 5. 2）中根据移相角度 φ 的要求，C_0 的容量可以在 E6 系列中选取，R_0 在数千欧或数百千欧范围内选取。若 R_0 支路短路，$\varphi=180°$；R_0 支路断路，$\varphi=0°$；R_0 趋近 250 kΩ 后，φ 保持 0°基本不变。

2）仿真结果。

图 4. 5. 3 所示为超前移相电路的仿真原理图，借助 Multisim 中的波特图仪来测量输出电压和输入电压的相位差，从图 4. 5. 4 的结果中可看到，当 $f=100$ Hz 时，输出与输入电压的相位差为 115. 707°。

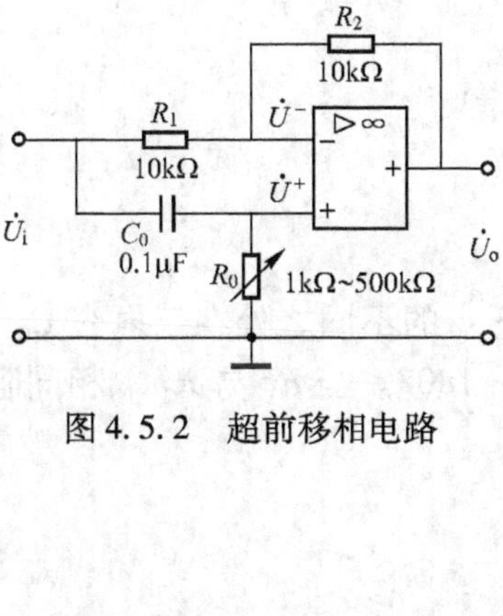

图 4. 5. 2　超前移相电路

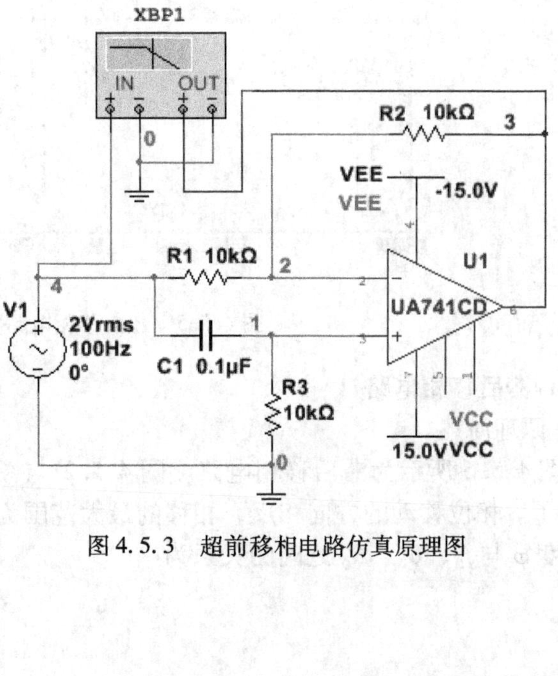

图 4. 5. 3　超前移相电路仿真原理图

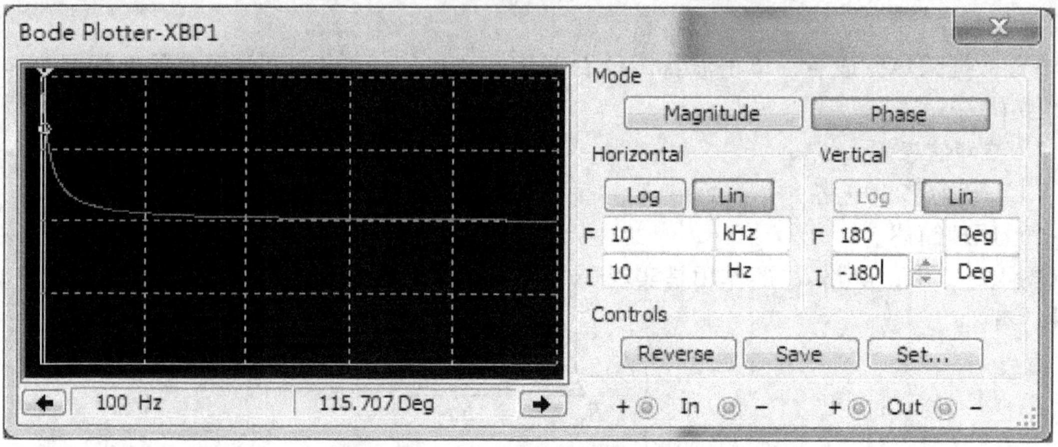

图 4.5.4　超前移相电路仿真结果

3）实测结果。

对图 4.5.2 所示的超前移相电路进行实测。实测波形如图 4.5.5 所示，示波器 CH2 通道显示输出电压波形，示波器 CH1 通道显示输入电压波形，从图中可观察到输出电压超前输入电压。读出波形一个周期所占格数 $B=4$，两波形相应点的距离所占格数 $A=1.30$，相位差 $\varphi=2\pi\dfrac{A}{B}=117°$。

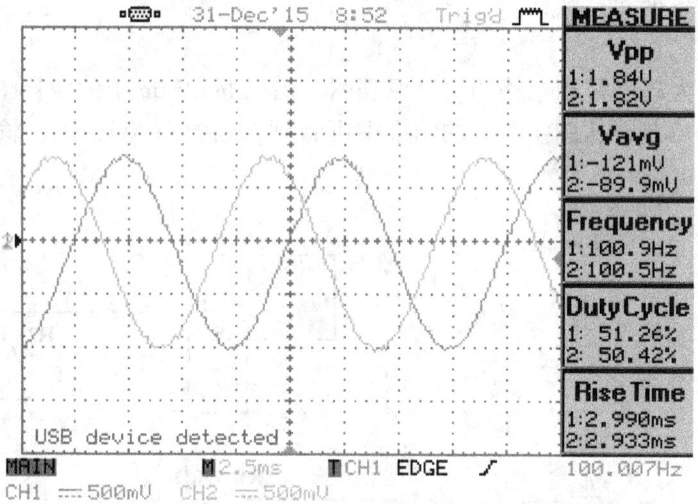

图 4.5.5　超前移相电路实测结果

（2）滞后移相电路

1）原理简述。

如图 4.5.6 所示为滞后移相电路。图 4.5.2 与图 4.5.6 的不同之处在于电容 C_0 与电阻 R_0 对调了。相位移动的方向相反，相移的最大范围为 0°～180°。当 R_1 与 R_2 取相同阻值时，移相角度 φ 与 f_0、C_0、R_0 之间的关系为

$$\tan\frac{\varphi}{2}=2\pi f_0 C_0 R_0 \tag{4.5.3}$$

若式（4.5.3）中 R_0 支路短路，$\varphi=0°$；R_0 趋近 250 kΩ 后，φ 保持 180°基本不变。

2）仿真结果。

图 4.5.7 所示为滞后移相电路的仿真原理图，借助 Multisim 中的波特图仪来测量输出电压和输入电压的相位差，从图 4.5.8 的结果中可看到，当 $f=100$ Hz 时，输出与输入电压的相位差为 −64.29°。

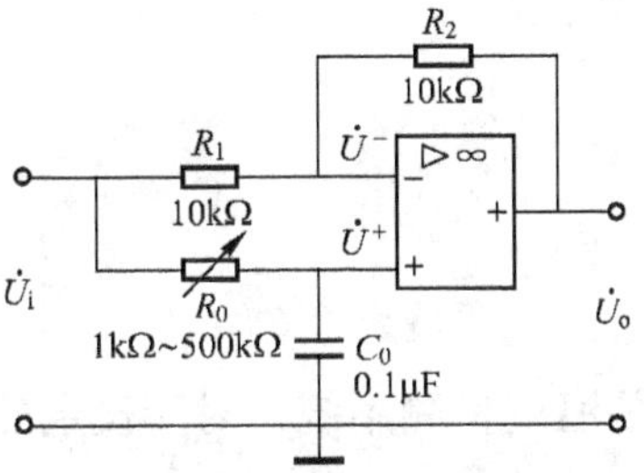

图 4.5.6　滞后移相电路

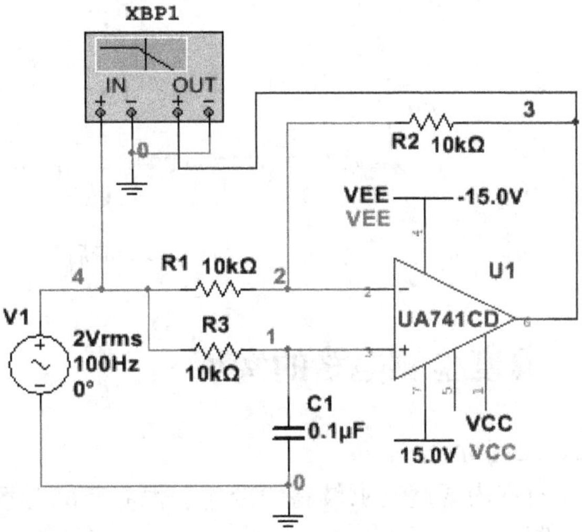

图 4.5.7　滞后移相电路 Multisim 仿真原理图

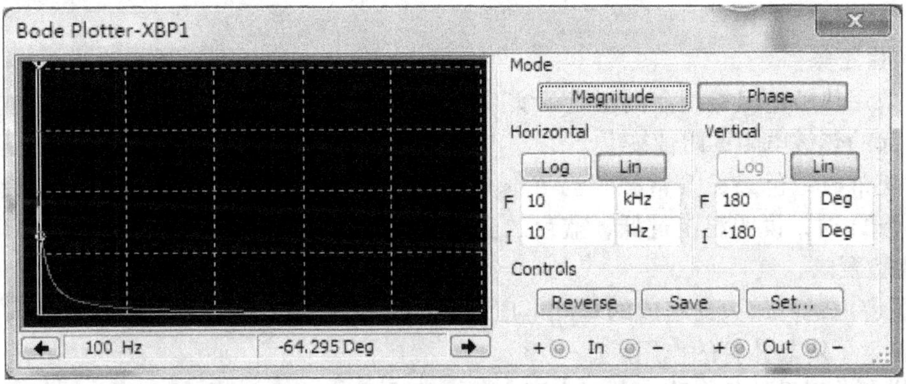

图 4.5.8　滞后移相电路仿真结果

3）实测结果。

对图 4.5.6 所示的滞后移相电路进行实测。实测波形如图 4.5.9 所示，示波器 CH2 通道显示输出电压波形，CH1 通道显示输入电压波形，从图中可观察到输出电压滞后输入电压。读出正弦信号一个周期所占格数 $B=4$，两波形相应点的距离所占格数 $A=0.7$，相位差 $\varphi=2\pi\frac{A}{B}=63°$。由于输出电压滞后输入电压，故输出与输入电压的相位差为 −63°。

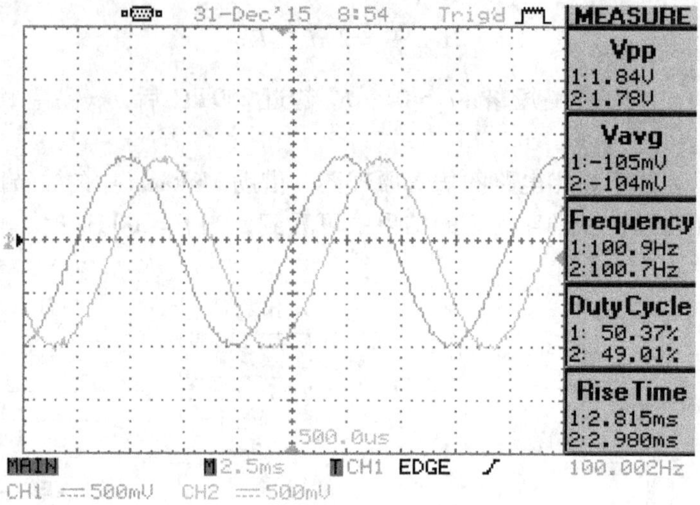

图 4.5.9　滞后移相电路实测结果

4.6　温度检测电路的实现

1. 工程背景

在对室内温度要求较高的冷库、恒温车间等场所需安装温度检测系统，对所设定的温度进行控制。

本实验在此工程背景下，要求学生利用运算放大器组成的基准电压电桥电路实现对温度的检测。

2. 实验任务

通常采用热敏电阻检测室内温度，实验中为方便操作，用一个电位器的阻值变化模拟温度变化引起的热敏电阻的阻值变化。

温度正常时绿色二极管常亮。当 $R_1 < 0.222\ \text{k}\Omega$，说明温度过高，红色二极管点亮；当 $R_1 > 0.837\ \text{k}\Omega$ 时，说明温度过低，蓝色二极管点亮，绿色二极管熄灭。

3. 实验要求

1）了解由运算放大器组成的基准电压电桥电路原理。

2）自学了解晶体管的作用。

3）仿真自行设计的电路，并对电阻、电容和电源取值进行确认。

4）搭建实测电路，使电位器的阻值设定在实验任务给定的值时，相应颜色的发光二极管能被点亮。

4. 仪器和器材

电阻	若干
电位器 10kΩ	1 个
运算放大器 μA741/LM324	3 块/1 块
二极管 1N4148	3 个
发光二极管	3 个（不同颜色）

晶体管 2N2222A　　　　　　　　3 个
面包板　　　　　　　　　　　　1 块
NI myDAQ　　　　　　　　　　 1 块
计算机　　　　　　　　　　　　1 台（安装有 NI myDAQ 驱动）

5. 实验报告书写要求（供参考）

1）给出完整的实验电路图，说明设计原理。

2）仿真所设计的电路，确定电阻参数值。

3）实验过程说明。

4）实验总结与体会。

6. NI myDAQ 使用示例

此电路无需信号源，运算放大器的直流供电电压由 NI myDAQ 的 +15 V、-15 V 及 AGND 接口提供。

7. 参考信息

（1）基准电压比较器电路

1）实现目标：以运算放大器负输入端电压 u^- 为参考电压，调节可调电阻 R_1，使得 $R_1<2\,\text{k}\Omega$，发光二极管点亮。当 $R_1>2\,\text{k}\Omega$ 时，发光二极管熄灭。

2）原理说明。

图 4.6.1 所示为一个基准电压比较器电路，电阻 R_1 为一个可调电阻，$R_1=5\,\text{k}\Omega$，$R_2=R_3=R_4=R_5=2\,\text{k}\Omega$，$R_6=1\,\text{k}\Omega$，$R_7=2\,\text{k}\Omega$，T1 为晶体管 2N2222A，$VD_1$ 为开关二极管 1N4148，VD_2 为发光二极管。

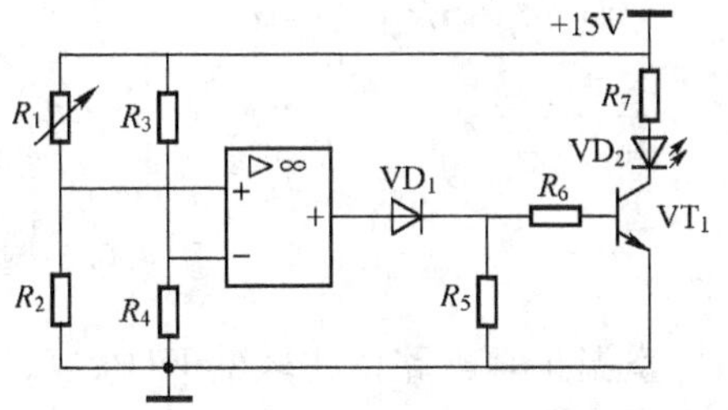

图 4.6.1　基准电压比较器电路原理图

当可调电阻 $R_1<2\,\text{k}\Omega$ 时，由分压原理可知，运算放大器的正输入端电压 u^+ 大于负输入端电压 u^-，此时运算放大器输出电压 $u_o>0$，开关二极管 VD_1 导通，晶体管 VT_1 导通，发光二极管点亮。当 $R_1>2\,\text{k}\Omega$ 时，$u^+<u^-$，运算放大器输出电压 $u_o<0$，开关二极管 VD_1 截止，晶体管 VT_1 截止，发光二极管不能导通。

（2）基准电压比较器实现温度检测

1）实现目标：温度正常时绿色二极管常亮。当 $R_1<0.222\,\text{k}\Omega$，说明温度过高，红色二极管点亮；当 $R_1>0.837\,\text{k}\Omega$ 时，说明温度过低，蓝色二极管点亮，绿色二极管熄灭。

2）绘制原理图。电路如图 4.6.2 所示。

- ±15V 供电电源和接地：Place→Component→Sources→POWER SOURCES→VCC、VEE 和 GROUND，设置 VCC 为 15V，VEE 为 -15V。
- 电阻：Place→Component→Basic→Resister。
- 发光二极管：Place→Component→Basic→LED→LED_red、LED_green 和 LED_blue。
- 二极管：Place→Component→Diodes→DIODE→1N4148。
- 运算放大器：Place→Component→Analog→OPAMP→LM324AD。
- 555 电路：Place→Component→Mixed→MIXED_VIRTUAL→555_VIRTUAL。

3）原理说明。

电路如图 4. 6. 2 所示，可调电阻 R_1 模拟一个负温度系数的热敏电阻，用于测量室内温度。双列直插型集成比较器 LM324 内含四个独立比较器，在电路中用于构成三个电压比较电路。

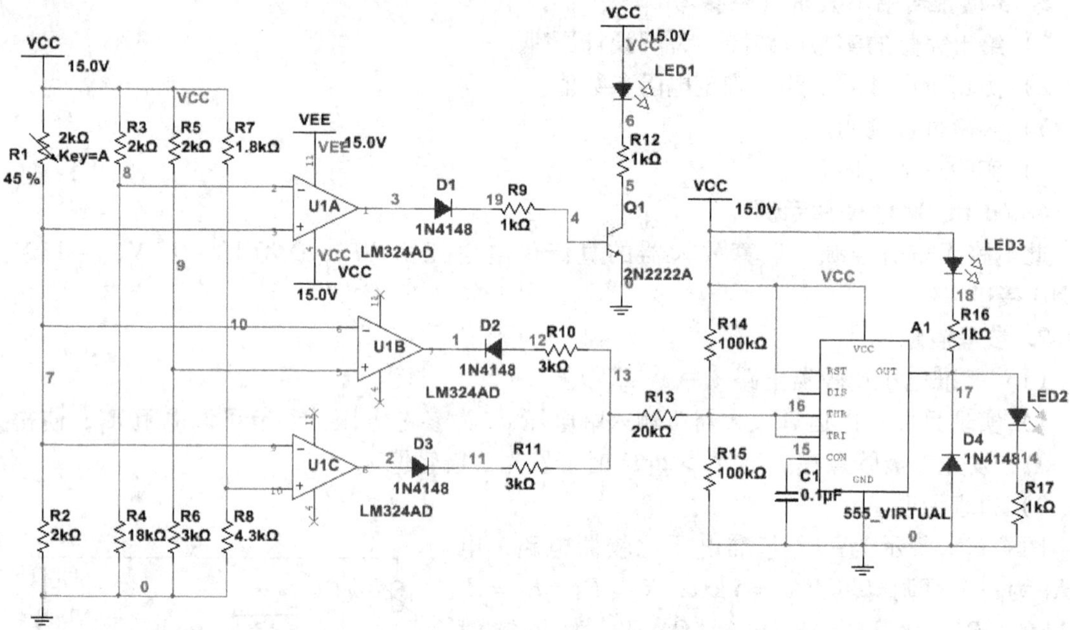

图 4. 6. 2　基准电压比较电路实现温度检测

室温正常电路由比较器 U1B、R_5、R_6、D_2 和 R_{10} 等构成，电阻 R_5 和 R_6 构成分压电路，并作为比较器 U1B 正输入端的基准电压，U1B 负输入端的电压为热敏电阻 R_1 和 R_2 的分压，电源接通后，当 U1B 负输入端的电压大于基准电压，U1B 输出为低电平，D_2 导通，555 定时器的引脚 6 因低电平被触发，输出高电平，使绿色二极管 LED_2 发光，指示室温正常。

室温过高指示电路由比较器 U1A、R_3、R_4、D_1 和 R_9 构成，电阻 R_3 和 R_4 构成分压电路，作为比较器 U1A 负输入端的基准电压，U1A 的正输入端电压为热敏电阻 R_1 和 R_2 的分压，室内温度过高将导致热敏电阻阻值变小，$R_1 < 0.222\ \text{k}\Omega$ 时比较器正输入端电压增大，当比较器正输入端电压大于基准电压时，比较器输出高电平，D_1 导通，Q_1 导通，红色二极管 LED_1 亮，指示室内温度过高。

室温过低指示电路由比较器 U1C、R_7、R_8、D_3 和 R_{11} 构成，电阻 R_7 和 R_8 构成分压电路，作为比较器 U1C 正输入端的基准电压，U1C 负输入端的电压为热敏电阻 R_1 和 R_2 的分压，当温度降低将导致热敏电阻阻值增大，$R_1 > 0.837\ \text{k}\Omega$ 入端电压降低，当比较器 U1C 负输入端电压小于基准电压时，比较器输出高电平，D_3 导通，555 定时器翻转处于复位状态，输出低电平，蓝色二极管 LED_3 亮，指示室内温度过低。

注：若图 4. 6. 2 中的电路用三块 μA741 芯片代替专用比较器 LM324 芯片，会发现 NI myDAQ 提供的 ±15 V 电源驱动能力不够，此时可选用 AC－DC 电源、三端稳压器 7815 及 7915 组合实现 ±15 V 电源。

4.7 电流互感器同名端测定仪的实现

1. 工程背景

为保证电力系统安全稳定运行，必须时刻对电力设备的运行情况进行监控和保护。但对于接入系统的高压设备不易直接监控和保护，常常需将系统中的大电流按一定比例变换成小电流供监控仪表测量。电流互感器正是将大电流转换成小电流的一种特殊的变压器，它在电力系统中起到变流和电气隔离的作用。

在实际的电流互感器产品中，有一种零序电流互感器，它的磁环上均匀绕有两组线圈，分别构成试验线圈和保护线圈。这种互感器主要用于断路器中，用来检验三相电流的矢量和。在电气设备正常的情况下，各相电流的矢量和为零，零序电流互感器的二次绕组无信号输出，断路器不工作。当电路中出现故障时，各相电流的矢量和不为零，零序电流互感器的二次绕组的感应电压，使断路器自动跳闸，保护电气设备。

由于互感器中试验线圈和保护线圈所绕匝数不同，在绕线工程中易发生两种线圈的绕线方向相反的情况，由此导致两种线圈的同名端不符合要求，造成保护装置误动，引发事故发生。因此，正确判断电流互感器的同名端是非常重要的。

同名端判断常用的方法是直流通断法，此方法虽简单，但具有判定结果瞬间即逝的缺点，容易造成误判，故在实际产品的检验中常用同名端测定仪判断。

2. 实验任务

为互感器制造工厂设计一个电流互感器同名端测定仪，可在产品出厂前检验同名端是否符合设计要求，并使测定结果持久可见。

3. 实验要求

1）查阅资料，了解电流互感器的电路模型及其作用。

2）熟悉同名端概念并了解同名端的判断方法。

3）设计并搭建硬件电路，实现同名端测定结果持久可见。

4. 仪器和器材

电阻 1kΩ	3 个
发光二极管	2 个
二极管 IN4002	1 个
晶闸管	1 个
自制互感器/电感线圈	1 个/2 个
面包板	1 块
小开关	1 个
NI myDAQ	1 块
计算机	1 台（安装有 NI myDAQ 驱动）

5. 实验报告书写要求（供参考）

1）给出完整的实验电路图，说明设计原理。

2）实验过程说明。

3）实验总结与体会。

6. NI myDAQ 使用示例

电源设置：电路所需的直流电源由 NI myDAQ 的 +15 V 及 AGND 接口提供。若需要小于 +15 V 的可变电压源可按图 4.7.1 实现。

7. 参考信息

（1）直流通断法判断同名端原理

直流通断法通常用于电池和检流计来实现，电路如图 4.7.2 所示。根据 $u_2 = \frac{\mathrm{d}\psi_2}{\mathrm{d}t} = M\frac{\mathrm{d}i_1}{\mathrm{d}t} + L_2\frac{\mathrm{d}i_2}{\mathrm{d}t}$，当随时间增大的电流从一个线圈的任一端流入时，将会引起另一线圈相应同名端的电位升高。因此，当开关闭合的瞬间，与电池正端相接的线圈端钮和检流计指针偏转方向相接的线圈端钮互为同名端。

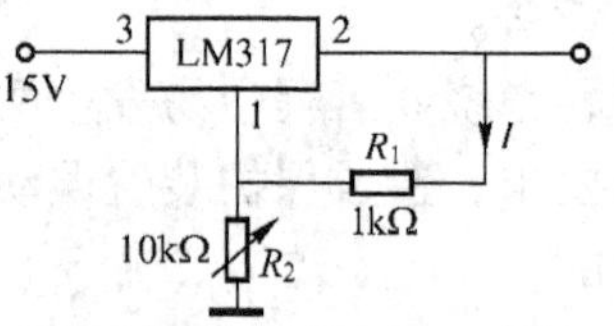

图 4.7.1　基于 NI myDAQ 的可变电压源

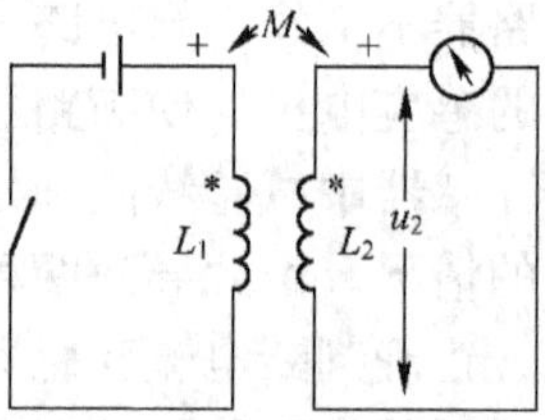

图 4.7.2　直流通断法判断同名端

（2）同名端测定仪的仿真实现

在 Multisim 仿真环境下，电流互感器 T_1 用具有互感的电感线圈模拟。电路如图 4.7.3 所示。

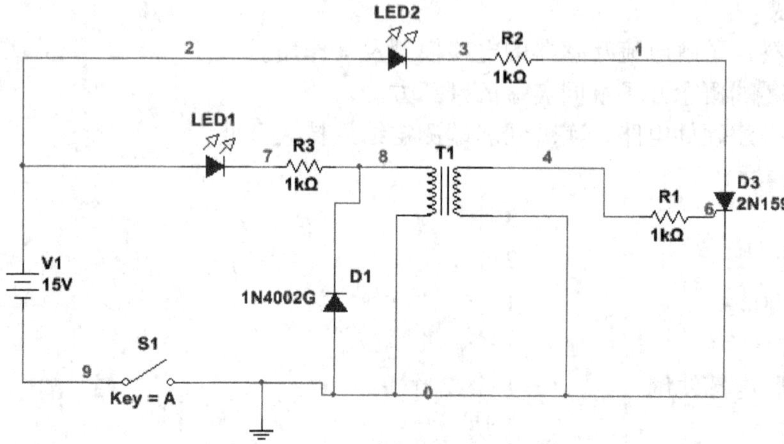

图 4.7.3　同名端测定仪的仿真电路

1）绘制电路原理图。

- ±15 V 供电电源和接地：Place→Component→Sources→DC POWER 和 GROUND，设置 DC POWER 为 15 V。
- 电阻：Place→Component→Basic→Resister，1 kΩ。
- T1：Place→Component→Basic→TRANSFORMER→COUPLED_INDUCT ORS，双击互感

元件 T1，输入一次侧和二次侧的电感为 100 mH，输入耦合系数为 0.5。

- 发光二极管：Place→Component→Basic→LED→LED_red 和 LED_green。
- 单向晶闸管：Place→Component→Diodes→SCR→2N1599。
- 二极管：Place→Component→Diodes→DIODE→1N4002G。
- 开关：Place→Component→Basic→SWITCH→DIPSW1。

2）原理说明。

当开关 S_1 接通瞬间，发光二极管 LED_1 和 LED_2 发光，则图中结点 8 和结点 4 互为同名端。因为开关 S_1 接通瞬间，结点 8 的电位为正，使发光二极管 LED_1 发光，若结点“4”感应的电位为正，则通过电阻 R_1 的正向电压触发使单向晶闸管 2N1599 导通，使发光二极管 LED_2 发光，所以结点“8”与结点“4”互为同名端。如果结点 8 与结点 4 互为异名端，开关 S_1 接通后，在结点 4 感应的负电压不能使单向晶闸管 2N1599 导通，故发光二极管 LED_2 不发光，只有发光二极管 LED_1 发光。由于晶闸管导通后电路一直处于工作状态，所以当结点 8 与结点 4 互为同名端时，发光二极管 LED_2 可持续发光，测定结果持久可见。

4.8 电压越限报警电路的制作

1. 工程背景

电网电压超范围的波动会导致连接在其上的电器设备损坏。因此，常常需对电网电压进行越限监控。

为便于对电网电压进行监控，监测电路一般采用直流电压。因此，需对 370 ~ 390 V 电压进行变换。先用变压器将此电压降低至 37 ~ 39 V，然后经过整流滤波电路，将反映电网波动的交流电压变为直流电压，供监测电路使用。

2. 实验任务

制作一个电压越限报警电路，当电压越限时，电路中的蜂鸣器会发出鸣叫声，发光二极管将闪烁。

3. 实验要求

1）查阅资料，了解由运算放大器组成的电压比较器电路。

2）掌握比较器芯片电路的调试和实验方法。

3）设计并搭建硬件电路，实现电压越限报警。

4. 仪器和器材

电阻 1 ~ 20 kΩ	若干
发光二极管	1 个
蜂鸣器	1 个
电容 0.01 μF	1 个
运算放大器 μA741	2 个
比较器芯片 LM339	1 个
面包板	1 块
NI myDAQ	1 块

计算机　　　　　　　　　　1 台（安装有 NI myDAQ 驱动）

5. 实验报告书写要求（供参考）

1）给出完整的实验电路图，说明设计原理。

2）实测过程说明。

3）实验总结与体会。

6. NI myDAQ 使用示例

（1）运算放大器的直流供电电压设置

运放电路所需的直流供电电压由 NI myDAQ 的 +15 V、-15 V 及 AGND 接口提供。

（2）电压越限报警电路的直流输入电压提供

1）NI myDAQ 的 AO-0 与 AGND 接口对外提供直流电压。

2）在计算机上单击“开始”菜单→“所有程序”→“National Instruments”→“NI ELVISmx for NI ELVIS & NI myDAQ”→“NI ELVISmx Instrument Launcher”，启动仪器软面板，如图 4.8.1 所示。单击“DC Level Output”，设置所需直流电压即可。

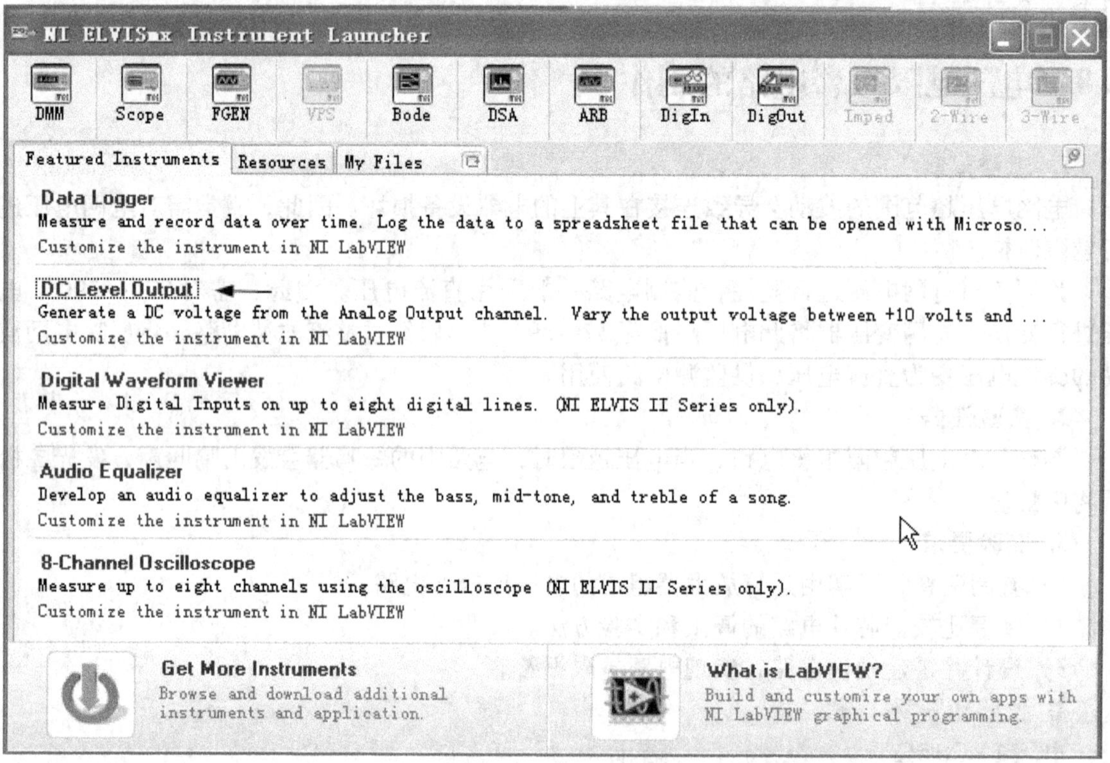

图 4.8.1　NI ELVISmx Instrument Launcher 界面上的 DC Level Output 入口

注：若自行设计电路中的支路电流大于 10mA，则可用 NI myDAQ 上的 +15V 接口按 3.2 节“可调电压源与电流源的实现”的方法，自行搭建可变电压源。

7. 参考信息

（1）窗口比较器

窗口比较器用于检测输入信号是否位于两个指定的参考电平之间。这两个参考电平分别称为下门限电压 u_{TL} 和上门限电压 u_{TH}。图4.8.2所示为用集成比较器构成的窗口比较器电路及其传输特性。专用集成比较器内部采用集电极开路的晶体管集电极输出方式，在应用时输出端可以并联，具有“线与”特性，但必须接上拉电阻，且一般使用单电源供电。

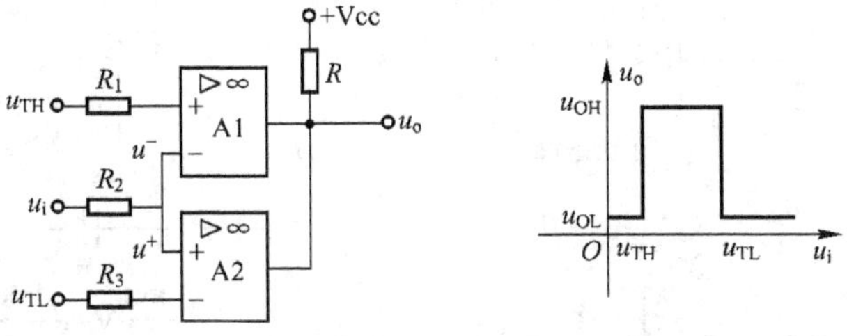

图4.8.2　窗口比较器电路及其传输特性

当比较器输入端电压 $u^- > u^+$ 时，专用集成比较器内部的输出晶体管处于饱和导通状态，接上拉电阻后，输出为低电平 $u_{oL} = 0.3\ \text{V}$。当比较器输入端电压 $u^- < u^+$，输出晶体管截止，接上拉电阻后输出为高电平 $u_{oH} = +\text{Vcc}$。现在两个比较器并联，只要有一个比较器输出低电平，输出即为低电平，当输出端全部为高电平时，输出才为高电平。因此可以分析出图4.8.2的电压比较器的传输特性为

当 $u_i > u_{TH}$ 时，A1输出低电平，A2输出高电平，故输出为低电平 $u_o = u_{oL}$。

当 $u_i < u_{TH}$ 时，A1输出高电平，A2输出低电平，故输出为低电平 $u_o = u_{oL}$。

当 $u_{TL} < u_i < u_{TH}$ 时，A1、A2输出均为高电平，故输出为高电平 $u_o = u_{oH}$。

（2）电压越限报警电路

电压越限报警电路如图4.8.3所示，其中A1和A2构成窗口比较器，用于检测输入电压是否在给定参考电压范围内；电阻 R_1 和 R_2 用于保护集成比较器的输入回路，在输入电压过大时，不致损坏比较器。可调电阻 R_3、R_4 和 R_5 用于设定上门限电压和下门限电压。A1正输入端的门限电压为 $u_H = \dfrac{R_4 + R_5}{R_3 + R_4 + R_5}$，A2负输入端的门限电压为 $u_L = \dfrac{R_5}{R_3 + R_4 + R_5}$。由窗口比较器的原理可知，当输入电压 u_i 在两个门限电压之间时，输出为高电平 $u_{o1} = \text{Vcc}$，运算放大器A3输出为低电平，此时发光二极管 VD_1 不亮。而当输入电压在门限电压之外时，A1或者A2将会输出低电平，由于比较器具有“线与”特性，两个比较器输出为低电平，此时运算放大器A3的负输入端电压是Vcc/2，A3正输入端的电压为多谐振荡器电容 C 上的电压，电容上电压为三角波，使得A3的输出电压为方波，此时二极管 VD_1 会闪烁。

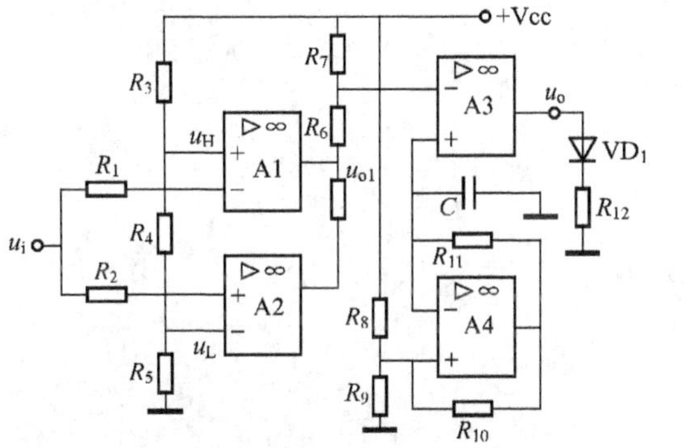

图4.8.3　电压越限报警电路原理图

（3）仿真实现

电路如图4.8.4所示。

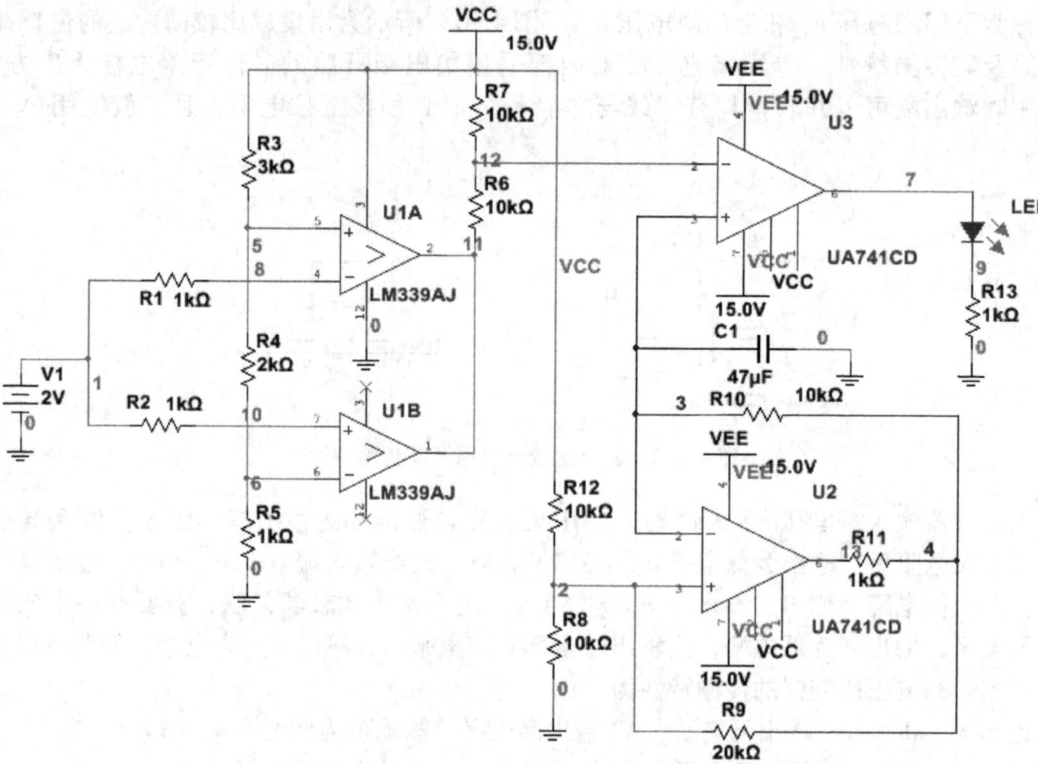

图 4.8.4　输入电压 V_1 =2 V 时的仿真结果（二极管闪烁）

第 5 章　基于 LabVIEW 的电路设计

5.1　延时器电路的设计

1. 设计要求与任务

儿童电动小车启动时，为避免坐在其中的儿童发生惯性磕碰，常常需要安装一个延时器，保证小车接通电源后缓缓启动，即电压有一个缓慢的上升过程。根据此需求设计任务如下：

1）设计一个延时器电路，要求延时指定时间后，电路达到指定的输出电压值。延时时间分别为 30 s、1 min、2 min，3 个任意可选，指定的输出电压值为 1 V、4 V 可选。

2）用面包板实现此延时器电路。延时器电路输入信号由 NI myDAQ 模拟输出接口生成，输出电压值由 NI myDAQ 模拟输入接口采集进计算机，所用延时时间由 LabVIEW 程序前面板显示。

2. 预习要求

1）预习电路课本中有关电路的暂态过程、积分电路等知识。

2）按题目要求在实验开始前，画出电路原理图，确定元件参数。

3）自学 Multisim 及 LabVIEW 软件的使用方法。

4）学习 NI myDAQ 数据采集任务的实现方法。

3. 仪器和器材

NI myDAQ	1 块
运算放大器 μA741	1 块
电阻	若干
电容	1 个
发光二极管	1 个
面包板	1 块
计算机	1 台（安装有 LabVIEW2013 及 NI myDAQ 驱动）

4. 实验报告书写要求（供参考）

1）实验目的。

2）自行设计实验任务书。

3）实验器材。

4）自行设计实验过程。

5）参考电路实验数据、结论及误差分析。

6）实验总结与体会。

7）附件：LabVIEW 程序框图。

5. 验收内容

现场验收，通过 NI myDAQ 数据采集功能，在计算机屏幕上可以看到到达指定电压值所需要的时间是否满足设计任务。

现场验收通过后，提交实验报告一份。

6. 设计示例

（1）设计思路

1）利用积分电路电容充放电实现时间延时。

积分电路如图 5.1.1 所示，设 $u_o(0)=0\,\text{V}$，运放是理想的，则

$$u_o(t)=-\frac{1}{RC}\int_0^t u_i(x)\,dx$$

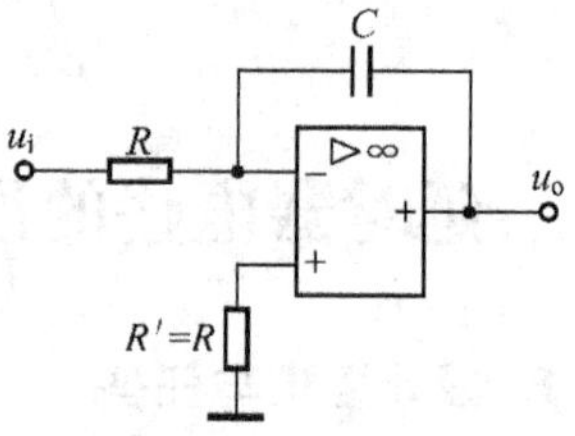

图 5.1.1　积分电路

如果输入电压为直流信号，$u_i(t)=U_i\varepsilon(t)$，上式积分为

$$u_o(t)=-\frac{1}{RC}U_i t$$

式中，RC 为积分时间常数。在一定时间后，运放进入负饱和区。

2）延时器电路设计。

利用积分电路在输入信号为直流时，经过一定时间后运放进入负饱和区的特性，完成延时器电路设计任务。在积分器输出端串接分压电阻完成不同电压值输出的要求。设计原理如图 5.1.2 所示。

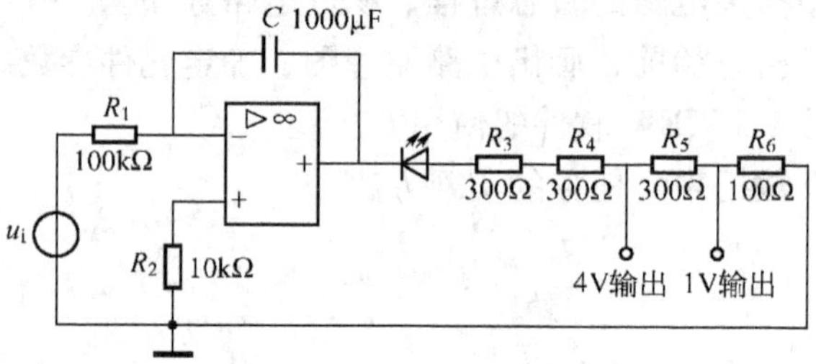

图 5.1.2　延时器电路

（2）Multisim 仿真说明

1）运算放大器 μA741 选取：Multisim→Place→Component→Analog→741。

2）发光二极管选取：Multisim→Place→Component→Basic→LED→LED_ red。

3）电阻选取：Multisim→Place→Component→Basic→RESISTOR。

4）电容选取：Multisim→Place→Component→Basic→CAPACITOR。

（3）NI myDAQ 数据采集功能的设置

1）延时器电路上输入信号的产生。

延时器电路上的输入信号由 NI myDAQ 模拟输出 AO－0 接口生成。在 LabVIEW 程序框图窗口中，打开函数选板→Express→输出→选中 DAQ 助手图标→拖至 LabVIEW 程序框图窗口中，如图 5.1.3 所示。

双击 DAQ 助手图标，打开设置对话窗口，选择生成信号→模拟输出→电压→myDAQ1→aO0→完成。即通过 NI myDAQ 的 AO－0 接口提供延时器所需的直流电压信号。

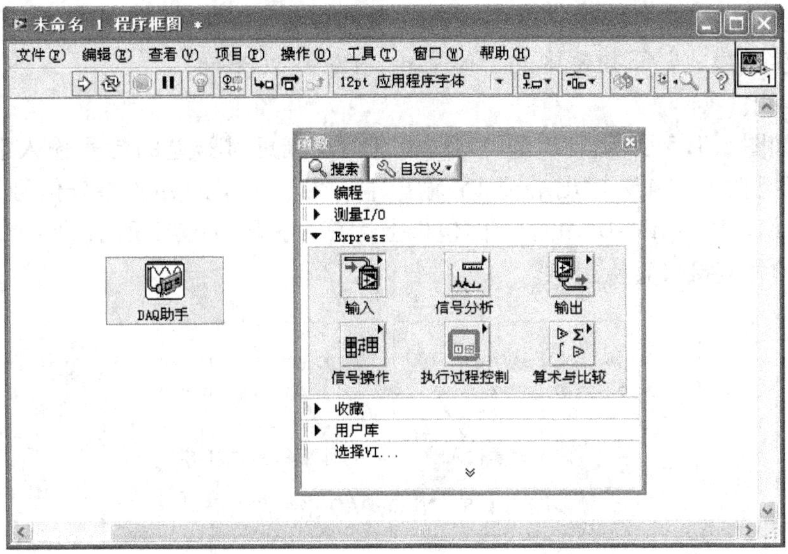

图 5.1.3　延时器电路上输入信号的 DAQ 助手图标选取

注意：对于直流信号的设置，需在单击“完成”后，将弹出界面的左下角“生成模式”下拉框中的“N 采样”改为“1 采样”，否则计算机输出的信号为交流信号。

设置完成的界面如图 5.1.4 所示。

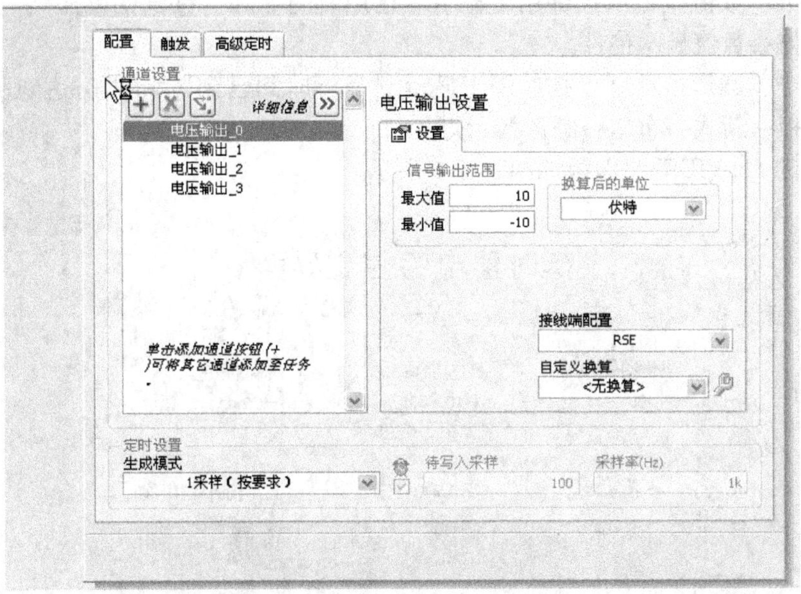

图 5.1.4　输入信号的设置界面

2）延时器电路输出信号的采集。

面包板上的 4 V 或 1 V 输出信号由 NI myDAQ 模拟输入 AI－0⁺ 接口采集送入计算机处理。在 LabVIEW 程序框图中，打开函数选板→Express→输入→DAQ 助手→采集信号→模拟输入→电压→myDAQ1→aI0→完成。

注意：与设置输入信号类似，对于直流信号的设置，需在单击“完成”后，将弹出界面的左下角“生成模式”下拉框中的“N 采样”改为“1 采样”。

3）硬件连线。

硬件连线如图 5.1.5 所示。NI myDAQ 的 AO－0 接延时器上的信号输入端。NI myDAQ 的 AI－0^+ 接延时器上的 4 V 输出端或 1V 输出端。由于采集的并非差分信号，所以 NI myDAQ 的模拟地 AGND 与 AI－0^- 相接。面包板上运算放大器 μA741 所需的＋15 V、－15 V 可由 NI myDAQ 的相应接口直接提供。

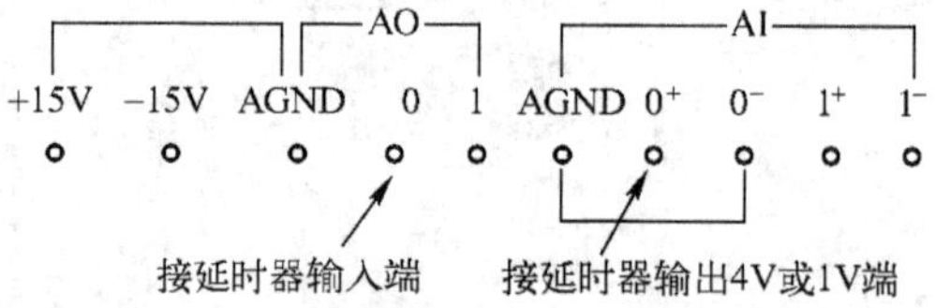

图 5.1.5　NI myDAQ 接线图

（4）LabVIEW 程序设计

1）程序前面板设计。

打开程序前面板，使之成为当前活动窗口，在其活动窗口中，右键打开控件选板：

- 添加 1 个“数值输入”控件用于输入“目标时间”：控件选板→新式→数值→数值输入控件。
- 添加 2 个“数值显示”控件用于显示“已用时间”和“采集的电压”：控件选板→新式→数值→数值显示控件。
- 添加 2 个“圆形指示灯”控件用于显示“目标时间已到”和“已达到所需电压值”：控件选板→新式→布尔→圆形指示灯。

设计完成的 LabVIEW 前面板如图 5.1.6 所示。

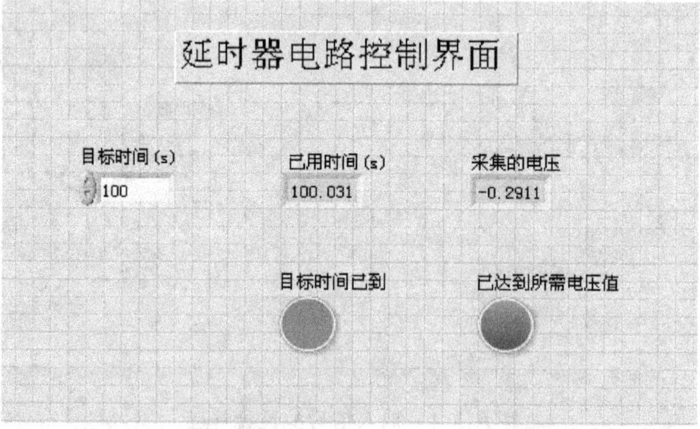

图 5.1.6　延时器电路的 LabVIEW 前面板

2）程序框图设计。

打开程序框图面板，使之成为当前活动窗口，在其活动窗口中，右键打开函数选板：

- 添加 1 个“while 循环”结构：函数选板→编程→结构→while 循环，用鼠标在程序框图中拖动，画出 while 循环的框图。

- 添加“DAQ 助手”：函数选板→Express→输出→选中 DAQ 助手→生成信号→模拟输出→电压→myDAQ1→aO0→完成。对 AO－0 接口输出 4V 直流电压给延时器作为输入信号。
- 添加“DAQ 助手 2”：函数选板→Express→输入→DAQ 助手→采集信号→模拟输入→电压→myDAQ1→aI0→完成。从 AI－0 接口采集延时器输出信号。
- 添加 1 个“已用时间”：函数选板→编程→定时→已用时间控件。
- 添加 1 个“或”：函数选板→编程→布尔→或控件。
- 添加 1 个“小于等于”：函数选板→编程→比较→小于等于控件。

按图 5.1.7 所示连线，完成数据流编程任务。

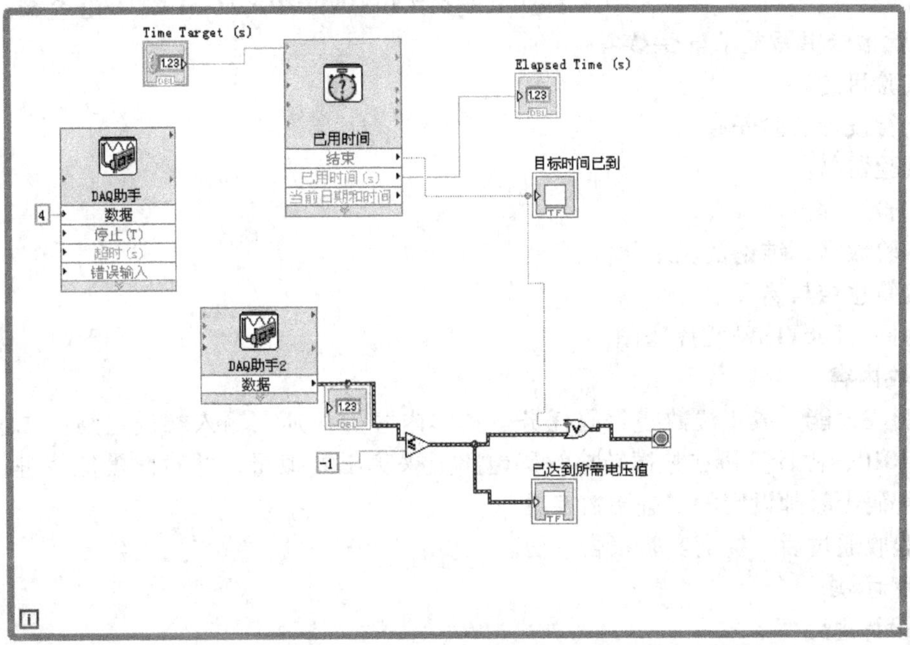

图 5.1.7　延时器电路的 LabVIEW 程序框图

5.2　数－模转换解码电路的设计

1. 设计要求与任务

数模转换解码网络电路通称为数－模转换器，又称 D－A 转换器。它是将数字量转变成相应模拟量的器件。D－A 转换器基本上由 4 个部分组成，即权电阻网络、运算放大器、基准电源和模拟开关。

本实验作为电路课程中含有运算放大器的权电阻网络的实际应用，要求学生查阅相关资料，自行设计一个由面包板、电阻、运算放大器及发光二极管等组成的四位数模转换解码电路。

2. 预习要求

1）学习电路课本中有关权电阻网络、运算放大器的概念。

2）按题目要求画出设计电路图，并根据提供的电阻在可测范围内，计算出电阻、电源的取值。

3）学习 LabVIEW 工具软件和 Multisim 仿真软件。

4）学习 NI myDAQ 数据采集任务的实现方法。

3. 仪器和器材

NI myDAQ	1 块
面包板	1 块
电阻	若干
运算放大器 μA741	1 个
发光二极管	若干
计算机	1 台（安装有 LabVIEW2013 及 NI myDAQ 驱动）

4. 实验报告书写要求（供参考）

1）实验目的。

2）自行设计实验任务。

3）实验器材。

4）实验过程。

5）实验数据、结论及误差分析。

6）实验总结与体会。

7）附件：LabVIEW 程序框图。

5. 验收内容

现场验收，能完成 4 位数模解码任务。具体内容为教师在输入端设定某一二进制数值量，例如 1010，由计算机在数模转换解码电路上采集出模拟量，并对此模拟值进行分析处理，正确解码出教师设定的二进制数字量。

现场验收通过后，提交实验报告一份。

6. 设计示例

（1）设计思路

一个由电阻、电源及运放等组成的四位数模解码电路的设计如图 5.2.1 所示。

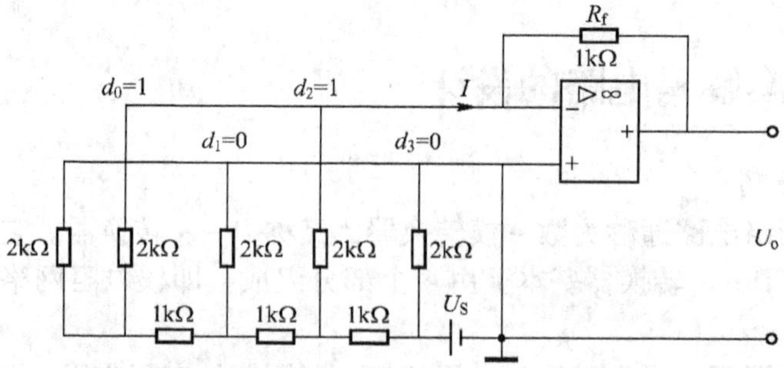

图 5.2.1　四位数模解码电路原理图

其中 U_S 为电源提供的电压。

该电路输出与输入的关系为

$$U_o = -IR_f = -\frac{U_S}{2^4}(2^3 d_3 + 2^2 d_2 + 2^1 d_1 + 2^0 d_0) \quad (5.2.1)$$

式中，$d_0 \sim d_3$为二进制位。由此，可以将一个二进制的四位电压信号通过此电路转换成模拟电压输出值，再通过程序将模拟信号还原为数字信号，由计算机通过数字通道，用四位发光二极管展现解码结果。四位 LED 控制灯原理图如图 5.2.2 所示。

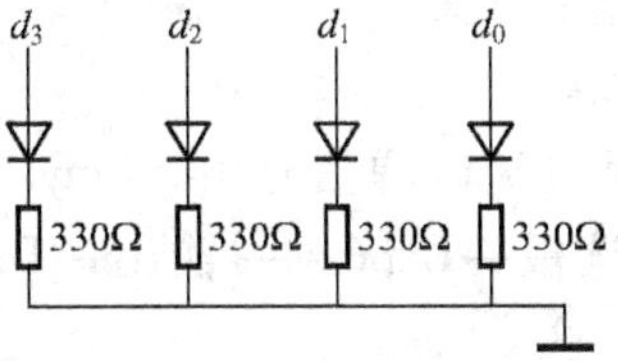

图 5.2.2　四位 LED 控制灯原理图

由于运放的小信号输入特性，根据原理图，确定 $U_S = 6.4\text{ V}$，计算出四位二进制数对应的 16 种模拟电压值，见表 5.2.1。

表 5.2.1　理论值与实测值的对比数据

二进制数值	对应运放输出端电压理论值/V	对应运放输出端实测电压值/V	绝对误差
1111	6.00	6.00	0
1110	5.60	5.60	0
1101	5.20	5.20	0
1100	4.80	4.79	0.01
1011	4.40	4.39	0.01
1010	4.00	3.98	0.02
1001	3.60	3.58	0.02
1000	3.20	3.18	0.02
0111	2.80	2.82	0.02
0110	2.40	2.41	0.01
0101	2.00	2.01	0.01
0100	1.60	1.61	0.01
0011	1.20	1.20	0
0010	0.80	0.80	0
0001	0.40	0.40	0
0000	0.00	0.00	0

（2） Multisim 仿真说明

1） 运算放大器 μA741 选取：Multisim→Place→Component→Analog→741。

2） 发光二极管选取：Multisim→Place→Component→Basic→LED→LED_red。

3） 电阻选取：Multisim→Place→Component→Basic→RESISTOR。

用 Multisim 仿真，记录相关数据，与表 5.2.1 中理论值比对，看是否能够满足实验要求。若出现问题，则调整相关电路参数，使电路满足要求。

(3) 搭建电路说明

在面包板上用实际元件连接电路，测量相应的端口输出电压并与理论值比对是否相符，测出误差，并记录。在 $U_S=6.4$ V 时，理论值与实测值的对比数据见表 5.2.1。

根据实验所得数据，在 LabVIEW 环境下设计算法，能够在误差允许范围内将计算机采集的模拟信号还原为原来的数字信号。

(4) NI myDAQ 数据采集功能的设置

1) 直流 6.4 V 电源信号产生。

数模转换解码电路上的直流 6.4 V 电源信号由 NI myDAQ 模拟输出 AO-0 接口生成。在 LabVIEW 程序框图中，打开函数选板→Express→输出→DAQ 助手→生成信号→模拟输出→电压→myDAQ1→aO0→完成。

注意：对于直流信号的设置，需在单击“完成”后将弹出界面的左下角“生成模式”下拉框中的“N 采样”改为“1 采样”，否则计算机输出的信号为交流信号。

若 NI myDAQ 模拟输出 AO-0 接口输出的信号带负载能力弱，则可通过 NI myDAQ +15 输出端经可调电压源产生 6.4 V 电压。

2) 数模转换解码电路上模拟输出信号的采集。

数模转换解码电路上模拟输出信号由 NI myDAQ 模拟输入 AI -0^+ 接口采集送入计算机处理。在 LabVIEW 程序框图中，打开函数选板→Express→输入→DAQ 助手→采集信号→模拟输入→电压→myDAQ1→aI0→完成。

3) 四位数字灯的设置。

数模转换解码电路上四位数字灯的控制由 NI myDAQ 数字 DIG 输出 0~3 接口生成。在 LabVIEW 程序框图中，打开函数选板→Express→输出→DAQ 助手→生成信号→数字输出→线输出→myDAQ1 (NI myDAQ) →分别选中 porto/line0、porto/line1、porto/line2 及 porto/line3→完成。

注意：按 Ctrl 或 Shift + 单击可选择多个数字线口。对于数字信号需在单击“完成”后将弹出界面的左下角“生成模式”下拉框中的“N 采样”改为“1 采样”。

4) 硬件连线如图 5.2.3 所示。

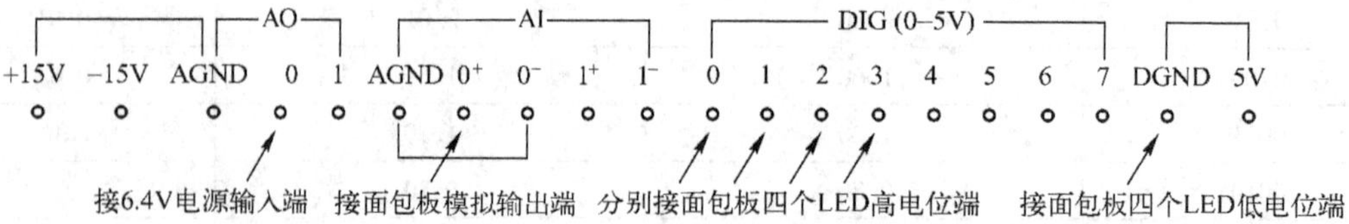

图 5.2.3　NI myDAQ 接线图

(5) LabVIEW 程序设计

1) 程序前面板设计。

打开程序前面板，使之成为当前活动窗口，在其活动窗口中，右键打开控件选板：

- 添加 2 个“数值显示”控件用于显示“采集的模拟电压”和“转换后的十进制整数”：控件选板→新式→数值→数值显示控件。
- 添加 1 个“布尔量”数组控件用于显示“解码后的二进制数”：控件选板→新式→数

组，拖动数组控件放置在程序前面板；控件→新式→布尔→圆形指示灯，拖动圆形指示灯放置在数组控件上。

- 添加 1 个“停止”控件用于控制整个程序的结束：控件选板→新式→布尔→停止控件。

设计完成的 LabVIEW 前面板如图 5.2.4 所示。

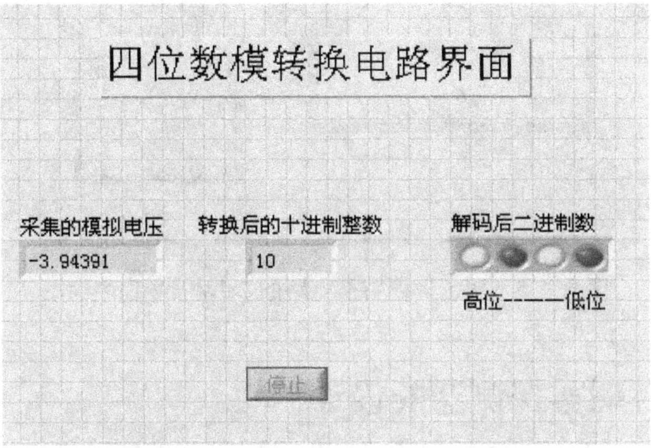

图 5.2.4　四位数模转换电路的 LabVIEW 前面板

2）程序框图设计。

打开程序框图面板，使之成为当前活动窗口，在其活动窗口中，右键打开函数选板：

- 添加 1 个“while 循环”结构：函数选板→编程→结构→while 循环，用鼠标在程序框图中拖动，画出 while 循环的框图。
- 添加“DAQ 助手”：函数选板→Express→输入→DAQ 助手→采集信号→模拟输入→电压→myDAQ1→aI0→完成。从 AI-0 接口采集模拟电压信号。
- 添加“DAQ 助手 3”：函数选板→Express→输出→选中 DAQ 助手→生成信号→模拟输出→电压→myDAQ1→aO0→完成。对 AO-0 接口输出 6.4 V 直流电压给数模转换电路作为输入信号。
- 添加“公式节点”：函数选板→编程→结构→公式节点。在公式节点中添加误差处理语句。
- 添加“条件结构”：函数选板→编程→结构→条件结构。给条件结构添加 16 个分支，执行分支的条件设置为数字 0~15。
- 在每一个条件结构的分支中添加一个布尔型“数组常数”：函数选板→编程→数组→数组常数；函数选板→编程→布尔→真常量。设置布尔型数组常数的值与分支条件相对应。例如，分支条件为 10，则布尔型数组常数设置为 TFTF（真假真假）。
- 添加“DAQ 助手 2”：函数选板→Express→输出→选中 DAQ 助手→生成信号→数字输出→线输出→myDAQ1→同时选中 porto/line0 ~ porto/line3 四个 myDAQ 数字接口→完成→确定。
- 添加 1 个“反转一维数组”：函数选板→编程→数组→反转一维数组控件。

按图 5.2.5 所示连线，完成数据流编程任务。

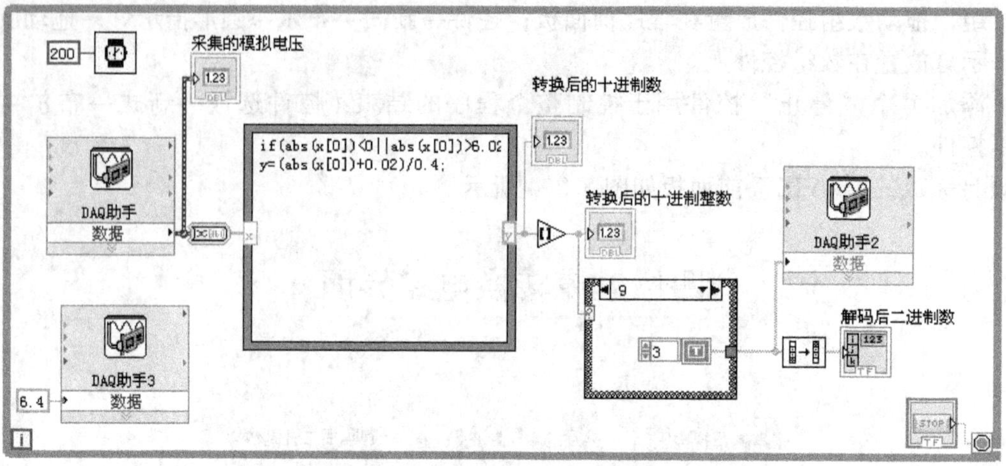

图 5.2.5　四位数模转换电路的 LabVIEW 程序框图

5.3　惠斯通电桥烟雾探测器的设计

1. 设计要求与任务

火灾的预防对于保护人身和财产的安全非常重要。火灾烟雾探测可以通过火灾现场烟雾对光敏元件电阻的微小影响而探测出火灾的发生。用惠斯通电桥设计一个烟雾探测器，要求计算机循环检测，当由于烟雾使光敏元件的电阻值改变时，计算机输出一个 5 V 的电信号，使发光二极管点亮，蜂鸣器鸣叫。

2. 预习要求

1）掌握惠斯通电桥的工作原理。

2）了解光敏电阻的作用。

3）学习 LabVIEW 工具软件和 Multisim 仿真软件。

4）学习 NI myDAQ 数据采集任务的实现方法。

3. 仪器和器材

NI myDAQ	1 块
面包板	1 块
电阻	若干
光敏电阻	1 个
蜂鸣器	1 个
发光二极管	1 个
计算机	1 台（安装有 LabVIEW 2013 及 NI myDAQ 驱动）

4. 实验报告书写要求（供参考）

1）实验目的。

2）自行设计实验任务。

3）实验器材。

4）实验过程。

5）实验数据、结论及误差分析。

6）实验总结与体会。

7）LabVIEW 程序框图。

5. 验收内容

现场验收，当由于烟雾使光敏元件的电阻值改变时，计算机输出一个5 V 的电信号，使发光二极管点亮，蜂鸣器鸣叫。现场验收通过后，提交实验报告一份。

6. 实验示例

（1）设计思路

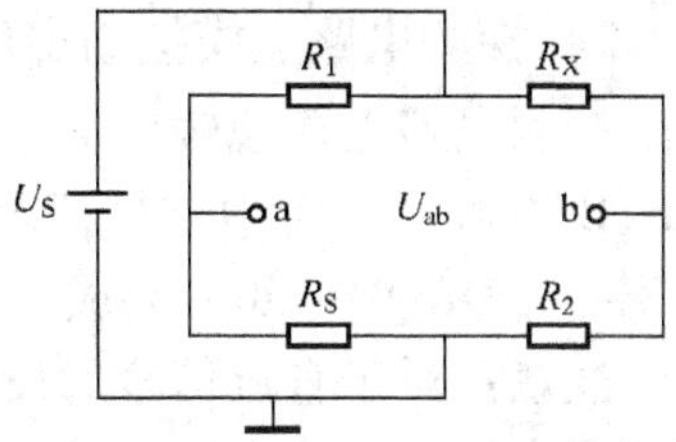

图 5.3.1　惠斯通电桥电路

图 5.3.1 所示为一惠特斯通电桥电路。a、b 两端电压 U_{ab}为

$$U_{ab}=\frac{R_S}{R_1+R_S}U_S-\frac{R_2}{R_X+R_2}U_S=\frac{R_SR_X-R_1R_2}{(R_1+R_S)(R_X+R_2)}U_S \tag{5.3.1}$$

当 $R_SR_X=R_1R_2$ 时，电桥平衡，$U_{ab}=0$，此时，$R_X=\dfrac{R_1R_2}{R_S}$。

惠斯通电桥烟雾探测器设计如图 5.3.2 所示。带有透明塑料的隔板将密闭箱分隔为上、下两个腔体。R_S 和 R_X 为两只光敏电阻，分别被安放在同一光源照射的密闭箱的上、下腔体中。密闭箱下有一个进烟孔，使得烟雾可以进入密闭箱的下腔体，但不能进入密闭箱的上腔体。透明塑料的隔板确保了照射到上腔体中的光线不受进入下腔体的烟雾的影响，从而建立了一个参考值，可以将其与有烟雾的腔体进行比较。如果没有烟雾，两个传感器单元之间的差别会被视为正常情况。一旦出现烟雾，各传感器的响应与正常情况相比将会有明显差别，报警器立即发出报警声。

用运算放大器搭建如图 5.3.3 所示的烟雾探测电路，U_{ab} 由运放比较器输出端 U_o 送出。

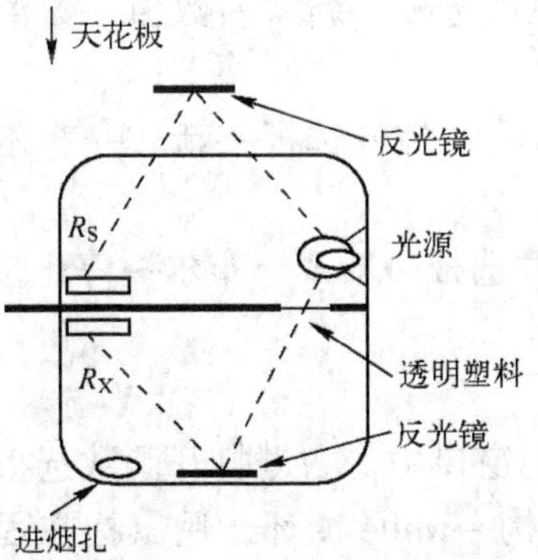

图 5.3.2　烟雾探测器内部结构

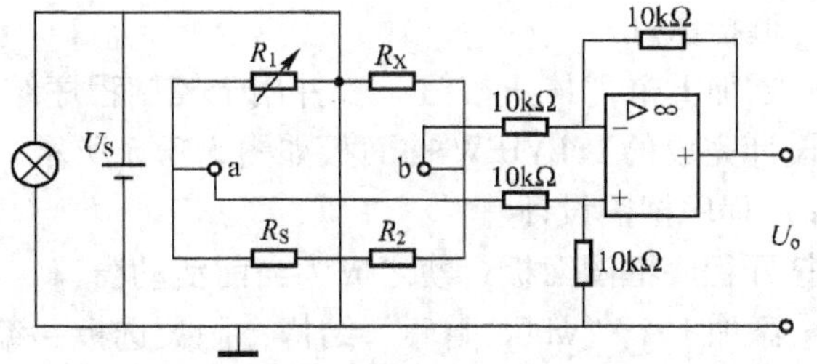

图 5.3.3　烟雾探测电路

将 U_o 采集进入计算机，在无烟雾的环境中，调节电阻 R_1 使 U_o 最小，记录此时的 U_o 电压值为 $U_{o正常}$。

编制 LabVIEW 程序，循环检测 U_o，当 U_o 不等于 $U_{o正常}$ 时，则认为发生火灾，计算机送出 5 V 信号，使发光二极管点亮，蜂鸣器鸣叫。

（2）NI myDAQ 数据通信功能的设置

1）探测电路上直流 U_S = 5 V 电源信号产生。

探测电路上的直流 U_S = 5 V 电源信号由 NI myDAQ 接口上的 5V 及 DGND 提供。

2）探测电路上模拟输出信号 U_o 的采集。

探测电路上模拟输出信号由 NI myDAQ 模拟输入 AI－0^+ 接口采集送入计算机处理。在 LabVIEW 程序框图中，打开函数选板→Express→输入→DAQ 助手→采集信号→模拟输入→电压→myDAQ1→aI0→完成。

注意：对于直流信号的设置，需在单击“完成”后将弹出界面的左下角“生成模式”下拉框中的“N 采样”改为“1 采样”，否则计算机输出的信号为交流信号。

3）报警输出信号的设置。

报警输出信号由 NI myDAQ 模拟输出 AO－0 接口生成。在 LabVIEW 程序框图中，打开函数选板→Express→输出→DAQ 助手→生成信号→模拟输出→电压→myDAQ1→aO0→完成。

注意：对于直流信号的设置，需在单击“完成”后将弹出界面的左下角“生成模式”下拉框中的“N 采样”改为“1 采样”，否则计算机输出的信号为交流信号。

4）硬件连线如图 5.3.4 所示。

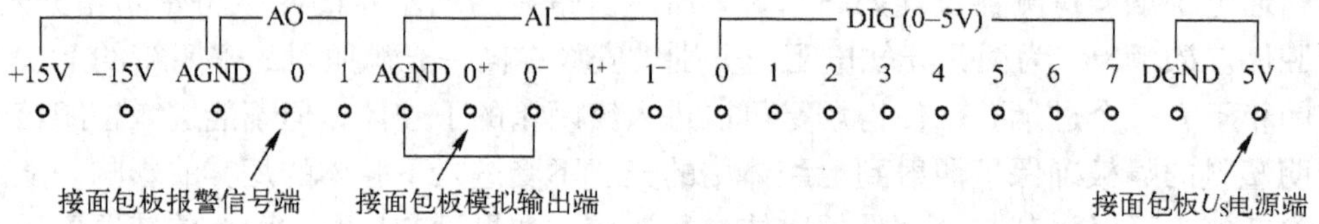

图 5.3.4　NI myDAQ 接线图

（3）LabVIEW 程序设计

1）程序前面板设计。

打开程序前面板，使之成为当前活动窗口，在其活动窗口中，右键打开控件选板：

- 添加 1 个“数值显示”控件，显示“电压检测”：控件选板→新式→数值→数值显示控件。
- 添加 1 个“圆形指示灯”控件用于显示“烟雾报警灯”：控件选板→新式→布尔→圆形指示灯。
- 添加 1 个“停止按钮”控件用于控制程序结束：控件选板→新式→布尔→停止按钮。

设计完成的 LabVIEW 前面板如图 5.3.5 所示。

2）程序框图设计。

打开程序框图面板，使之成为当前活动窗口，在其活动窗口中，右键打开函数选板：

- 添加 1 个“while 循环”结构：函数选板→编程→结构→while 循环，用鼠标在程序框图中拖动，画出 while 循环的框图。
- 添加“DAQ 助手 2”：函数选板→Express→输入→DAQ 助手→采集信号→模拟输入→电压→myDAQ1→aI0→完成。从 AI－0 接口采集模拟电压信号，检测采集到的电压值。
- 添加“DAQ 助手”：函数选板→Express→输出→选中 DAQ 助手→生成信号→模拟输出→电压→myDAQ1→aO0→完成。对 AO－0 接口输出 5 V 直流电压给后续的报警电路作为输入信号。

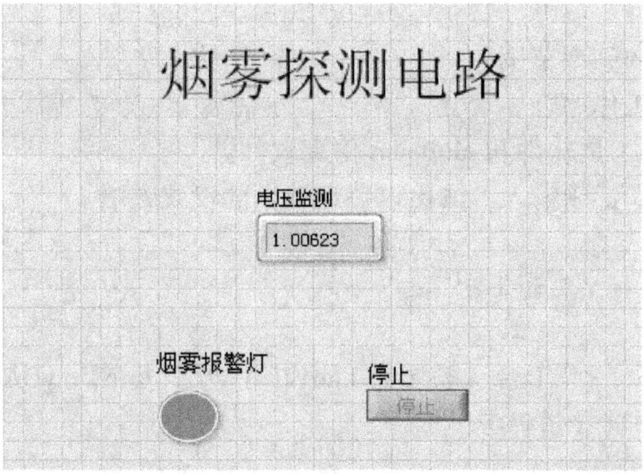

图 5.3.5　烟雾探测电路的 LabVIEW 前面板

- 添加“条件结构”：函数选板→编程→结构→条件结构。当条件为真时，AO－0 接口输出 5 V，使后续电路发光二极管点亮，蜂鸣器鸣叫；当条件为假时，AO－0 接口输出0 V，后续电路不工作。

按图 5.3.6 所示连线，完成数据流编程任务。

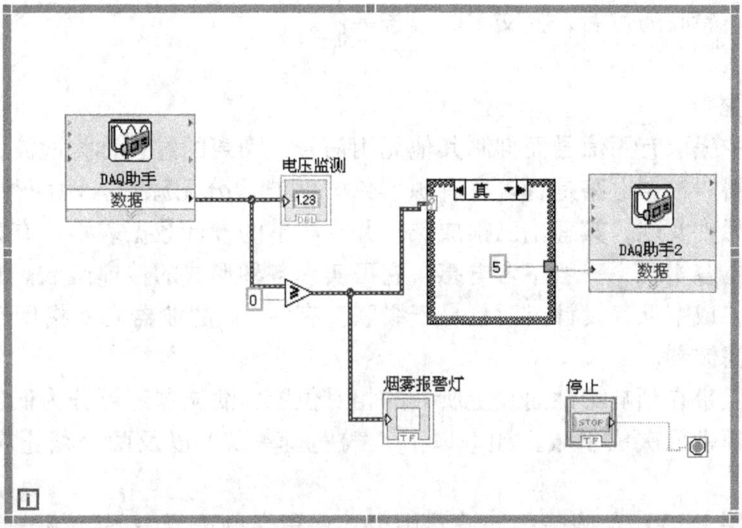

图 5.3.6　烟雾探测电路的 LabVIEW 程序框图

5.4　音效电路的实现

1. 设计要求与任务

低通滤波器可将音频信号中的高频分量滤除，保留其低频分量，达到改变音效的目的。将计算机播放的音频文件通过 NI myDAQ 的 AUDIO IN 接口采集到 LabVIEW 中实现一个在线实时音效处理系统。

2. 预习要求

1）了解音频信号的频率范围。

2）熟悉滤波器的工作原理。

3）学习 LabVIEW 工具软件和 Multisim 仿真软件。

4）学习 NI myDAQ 音频输入、输出口传送数据的设置方法。

3. 仪器和器材

音频连接线	若干
NI myDAQ	1 块
计算机	1 台（安装有 LabVIEW 2013 及 NI myDAQ 驱动）

4. 实验报告书写要求（供参考）

1）实验目的。

2）实验任务。

3）实验器材。

4）实验过程。

5）实验总结与体会。

5. 验收内容

现场验收，通过 NI myDAQ 的 AUDIO OUT 接口插入的耳机或小型扬声器能实时感受到低音效果的变化。验收通过后，提交实验报告一份。

6. 设计示例

（1）设计思路

从输入信号中提取有用信号而抑制其他无用信号或噪声的过程称为滤波，实现滤波功能的系统称为滤波器。根据电路是否含有有源器件，滤波器分无源和有源两种。前者用电阻、电感和电容三种元件实现，其理论已很成熟，并有丰富的设计数据表格。有源滤波器采用有源器件、电阻和电容实现，一般不含电感，它可实现各种形式的传递函数。有源滤波器的显著优点是体积小、成本低、设计灵活且易于级联。有源 RC 滤波器则专指用运算放大器、电阻和电容实现的滤波器。

根据通带和阻带在频响特性曲线上所处的相对位置，滤波器还可分为低通、高通和带通等类型，它们的通带依次位于截止频率以下、截止频率以上以及两个截止频率之间的频率范围。

本示例中采用 LabVIEW 自带的滤波器函数，保留音频信号中的低频分量，滤除高频分量，实现乐曲播放时音效的改变。

（2）NI myDAQ 数据通信功能的设置

用 NI myDAQ 附带的一根音频线连接计算机的音频输出口至 NI myDAQ 的 AUDIO IN 接口，在 NI myDAQ 的 AUDIO OUT 接口插上一个耳机或一个小扬声器。

音频信号的采集与发送通过 LabVIEW 中的 NI myDAQ 助手完成。

（3）LabVIEW 程序设计

1）程序前面板设计。

打开程序前面板，使之成为当前活动窗口，在其活动窗口中，右键打开控件选板：

● 添加 2 个“图形”显示控件用于显示“原始信号”和“滤波后信号”：控件选板→新

式→图形→波形图表。

- 添加 1 个“水平指针滑动杆”控件用于调节低音效果：控件选板→新式→数值→水平指针滑动杆。
- 添加 1 个“停止”控件用于控制整个程序的结束：控件选板→新式→布尔→停止按钮。

设计完成的 LabVIEW 前面板如图 5.4.1 所示。

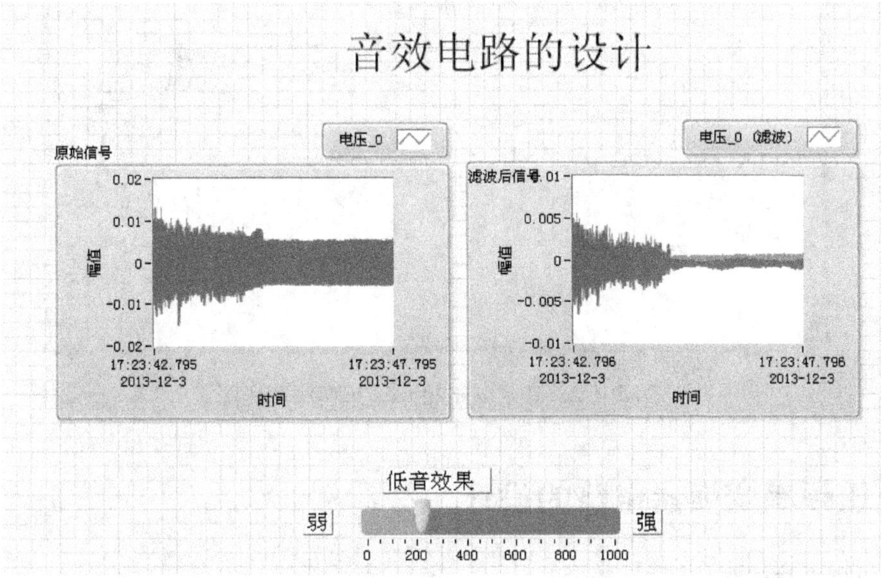

图 5.4.1　音效电路的 LabVIEW 前面板

2）程序框图设计。

打开程序框图面板，使之成为当前活动窗口，在其活动窗口中，右键打开函数选板：

- 添加 1 个“while 循环”结构：函数选板→编程→结构→while 循环，用鼠标在程序框图中拖动，画出 while 循环的框图。
- 添加“DAQ 助手”控件用于音频信号的采集：函数选板→Express→输出→DAQ 助手→生成信号→模拟输出→电压→myDAQ1→audioInputLeft→按下〈Ctrl〉或〈Shift〉键→选中 audioInputRight→完成。

注意：对于音频信号，信号输入范围最大值为 2 V，最小值为 -2 V。另外，需在单击“完成”后将弹出界面的左下角“生成模式”下拉框中的“N 采样”改为“连续采样”，待写入采样设置为 1000，采样率（Hz）设置为 10 k。

- 添加“DAQ 助手 2”控件用于音频信号的发送：函数选板→Express→输入→DAQ 助手→采集信号→模拟输入→电压→myDAQ1→audioOutputLeft→按下〈Ctrl〉或〈Shift〉键→选中 audioOutputRight→完成。

注意，其设置与“DAQ 助手”相同。

- 添加 1 个“滤波器”控件用于实现乐曲播放时音效的改变：函数选板→Express→信号分析→滤波器→双击滤波器图标→设置滤波器类型为“低通滤波器”。将“低音效果”与滤波器的截止频率接线端相连。

按图 5.4.2 所示连线，完成数据流编程任务。

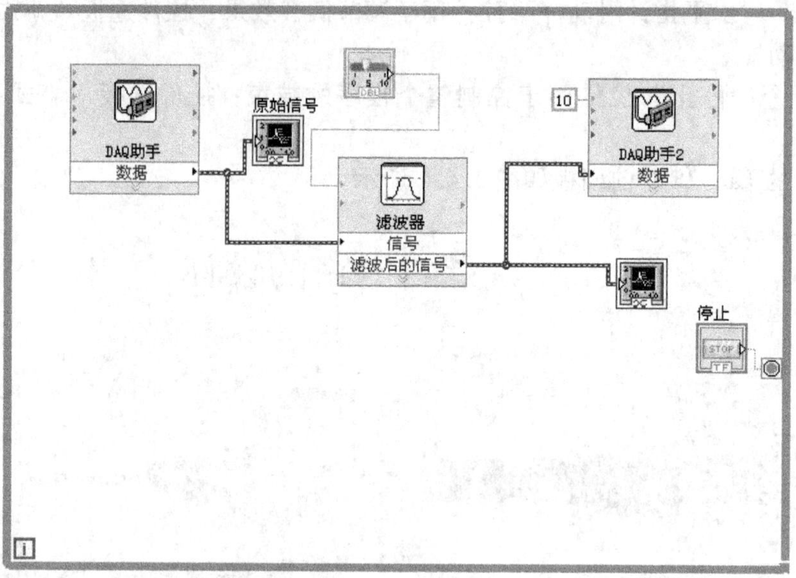

图 5.4.2　音效电路的 LabVIEW 程序框图

5.5　电压频率变换器电路的设计

1. 设计要求与任务

在一些工业控制场所，获取信号的地方距离处理信号的地方比较远，这时就需要对信号进行传输。电压信号在传输的过程中易受到干扰，一般需变换为频率信号传输，以提高系统抗干扰能力。根据此需求设计一个电压频率变换器电路，要求将 0～10V 直流电压信号变换为具有相应频率的方波信号，并将此信号采集进计算机，由 LabVIEW 编程显示采集的频率值及频率对应的电压。

2. 预习要求

1）查阅资料了解电压频率变换的方法。

2）画出设计电路，用 Multisim 仿真确定元件参数。

3）自学 LabVIEW 软件的使用方法。

4）学习 NI myDAQ 数据采集任务的实现方法。

3. 仪器和器材

NI myDAQ	1 块
运算放大器 μA 741	2 块
电阻	若干
电容	1 个
二极管 1N4148	1 个
双稳压二极管 2DW30	1 个
面包板	1 块

计算机　　　　　　　　　　　1台（安装有 LabVIEW2013 及 NI myDAQ 驱动）

4. 实验报告书写要求（供参考）

1）实验目的。

2）自行设计实验任务书。

3）实验器材。

4）自行设计实验过程。

5）参考电路实验数据、结论及误差分析。

6）实验总结与体会。

7）附件：LabVIEW 程序框图。

5. 验收内容

现场验收，通过 NI myDAQ 数据采集功能，在计算机屏幕上可以看到采集到的频率及频率对应的电压。

现场验收通过后，提交实验报告一份。

6. 设计示例

（1）设计思路

电压与频率的关系可通过运算放大器实现。由于积分电路输出电压变化的速率与输入电压的大小成正比，因此将积分电容充电使输出电压达到一定程度后，设法使其迅速放电，然后输入电压再给它充电，如此周而复始，即可产生振荡，其振荡频率与输入电压成正比。图5.5.1所示就是实现上述意图的电压频率变换器。图中A1是积分电路，A2是同相输入滞回比较器，它起开关作用。当它的输出电压 $U_{out}=+U_Z$ 时，二极管VD截止，输入电压（$U_{in}>0$）经电阻 R_1 向电容 C 充电，输出电压 U_o 逐渐下降，当 U_o 下降到零再继续下降使滞回比较器A2同相输入端电位略低于零时，U_{out} 由 $+U_Z$ 跳变为 $-U_Z$，二极管VD由截止变导通，电容 C 放电，由于放电回路的等效电阻比 R_1 小得多，因此放电很快，U_o 迅速上升，使A2的同相输入端很快上升到大于零，U_{out} 很快从 $-U_Z$ 跳回到 $+U_Z$，二极管又截止，输入电压经 R_1 再向电容充电。如此周而复始，产生振荡。振荡频率与输入电压的关系为

$$f=\frac{R_4}{2\pi R_1R_3C}\frac{U_{in}}{U_Z} \tag{5.5.1}$$

可见振荡频率与输入电压成正比。

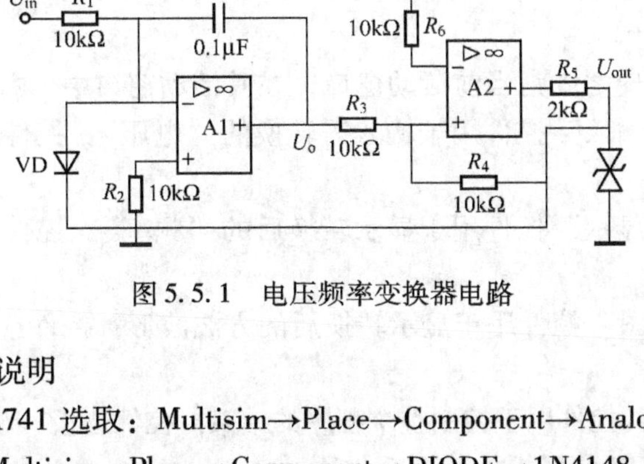

图5.5.1　电压频率变换器电路

（2）Multisim 仿真说明

1）运算放大器 μA741 选取：Multisim→Place→Component→Analog→741。

2）二极管选取：Multisim→Place→Component→DIODE→1N4148。

3）电阻选取：Multisim→Place→Component→Basic→RESISTOR。

4）电容选取：Multisim→Place→Component→Basic→CAPACITOR。

5）双稳压二极管选取：Multisim→Place→Component→ZENER→BZV55 - B3V3。选两个BZV55 - B3V3 单稳压二极管，背靠背串联在一起模拟一个双稳压二极管。

（3）NI myDAQ 数据采集功能的设置

1）电压频率变换器输入信号的提供。

电压频率变换器的输入信号由 NI myDAQ 模拟输出 AO - 0 接口生成。在 LabVIEW 程序框图中，打开函数选板→Express→输出→DAQ 助手→生成信号→模拟输出→电压→myDAQ1→aO0→完成。

注意：对于交流信号，需在单击“完成”后将弹出界面的左下角“生成模式”下拉框中设置为“N 采样”。

2）电压频率变换器输出信号的采集。

电压频率变换器的输出信号由 NI myDAQ 模拟输入 AI - 0^+ 接口采集送入计算机处理。在 LabVIEW 程序框图中，打开函数选板→Express→输入→DAQ 助手→采集信号→模拟输入→电压→myDAQ1→aI0→完成。

注意：对于交流信号，需在单击“完成”后将弹出界面的左下角“生成模式”下拉框中设置为“N 采样”。

3）硬件连线。

硬件连线如图 5.5.2 所示。NI myDAQ 的 AO - 0 接面包板上的信号输入端。NI myDAQ 的 AI - 0^+ 接面包板上的 4V 输出端或 1V 输出端。由于采集的并非差分信号，所以 NI my-DAQ 的模拟地 AGND 与 AI - 0^- 相接。面包板上运算放大器 μA 741 所需的 +15 V、 -15 V 可由 NI myDAQ 的相应接口直接提供。

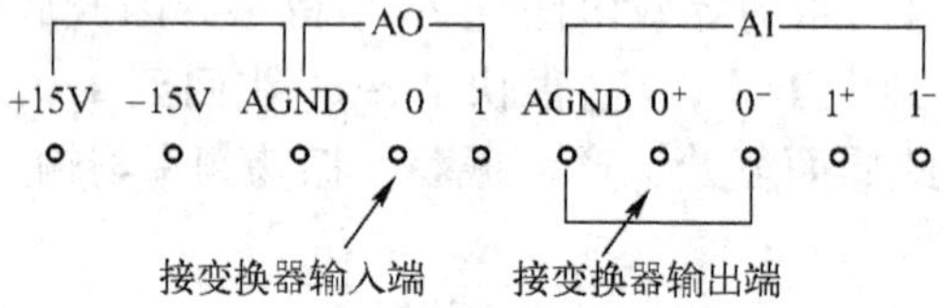

图 5.5.2　NI myDAQ 接线图

（4）LabVIEW 程序设计

1）程序前面板设计。

打开程序前面板，使之成为当前活动窗口，在其活动窗口中，右键打开控件选板：

- 添加 1 个“数值输入”控件用于输入需转换的“电压”：控件选板→新式→数值→数值输入控件。
- 添加 1 个“数值显示”控件用于显示转换后的“频率”：控件选板→新式→数值→数值显示控件。
- 添加 1 个“波形图”控件用于显示转换后的方波波形：控件选板→新式→图形→波形图控件。
- 添加 1 个“停止”控件用于控制整个程序的结束。控件选板→新式→布尔→停止控件。

设计完成的 LabVIEW 前面板如图 5.5.3 所示。

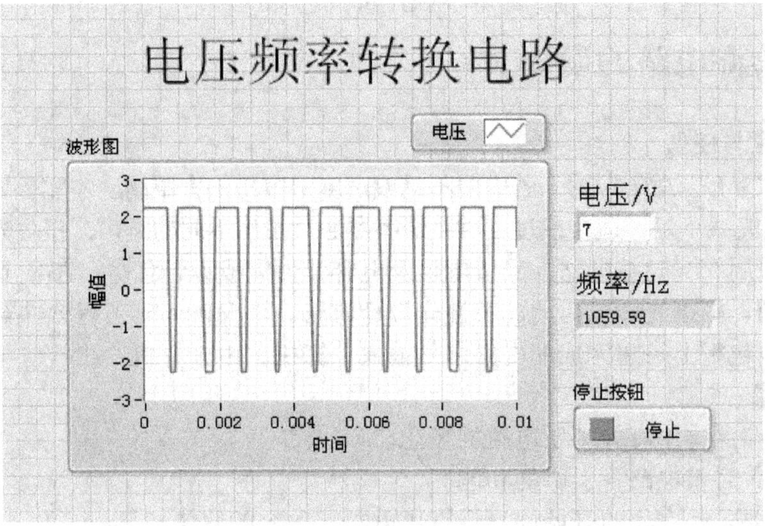

图 5.5.3　电压频率转换器电路的 LabVIEW 前面板

2）程序框图设计。

打开程序框图面板，使之成为当前活动窗口，在其活动窗口中，右键打开函数选板：

- 添加 1 个“while 循环”结构：函数选板→编程→结构→while 循环，用鼠标在程序框图中拖动，画出 while 循环的框图。
- 添加“DAQ 助手”：函数选板→Express→输出→DAQ 助手→生成信号→模拟输出→电压→myDAQ1→aO0→完成。对 AO－0 接口输出 0～10 V 直流电压给电压频率转换器电路作为输入信号。
- 添加“DAQ 助手 2”：函数选板→Express→输入→DAQ 助手→采集信号→模拟输入→电压→myDAQ1→aI0→完成。从 AI－0 接口采集电压频率转换器输出信号。
- 添加 1 个“单频测量”：函数选板→Express→信号分析→单频测量控件。双击此控件，勾选频率复选框。

按图 5.5.4 所示连线，完成数据流编程任务。

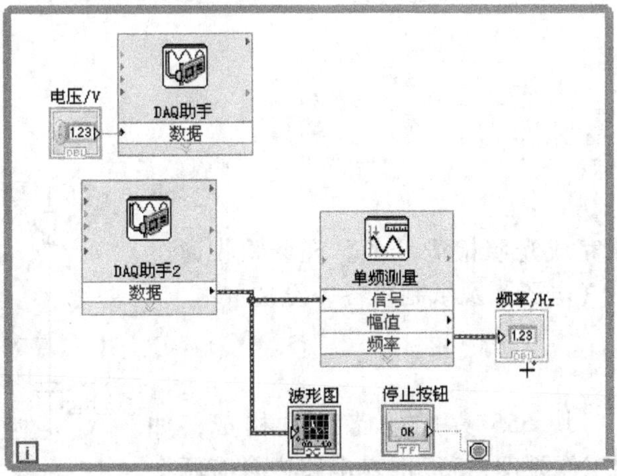

图 5.5.4　电压频率转换器电路的 LabVIEW 程序框图

5.6 光照检测电路的设计

1. 设计要求与任务

人眼看书时应有合适的照明，若照明不足或过度都容易伤害眼睛。本实验要求设计一个光照检测电路，当光线不足、适合或过度时，蜂鸣器通过发出不同的响声，报告光照检测结果。

本实验可采用555时基电路、光敏电阻及电容元件完成设计任务。不同光照会使光敏电阻阻值有所不同，根据光敏电阻的此特性先设计电路，用Multisim工程软件对设计电路进行仿真，最后将面包板上搭建完成的电路信号输入计算机，由计算机给出检测报告。

2. 预习要求

1）学习电路课本中有关一阶电路的概念。

2）了解555时基电路各引脚的功能。

3）按题目要求，在实验开始前，计算出电阻、电容的取值。

3. 仪器和器材

面包板	1块
电位器500 kΩ	1个
电容0.01 μF	1个
电容220 μF	1个
光敏电阻	1个
长鸣蜂鸣器5 V	1个
三端稳压器7808	1个
NI myDAQ	1块
计算机	1台（安装有LabVIEW2013及NI myDAQ驱动）

4. 实验报告书写要求（供参考）

1）实验目的。

2）实验器材。

3）555时基电路结构及引脚功能说明。

4）电路设计原理。

5）实验过程。

6）实验结果。

7）实验总结与体会。

5. 验收内容

现场验收，电路能完成光照检测任务。现场验收通过后，提交实验报告一份（电子版及纸制版各一份）。

6. 实验示例

（1）设计思路

光照检测电路由一块555集成电路为主构成，如图5.6.1所示。电路的工作原理：555时基电路内含有两个电压比较器、一个基本RS触发器和一个放电开关T，比较

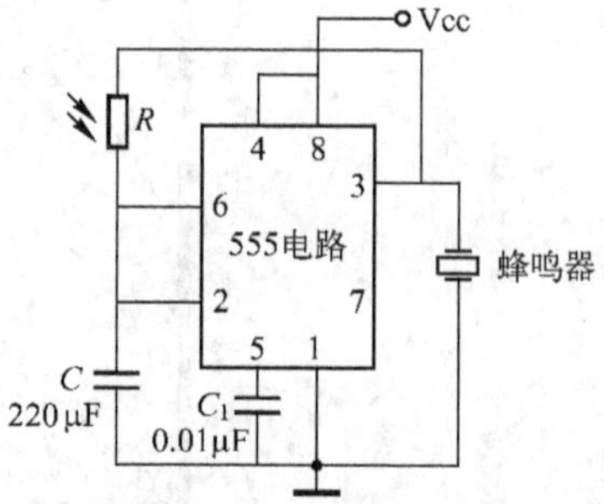

图5.6.1 光照检测电路

器的参考电压由三只 5 kΩ 的电阻器构成分压，它们分别使高电平比较器 C_1 的同相比较端和低电平比较器 C_2 的反相输入端的参考电平为 2/3 Vcc 和 1/3 Vcc。C_1 和 C_2 的输出端控制 RS 触发器状态和放电管开关状态。当输入信号自引脚 6 输入并超过 2/3 Vcc 时，触发器复位，555 的输出端引脚 3 输出低电平，同时放电开关管导通；当输入信号自引脚 2 输入并低于 1/3 Vcc 时，触发器置位，555 的引脚 3 输出高电平，同时放电开关管截止。

本电路 220 μF 电容 C 充放电时间的理论计算如下：电容 C 第 1 次充电时间 t_1，根据三要素法，有

$$x(t_1) = X + [x(t_{0+}) - X]\mathrm{e}^{-\frac{t_1}{\tau}}$$

式中，$x(t_1)$ 表示 $t_1 \geqslant t_{0+}$ 时电容 C 上的电压；X 是电容电压稳态解，$\tau = RC$ 为电路的时间常数。由 555 电路的特性，引脚 6 电压到达 $\frac{2}{3}X$ 时，电容 C 充电结束，则有

$$\frac{2}{3}X = X + (0 - X)\mathrm{e}^{-\frac{t_1}{\tau}} \tag{5.6.1}$$

$$\frac{1}{3}X = X\mathrm{e}^{-\frac{t_1}{\tau}}$$

$$\frac{1}{3} = \mathrm{e}^{-\frac{t_1}{\tau}}$$

$$t_1 = \ln 3 \times \tau$$

$$t_1 = 1.1\tau = 1.1RC \tag{5.6.2}$$

电容 C 第 1 次放电时间 t_2，根据 555 电路的特性，输出端引脚 3 电压为 0 时电容 C 开始放电，放电到小于 $\frac{1}{3}X$ 电压时，电容 C 放电结束，则有

$$\frac{1}{3}X = 0 + \left(\frac{2}{3}X - 0\right)\mathrm{e}^{-\frac{t_2}{\tau}} \tag{5.6.3}$$

$$\frac{1}{3}X = \frac{2}{3}X\mathrm{e}^{-\frac{t_2}{\tau}}$$

$$\frac{1}{2} = \mathrm{e}^{-\frac{t_2}{\tau}}$$

$$t_2 = \ln 2 \times \tau$$

$$t_2 = 0.693\tau = 0.693RC \tag{5.6.4}$$

由于电容 C 第 2 次充电时，电容上的初始电压不再为 0，而为 $\frac{1}{3}X$，故电容 C 第 2 次充电时间 t_3 的理论计算值为

$$\frac{2}{3}X = X + \left(\frac{1}{3}X - X\right)\mathrm{e}^{-\frac{t_3}{\tau}} \tag{5.6.5}$$

$$-\frac{1}{3}X = -\frac{2}{3}X\mathrm{e}^{-\frac{t_3}{\tau}}$$

$$\frac{1}{2} = \mathrm{e}^{-\frac{t_3}{\tau}}$$

$$t_3 = \ln 2 \times \tau$$

$$t_3 = 0.693\tau = 0.693RC \tag{5.6.6}$$

在第 1 个电容 C 充电时间过后，电路进入稳定，因此，振荡周期 $T = t_2 + t_3 = 2 \times 0.693 \times RC$。

光敏电阻阻值在无光或暗光下为 57 ~ 130 kΩ，在弱光照下大约为 37.9 kΩ，在自然光下大约为 6.4 kΩ，在强光直射下大约为 0.347 kΩ。

因此，根据不同阻值时电容 C 的充电时间，即蜂鸣器长鸣的时间，可以检测光照的强弱。

（2）Multisim 仿真说明

1）555 时基电路选取：Multisim→Place→Component→MIXED_VIRTVAL→555_VIRTVAL。

2）蜂鸣器选取：Multisim 右下角→LabVIEW Instruments→Sperker。当 555 电路的 3 引脚为高电位时蜂鸣器长鸣，长鸣时间即为电容 C 充电时间。

3）电阻选取：Multisim→Place→Component→Basic→RESISTOR。

4）电容选取：Multisim→Place→Component→Basic→CAPACITOR。

（3）搭建电路说明

1）电阻 R 先用 50 kΩ 的电位器模拟光敏电阻，在弱光照下大约为 37.9 kΩ，自然光下，光敏电阻值 R 大约为 6.4 kΩ，在强光直射下大约为 0.347 kΩ。

2）0.01 μF 电容起滤除输入信号干扰波的作用。

3）蜂鸣器为 5 V 长鸣，长引脚为正，短引脚为负。

（4）NI myDAQ 数据通信功能的设置

1）检测电路上直流 Vcc = 8 V 电源信号产生。

检测电路上的直流 Vcc = 8 V 电源信号由 NI myDAQ 的 +15 V 接口通过 7808 三端稳压器获得。7808 输入接 +15 V，输出端可获得 +8 V 的直流工作电压。

2）检测电路上输出信号的采集。

检测电路上的输出信号由 NI myDAQ 模拟输入 AI - 0⁺ 接口采集送入计算机处理。在 LabVIEW 程序框图中，打开函数选板→Express→输入→DAQ 助手→采集信号→模拟输入→电压→myDAQ1→aI0→完成。

注意：对于方波信号，需在单击“完成”后将弹出界面的左下角“生成模式”下拉框中设置为“N 采样”。

3）硬件连线。

NI myDAQ 的 AI - 0⁺ 接检测电路上的输出端。由于采集的并非差分信号，所以 NI myDAQ 的模拟地 AGNE 与 AI - 0⁻ 相接。

图 5.6.2 为 NI myDAQ 对外接线图。

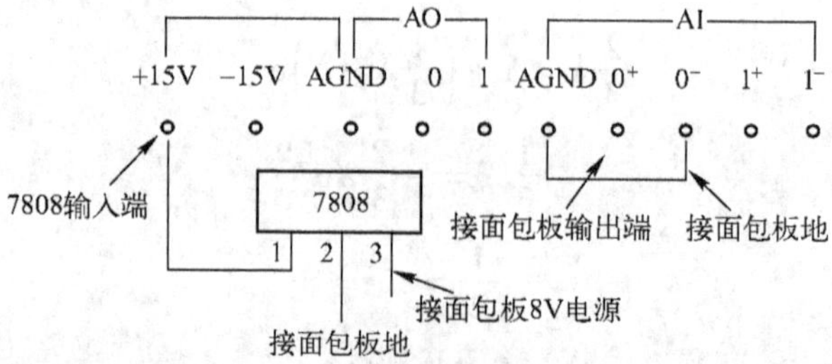

图 5.6.2　NI myDAQ 接线图

(5) LabVIEW 程序设计

1) 程序前面板设计。

打开程序前面板，使之成为当前活动窗口，在其活动窗口中，右键打开控件选板：

- 添加1个“波形图表”控件用于显示采集的波形：控件选板→新式→图形→波形图表控件。
- 添加1个“字符串”显示控件用于显示“信息提示”：控件选板→新式→字符串与路径→字符串显示控件。
- 添加1个“圆形指示灯”控件用于显示“报警灯”：控件选板→新式→布尔→圆形指示灯。
- 添加1个“停止按钮”控件用于控制程序结束：控件选板→新式→布尔→停止按钮。

设计完成的 LabVIEW 前面板如图 5.6.3 所示。

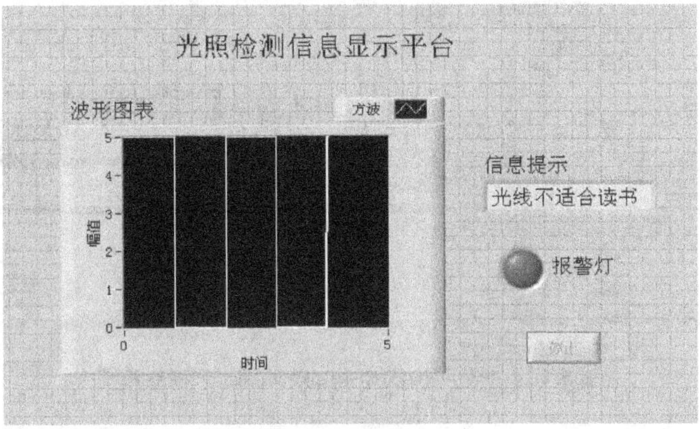

图 5.6.3 光照检测电路的 LabVIEW 前面板

2) 程序框图设计。

打开程序框图面板，使之成为当前活动窗口，在其活动窗口中，右键打开函数选板：

- 添加1个“while 循环”结构：函数选板→编程→结构→while 循环，用鼠标在程序框图中拖动，画出 while 循环的框图。
- 添加“DAQ 助手”：函数选板→Express→输入→DAQ 助手→采集信号→模拟输入→电压→myDAQ1→aI0→完成。从 AI-0 接口采集 555 电路输出的方波信号。
- 添加1个“布尔值转换（逐点）”，用于检测采集的信号是否有从 0~5 V 的跳变：函数选板→信号处理→逐点→其他函数（逐点）→布尔值转换（逐点）控件。
- 添加1个“加1（逐点）”，用于记录采集的信号从 0~5 V 的跳变个数：函数选板→信号处理→逐点→其他函数（逐点）→加1（逐点）控件。
- 添加1个“等号”，用于判断是否已有两个由低电平到高电平的信号通过：函数选板→编程→比较→等于控件。
- 添加2个“时间计数器”，一个用于获取初始时间，一个用于获取经过一个周期的时间：函数选板→编程→定时→时间计数器控件。
- 添加1个“判断范围并强制转换”，当采集的方波信号的振荡周期不在光照适合的范围内时，输出条件假；当采集的方波信号的振荡周期在光照适合的范围内时，输出条件真：函数选板→编程→比较→判断范围并强制转换控件。

- 添加 1 个“条件结构”，用于分别处理判断范围并强制转换控件输出的真、假两种情况：函数选板→编程→结构→条件结构控件。
- 添加 2 个字符串常量“光照适合读书”和“光照不适合读书”，分别放入条件真和条件假分支中：函数选板→编程→字符串→字符串常量控件。
- 添加 2 个布尔常量“真”和“假”，分别放入条件真和条件假分支中：函数选板→编程→布尔→真常量和假常量。
- 添加 1 个“或”，当采集信号处理完成或停止按钮为真时，结束程序运行。

设计完成的 LabVIEW 光照检测电路程序框图如图 5. 6. 4 所示。

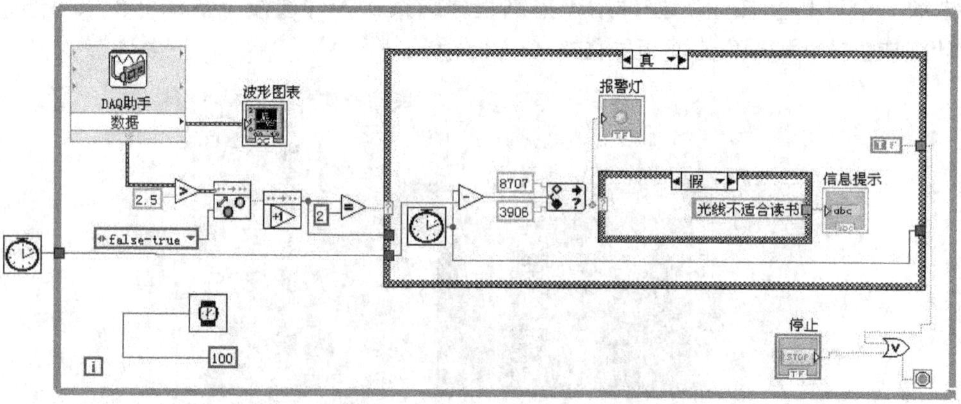

图 5. 6. 4　光照检测电路的 LabVIEW 程序框图

5.7　催眠曲播放电路的设计

1. 设计要求与任务

催眠曲播放电路要达到的效果是当电路接收到一个瞬间接通的信号后催眠曲就能够开始循环播放。同时催眠曲又不能一直处于播放状态，播放一段时间后就应该自动停止，让人进入睡眠状态。因此，要求电路被接通瞬间后能够持续工作一段时间。

本实验可采用 555 时基电路完成设计任务。先设计电路，再借助 Multisim 工程软件对设计电路进行仿真分析，最后将在面包板上搭建的实测电路的输出信号采集到计算机，控制计算机播放催眠曲音乐。

2. 预习要求

1）学习电路课本中有关一阶电路的概念。

2）了解 555 时基电路各引脚的功能。

3）按题目要求在实验开始前，画出电路，计算出电阻、电容的取值。

3. 仪器和器材

NI myDAQ	1 块
面包板	1 块
电位器 500 kΩ	1 个

电容 0.01 μF	1 个	
电容 220 μF	1 个	
电阻 10 kΩ	1 个	
计算机	1 台（安装有 LabVIEW2013 及 NI myDAQ 驱动）	

4. 实验报告书写要求（供参考）

1）实验目的。

2）实验器材。

3）555 时基电路结构及引脚功能说明。

4）电路设计原理。

5）实验过程。

6）实验结果。

7）实验总结与体会。

5. 验收内容

现场验收，电路能按设定的时间长度循环播放催眠曲。现场验收通过后，提交实验报告一份（电子版及纸制版各一份）。

6. 实验示例

（1）设计思路

催眠曲电路以一块 555 时基芯片为主构成，原理如图 5.7.1 所示。当输入信号自引脚 2 输入并低于 1/3 Vcc 时，触发器置位，555 的引脚 3 输出高电平，将此高电平送入计算机，控制计算机播放催眠曲。此时，放电开关管截止，电容 C 开始充电。当电容 C 的电压信号自引脚 6 输入并超过 2/3 Vcc 时，触发器复位，555 的引脚 3 输出低电平，将此低电平送入计算机，控制计算机停止播放催眠曲，同时放电开关管导通，电容 C 放电。催眠播放时间 t 可通过改变 R 的阻值实现。电容 $C_1=0.01$ μF 接在引脚 5 与地之间，起滤波作用，消除外来信号的干扰，以确保参考电平的稳定。

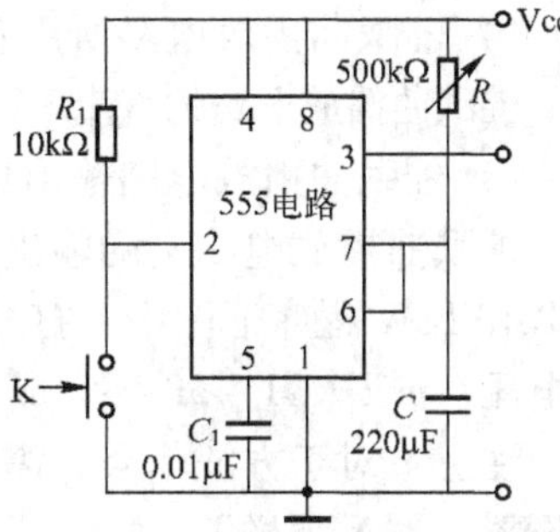

图 5.7.1　催眠曲播放电路

本电路催眠曲播放时间 t 的理论计算如下：

电容 C 充电时间 t，根据三要素法：

$$x(t_1)=X+[x(t_{0+})-X]\mathrm{e}^{-\frac{t_1}{\tau}}$$

式中，$x(t_1)$表示 $t \geqslant t_{0+}$ 时电容 C 上的电压；X 是电容电压稳态解；$\tau=RC$ 为电路的时间常数。由 555 电路的特性，当引脚 6 的电压到达$\frac{2}{3}X$ 时，电容 C 充电结束，则有

$$\frac{2}{3}X=X+(0-X)\mathrm{e}^{-\frac{t}{\tau}} \tag{5.7.1}$$

$$\frac{1}{3}X=X\mathrm{e}^{-\frac{t}{\tau}}$$

$$\frac{1}{3}=\mathrm{e}^{-\frac{t}{\tau}}$$

$$t=\ln 3\times\tau$$

$$t = 1.1\tau = 1.1RC \quad (5.7.2)$$

因此，可以根据不同的电阻 R 值控制催眠曲播放时间。

（2）Multisim 仿真说明

1）555 时基芯片选取：Multisim→Place→Component→MIXED_VIRTVAL→555_VIRTVAL。

2）电阻选取：Multisim→Place→Component→Basic→RESISTOR。

3）电容选取：Multisim→Place→Component→Basic→CAPACITOR。

4）开关选取：Multisim→Place→Component→Basic→SWITCH→DIPSW1。

（3）搭建电路说明

1）电阻 R 用 500 kΩ 的电位器，便于播放时间控制。

2）电容 $C = 220\ \mu F$，电容 $C_1 = 0.01\ \mu F$。

3）Vcc = 8 V 的电源可通过 7808 三端稳压器获得。7808 输入接 +15 V，在输出端可获得 +8 V 的直流电压。

4）实验时，引脚 2 短接后，立即断开。

（4）NI myDAQ 数据通信功能的设置

1）催眠曲播放电路所用直流 8V 电源信号的产生。

催眠曲播放电路的直流 8 V 电源信号由 NI myDAQ 的 +15 V 接口通过 7808 三端稳压器获得。

2）催眠曲播放电路输出信号的采集。

催眠曲播放电路上的输出信号由 NI myDAQ 模拟输入 AI－0⁺ 接口采集送入计算机处理。在 LabVIEW 程序框图中，打开函数选板→Express→输入→DAQ 助手→采集信号→模拟输入→电压→myDAQ1→aI0→完成。

注意：对于方波信号，需在单击“完成”后将弹出界面的左下角“生成模式”下拉框中设置为“N 采样”。

3）硬件连线。

图 5.7.2 为 NI myDAQ 对外接线图。NI myDAQ 的 AI－0⁺ 接口接面包板上电路的输出端。由于采集的并非差分信号，所以 NI myDAQ 的模拟地 AGNE 与 AI－0⁻ 相接。

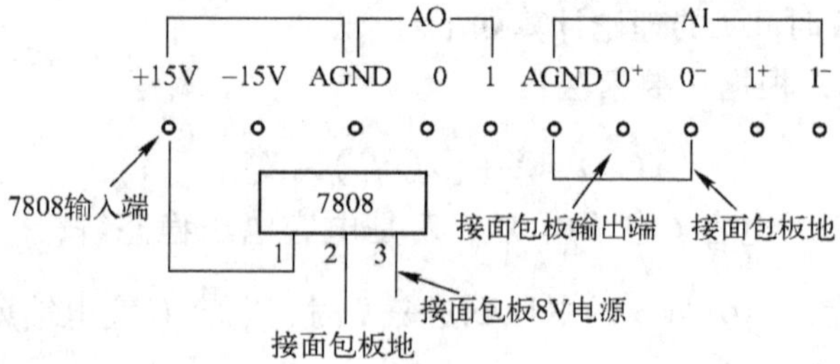

图 5.7.2　NI myDAQ 接线图

（5）LabVIEW 程序设计

1）程序前面板设计。

打开程序前面板，使之成为当前活动窗口，在其活动窗口中，右键打开控件选板：

- 添加 1 个“数值输入”控件用于输入需播放的“目标时间”：控件选板→新式→数值→数值输入控件。

- 添加 2 个“数值显示”控件用于显示“已用时间”和“采集电压值检测”：控件选板→新式→数值→数值显示控件。
- 添加 1 个“停止”控件用于控制整个程序的结束：控件选板→新式→布尔→停止控件。

设计完成的 LabVIEW 前面板如图 5.7.3 所示。

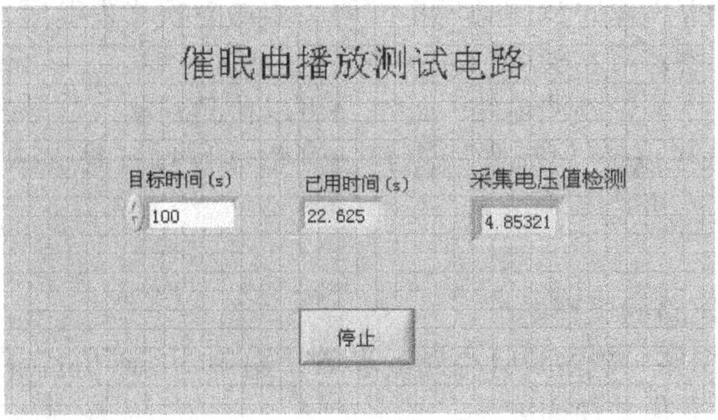

图 5.7.3　催眠曲播放测试电路的 LabVIEW 前面板

2）程序框图设计。

打开程序框图面板，使之成为当前活动窗口，在其活动窗口中，右键打开函数选板：

- 添加 2 个 while 循环结构：函数选板→编程→结构→while 循环，用鼠标在程序框图中拖动，画出 while 循环的框图。
- 添加“DAQ 助手”：函数选板→Express→输入→DAQ 助手→采集信号→模拟输入→电压→myDAQ1→aI0→完成。从 AI－0 接口采集是否有高电平信号输出。
- 添加 1 个“播放波形”：函数选板→Express→输出→播放波形控件。
- 添加 1 个“简易读取声音文件”：函数选板→编程→图形与声音→声音→文件→简易读取声音文件控件。
- 添加 1 个“已用时间”：函数选板→编程→定时→已用时间控件。

按图 5.7.4 所示连线，完成数据流编程任务。

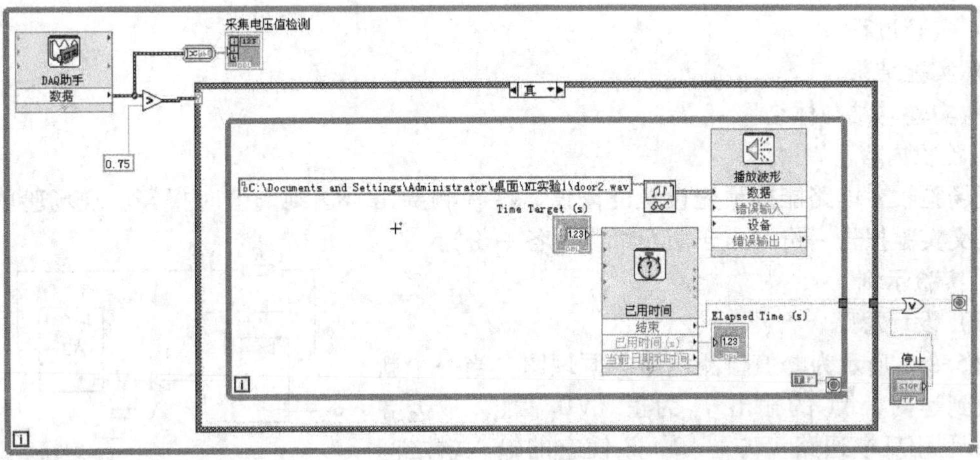

图 5.7.4　催眠曲播放测试电路的 LabVIEW 程序框图

5.8 峰值检测电路的设计

1. 设计要求与任务

在科研和生产的许多领域都需要用到峰值检测设备，例如检测建筑物中梁的最大承受力等。由电阻应变片传感器可以将被测物体承受的压力信号转化为电信号。对此电信号进行分析处理，便可获得被测物体可承受的最大压力。

本实验要求设计一个峰值检测电路，此电路可以检测到输入信号的最大值，并将此信号送入计算机，由 LabVIEW 编程判断当检测到被测物体快接近最大承受压力值时发出预警提醒。

2. 预习要求

1）了解峰值检测电路的原理。

2）设计峰值检测电路，确定设计电路的参数，用 Multisim 仿真设计电路。

3）自学 LabVIEW 软件的使用方法。

4）学习 NI myDAQ 数据采集任务的实现方法。

3. 仪器和器材

NI myDAQ	1 块
面包板	1 块
运算放大器 TL082	1 个
二极管	2 个
电容 10 nF	1 个
电阻 100 Ω 和 10 kΩ	各 1
计算机	1 台（安装有 LabVIEW2013 及 NI myDAQ 驱动）

4. 实验报告书写要求（供参考）

1）实验目的。

2）实验器材。

3）电路设计原理。

4）实验过程。

5）实验结果。

6）实验总结与体会。

5. 验收内容

现场验收，电路能按预先设置的阈值，在检测到信号达到阈值时报警。现场验收通过后，提交实验报告一份（电子版及纸制版各一份）。

6. 实验示例

（1）设计思路

图 5.8.1 所示为峰值检测电路的原理图。当一个新的峰值到达时，A1 的输出 u_{o1} 为正，VD_1 截止，VD_2 导通，A1 利用反馈通路 VD_2 - A2 - R 使它的输入端之间保持虚短路。此时没有电流流过 R，输出 u_o 跟踪输入

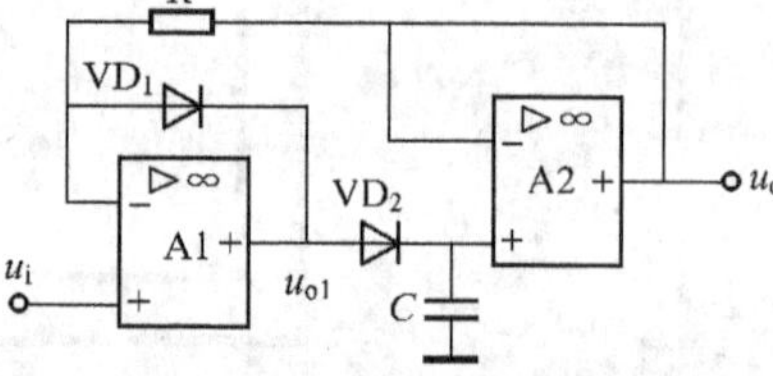

图 5.8.1　峰值检测电路原理图

u_i，通常把这种模式称为跟踪模式。在此期间，A1 流出的电流经过 VD_2对电容 C 进行充电。在峰值之后，u_i 开始下降，A1 的输出也下降，因此 VD_2截止，VD_1导通，这给 A1 提供了另一条反馈通路，通常把这种模式称为保持模式。在此期间，电容电压保持恒定，R 的作用是给 VD_1提供一个电流通路。

（2）Multisim 仿真说明

峰值检测电路的仿真图如图 5.8.2 所示，单击“Simulate”→“Run”运行后，双击万用表的图标，万用表的读数如图 5.8.3 所示，可以看到，输出电压即为输入电压的峰值。

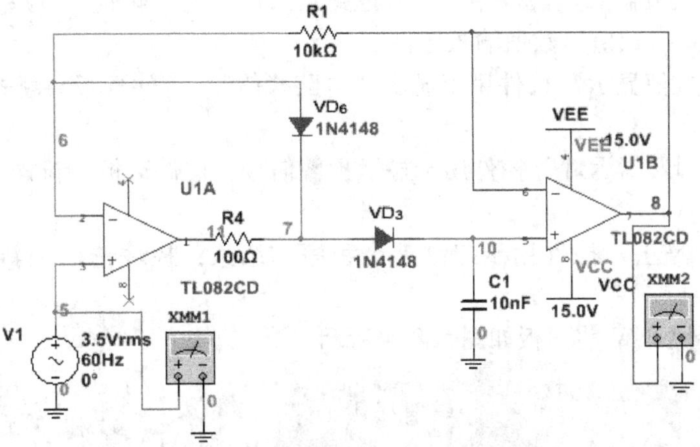

图 5.8.2　峰值检测电路的 Multisim 仿真图

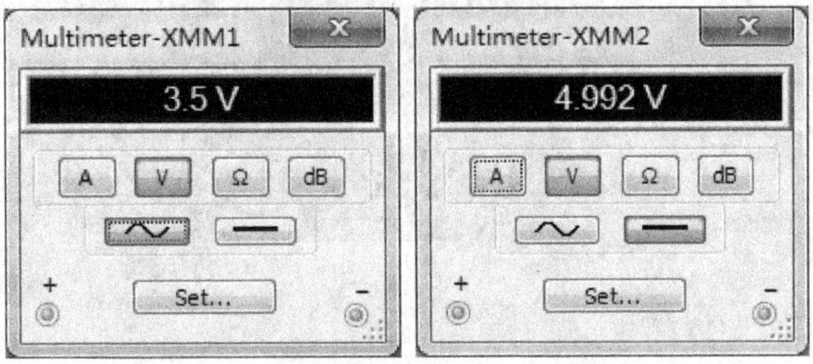

图 5.8.3　峰值检测电路的 Multisim 仿真结果图

（3）NI myDAQ 数据通信功能的设置

1）峰值检测电路输入信号的生成。

在 LabVIEW 程序框图中，打开函数选板→Express→输出→DAQ 助手→生成信号→模拟输出→电压→NI myDAQ1→aO0→完成。

注意：对于交流信号，需在单击“完成”后将弹出界面的左下角“生成模式”下拉框中设置为“连续采样”。

2）峰值检测电路输出信号的采集。

峰值检测电路输出信号由 NI myDAQ 模拟输入 AI－0^+ 接口采集送入计算机处理。在 LabVIEW 程序框图中，打开函数选板→Express→输入→DAQ 助手→采集信号→模拟输入→电压→myDAQ1→aI0→完成。

注意：对于方波信号，需在单击“完成”后将弹出界面的左下角“生成模式”下拉框中设置为“N 采样”。

（4）LabVIEW 程序设计

1）程序前面板设计。

打开程序前面板，使之成为当前活动窗口，在其活动窗口中，右键打开控件选板：

- 添加 1 个“波形图”控件用于显示峰值检测电路的输入波形：控件选板→新式→图形→波形图控件。
- 添加 3 个“数值输入”控件用于控制电路输入信号的“幅值”“频率”和“相位”：控件选板→新式→数值→数值输入控件。
- 添加 1 个“数值显示”控件用于显示“电路峰值”：控件选板→新式→数值→数值显示控件。
- 添加 1 个“圆形指示灯”控件用于显示预警信号：控件选板→新式→布尔→圆形指示灯控件。
- 添加 1 个“停止”控件用于控制整个程序的结束：控件选板→新式→布尔→停止控件。

设计完成的 LabVIEW 前面板如图 5.8.4 所示。

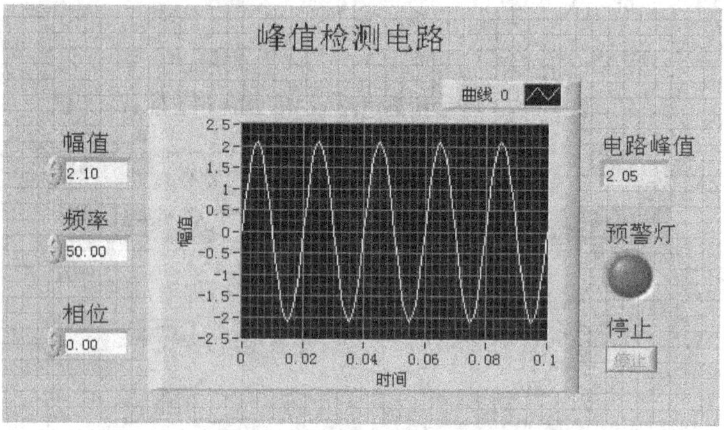

图 5.8.4　峰值检测电路的 LabVIEW 程序前面板

2）程序框图设计。

打开程序框图面板，使之成为当前活动窗口，在其活动窗口中，右键打开函数选板：

- 添加 1 个“while 循环”结构：函数选板→编程→结构→while 循环，用鼠标在程序框图中拖动，画出 while 循环的框图。
- 添加“DAQ 助手”：函数选板→Express→输入→DAQ 助手→采集信号→模拟输入→电压→myDAQ1→aI0→完成。从 AI－0 接口采集峰值信号。
- 添加“DAQ 助手 2”：函数选板→Express→输出→DAQ 助手→生成信号→模拟输出→电压→myDAQ1→aO0→完成。
- 添加 1 个“正弦波形信号”用于产生输出的正弦波：函数选板→信号处理→波形生成→正弦波形。

- 添加 1 个“大于号”用于和阈值的比较：函数选板→编程→比较→大于控件。
- 添加 1 个“数值常数”用于设置阈值：函数选板→编程→数值→数值常数。

按图 5.8.5 所示连线，完成数据流编程任务。

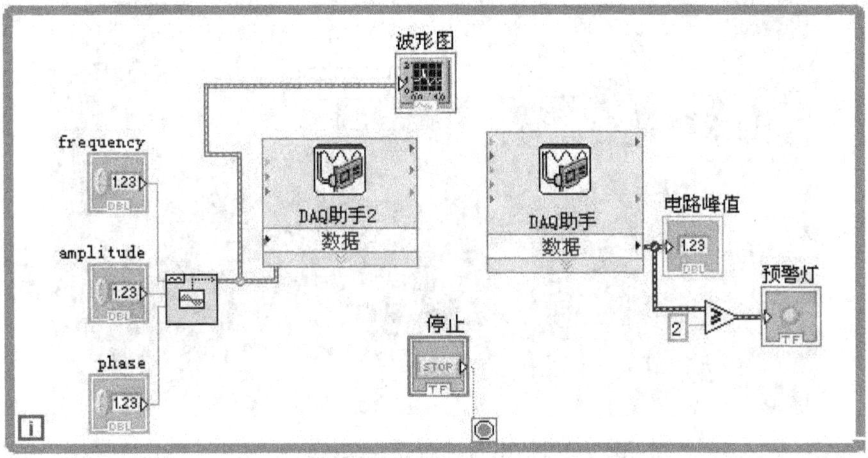

图 5.8.5　峰值检测电路的 LabVIEW 程序框图

5.9　电抗器匝间短路报警电路的设计

1. 设计要求与任务

电抗器是电力系统中常用的重要设备之一，主要用于补偿容性电流、限制合闸涌流与短路电流、滤波以及平波等作用。然而，电抗器在长时间使用下，其线路外部胶皮出现老化、烧损，裸露在外的金属线相互接触造成了匝间短路，极大地影响了电力系统的正常运转。

为解决这一问题，在电抗器外表上下两部分缠绕有两组感应线圈，将感应线圈感应的电压信号采集进计算机，如果检测到比正常电压幅值高的高频信号则认为发生匝间短路，由报警电路报警。

电抗器匝间短路故障在线检测系统实验平台由以下几部分构建而成：电网电源、调压器、补偿电容、电抗器样品模型、数据采集卡、接线盒、连接电缆和计算机。实验平台如图 5.9.1 所示。

实验的设计任务如下：

实际电抗器产生的信号将实时通过 NI myDAQ 送入 LabVIEW 软件平台，LabVIEW 程序循环检测，检测到一个比正常电压幅值高的高频信号时，即认为发生匝间短路，将把报警信号送给 NI myDAQ，NI myDAQ 进而驱动硬件电路部分，产生硬件报警。

硬件报警电路要求能够同时驱动一个继电器、一个蜂鸣器以及一个发光二极管（即发生匝间短路时，蜂鸣器鸣叫、发光二极管点亮、继电器触点闭合）。

2. 预习要求

1）查阅与电抗器及电抗器匝间短路故障检测的相关文献，了解实验选题背景，熟悉干式空心电抗器匝间短路故障的各种检测方法。

图 5.9.1　电抗器匝间短路检测平台

2）学习 LabVIEW 工具软件，了解虚拟仪器的概念，制作报警模块的软件部分。

3）学习 Multisim 仿真软件，使用仿真软件对设计电路进行改进。

4）学习 NI myDAQ 数据采集任务的实现方法。

5）设计并搭建短路报警模块硬件部分。

3. 仪器和器材

NI myDAQ	1 块
AC - DC 开关电源	1 台
面包板	1 块
光耦 TLP521	1 个
继电器（HF49F）	1 个
蜂鸣器	1 个
发光二极管	1 个
二极管 1N4007	1 个
电阻 1/4 W，100 Ω	若干
三端稳压器	若干
电抗器匝间短路检测平台	1 套
计算机	1 台（安装有 LabVIEW2013 及 NI myDAQ 驱动）

4. 实验报告书写要求（供参考）

1）工程背景。

2）程序设计思路。

3）LabVIEW 程序设计说明。

4）硬件制作过程说明。

5）实验总结与体会。

6）附件：LabVIEW 短路报警模块程序。

7）附件：制作完成的实物照片。

5. 验收内容

现场验收，能实现匝间短路报警功能。

1）编制的 LabVIEW 程序能检测到电抗器发生短路，并输出报警信号至硬件电路。

2）搭建的硬件电路可同时驱动一个继电器、一个蜂鸣器以及一个发光二极管，使蜂鸣器鸣叫、发光二极管点亮、继电器触点闭合。

现场验收通过后，提交实验报告一份。

6. 设计示例

（1）原理简述

样品电抗器每层单根并绕，正常状态下，电抗器的等效电路模型结构如图 5.9.2 所示。

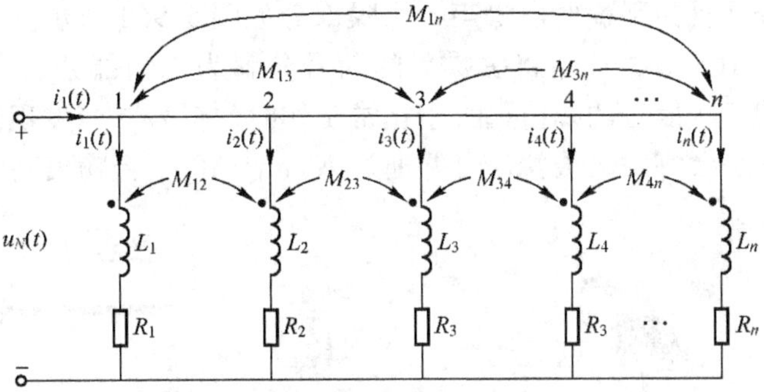

图 5.9.2　电抗器正常工作等效电路

当出现匝间短路故障时，匝间短路使绕组线圈生成一个自闭合的短路环。短路环电流由线圈中的交变磁场感应生成，其方向与原线圈电流方向相反。由于线圈匝数减少，第 k 层线圈的自感减小。在额定电压不变的情况下，电抗器额定电流也发生改变，电抗器等效电路模型如图 5.9.3 所示。

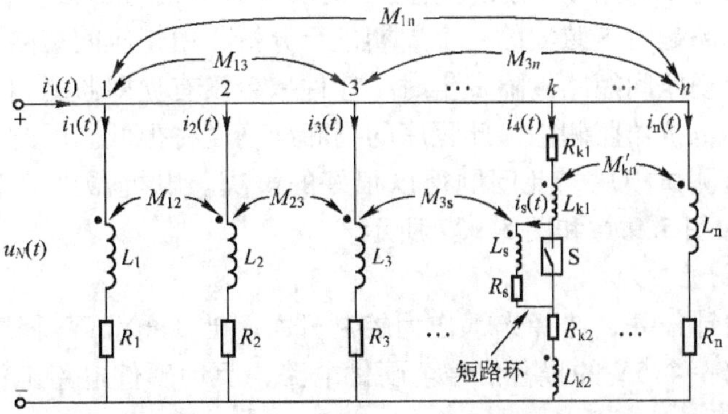

图 5.9.3　电抗器匝间短路等效电路

相应在电抗器内部磁场也发生变化，匝间短路瞬间会产生高频尖峰脉冲。磁场测量一般常用感应法。在电抗器上下对称位置放置探测线圈，当电抗器工作时，该线圈能感应出差分电压信号。该信号的波形可以准确反映出电抗器的工作状态，尤其对匝间短路瞬间的高频脉冲特别敏感。通过对是否出现高频尖峰脉冲的监测，达到判断是否短路的目的。

(2) 设计思路

1) 软件平台设计。

采用 LabVIEW 实现软件平台设计。此软件平台主要监测匝间短路信号是否发生。实际电抗器正常工作时，产生的信号为幅值较为稳定的工频 50 Hz 正弦信号，而出现匝间短路时，实际信号会在原始信号基础上叠加一个尖峰信号，故障波形为高频尖峰电压，故采用时域峰值检测法。但在未发生短路时，由于各种原因可能也会产生与故障类似的干扰信号，实际实验中首先需要对采集的信号去噪，此去噪操作需要去除信号中的高频低幅值信号且保留匝间短路信号。对于去噪后的信号，需要通过滤波器，分别在线获得工频信号与高频信号，以实时分析两种信号，判断是否产生了匝间短路信号。

对于去噪模块，根据小波分析对信号进行消噪处理的原理，采用传统的去噪方法，即采用频谱分析技术。这是由于实际电抗器抗干扰能力有严格的控制，假设所分析的信号噪声中不包含过多突变部分，且为平稳的白噪声，去噪部分如图 5.9.4 所示。

同样，采用 Buterrworth 滤波器将去噪后的信号分解为工频部分和高频部分，由于发生匝间短路时，产生的高频信号的幅值远大于正常工作时的信号，当发现高频信号的幅值大于设定的阈值时，软件平台将发出报警信号并通过 NI myDAQ 平台输出高电平信号。判断模块如图 5.9.5 所示。

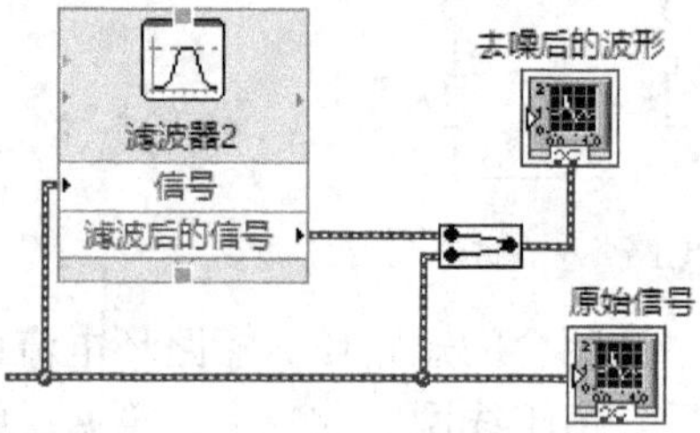

图 5.9.4　LabVIEW 去噪部分

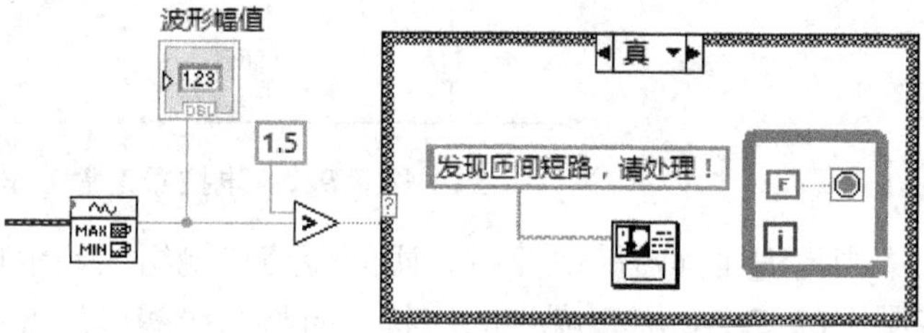

图 5.9.5　LabVIEW 判断模块

同时，在软件设计中采用了正弦波幅值测量模块获取信号的幅值，进而与阈值进行比较。此模块的实现思路是对正弦波的一个周期进行分析，由于匝间短路信号发生在瞬间，在软件测试中，常会出现匝间短路故障发生时，软件平台没有立即监测到短路故障，有短暂的延时，这样，在实际电抗器监测中，此程序的判断准确度将很低。因此，选取信号最大值测试模块代替信号幅值测试模块，此问题得以很好的解决。电抗器正常工作和匝间短路时的 LabVIEW 显示面板如图 5.9.6 和图 5.9.7 所示。

2) 硬件电路设计。

根据本实验的设计任务，选择光耦作为控制开关，当 LabVIEW 程序能检测到电抗器发生匝间短路时，输出一个 5V 的报警信号至硬件电路，驱动硬件电路工作。硬件电路原理图如图 5.9.8 所示。

(3) NI myDAQ 数据采集功能的设置

1) 采集电抗器感应信号。

电抗器感应信号由 NI myDAQ 模拟输入 AI－0$^+$ 接口采集送入计算机处理。在 LabVIEW 程序框图中，打开函数选板→Express→输入→DAQ 助手→采集信号→模拟输入→电压→myDAQ1→aI0→完成。

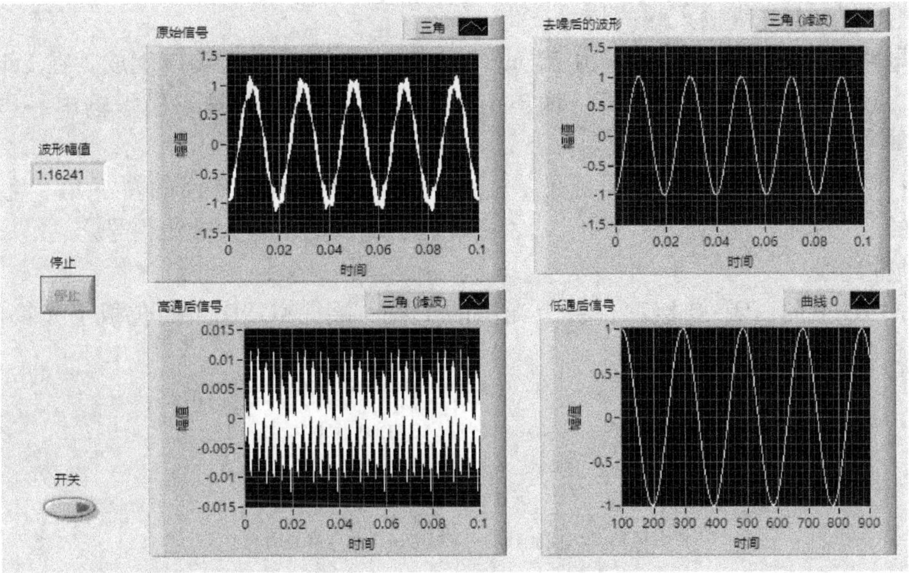

图 5.9.6　正常工作时的显示面板

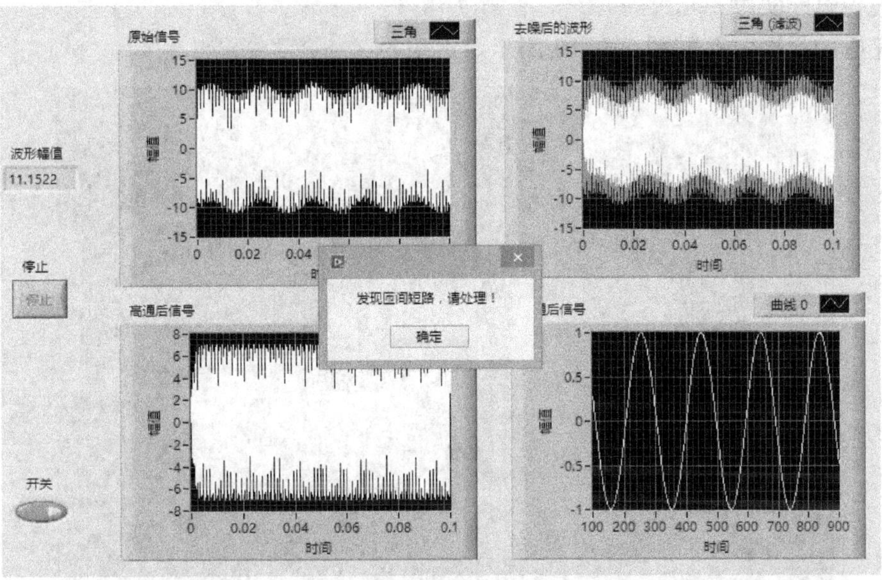

图 5.9.7　匝间短路时的显示面板

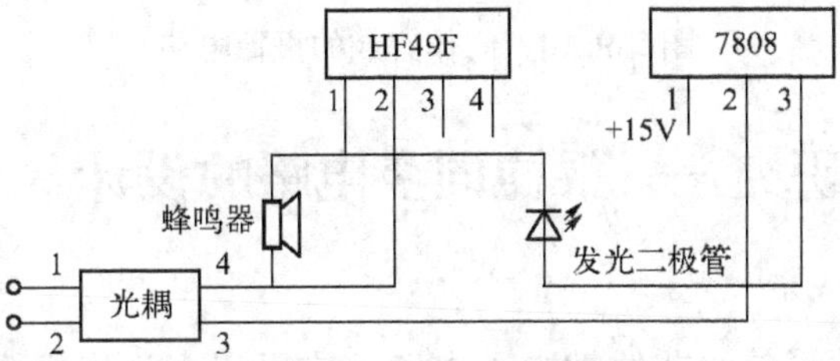

图 5.9.8　报警电路原理图

2）报警电路上光耦输入端的信号产生。

报警电路上光耦输入端的信号由 NI myDAQ 模拟输出 AO－0 接口生成。在 LabVIEW 程序框图中，打开函数选板→Express→输出→DAQ 助手→生成信号→模拟输出→电压→myDAQ1→aO0→完成。

注意：对于直流信号的设置，需在单击“完成”后将弹出界面的左下角“生成模式”下拉框中的“N 采样”改为“1 采样”，否则计算机输出的信号为交流信号。

3）硬件连线。

NI myDAQ 上的 AO－0 接面包板上光耦的 1 输入端，AGND 接面包板上光耦的 2 输入端，如图 5.9.9 所示。

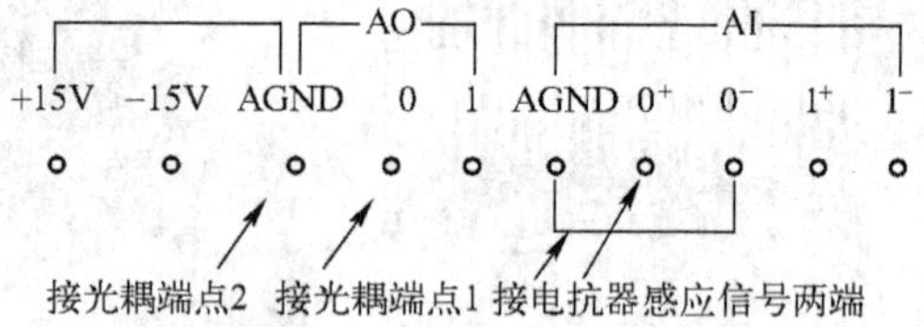

图 5.9.9　NI myDAQ 接线图

（4）报警电路实物

制作完成的报警电路如图 5.9.10 所示。

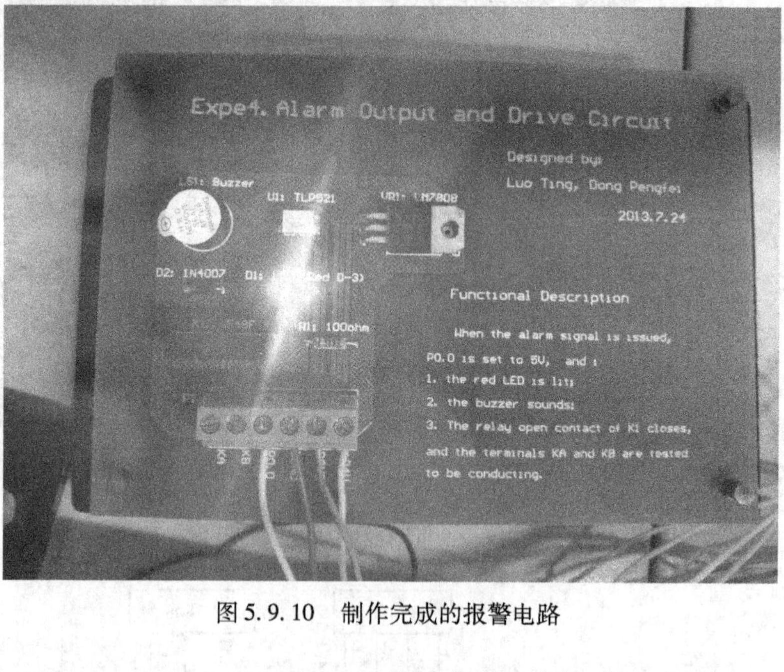

图 5.9.10　制作完成的报警电路

5.10　保密通信的研究——混沌同步电路的设计

1. 设计要求与任务

蔡氏混沌电路是一种简单的非线性电子电路，它可以表现出标准的混沌理论行为。由于混沌信号频谱很宽，直观上很像噪声，而且非常难以预测，这些特征适合作为信息源的载体为信息加密。

混沌保密通信是将信息信号与混沌信号相加后发送，利用混沌信号的复杂性、非周期性和宽频谱等特点，隐藏所要传送的信息。要实现有效的混沌保密通信，传送的有用信息的强度要远远小于混沌信号的强度。传送有用信息的强度越小，在混沌信号中隐藏的越深，保密性就越好。

要实现混沌保密通信，关键是要实现混沌同步。混沌同步是指一个系统的轨道完全收敛于另一个系统轨道的同一值，它们之间将始终保持步调一致。当保密通信的双方具有完全相同的混沌电路时，在特定的条件下可以实现信息信号从发射机的编码到接收机的解码的全过程信息解密，即达到了两个系统的混沌同步。

基于上述问题，要求学生设计两个蔡氏混沌电路，调试这两个混沌电路可实现混沌同步。

2. 预习要求

1）查阅资料，了解并熟悉蔡氏混沌电路模型、状态变量及状态方程。

2）仿真自行设计的电路，并对电阻、电容和电源取值进行确认。

3）搭建实测电路，调试并观察混沌同步波形。

3. 仪器和器材

电阻	若干
电位器 5kΩ	3 个
运算放大器 TL082	3 块
电容 10nF	2 个
电容 100nF	2 个
电感 25mH	2 个
面包板	1 块
NI myDAQ	1 块

计算机 1 台（安装有 LabVIEW2013 及 NI myDAQ 驱动）

4. 实验报告书写要求（供参考）

1）给出完整的实验电路图，说明设计原理。

2）仿真所设计的电路，确定元件的参数值。

3）实测过程说明。

4）实验总结与体会。

5. 验收内容

现场验收，能观察到两个混沌信号实现了同步。

1）编制的 LabVIEW 程序能在 XY 图形方式下，分别观察到两个混沌电路的双吸引子状态。

2）可以观察到两个混沌电路的相位同相。

现场验收通过后，提交实验报告一份（电子版及纸制版各一份）。

6. 设计示例

（1）蔡氏混沌电路

1）原理简述。

蔡氏电路为混沌电路的典型例子，其电路原理如图 5. 10. 1a 所示，是由含有 2 个线性电容、1 个线性电感、1 个线性电阻和 1 个非线性电阻组成的动态电路。非线性电阻 R 的伏安

特性 $i_R = g(u_R)$，是一个分段线性电阻，其伏安关系曲线如图 5. 10. 1b 所示。设电容电压和电感电流为状态变量，可以得出状态方程如下：

$$\begin{cases} C_1 \dfrac{du_{C1}}{dt} = \dfrac{1}{R_0}(u_{C2} - u_{C1}) - g(u_R) \\ C_2 \dfrac{du_{C2}}{dt} = \dfrac{1}{R_0}(u_{C1} - u_{C2}) + i_L \\ L \dfrac{di_L}{dt} = -u_{C2} \end{cases} \tag{5. 10. 1}$$

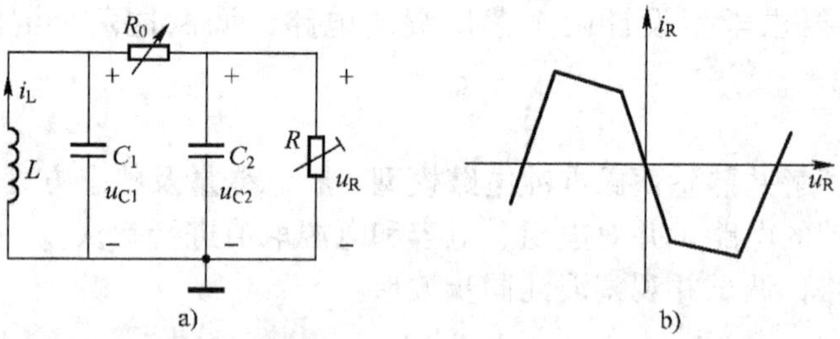

图5. 10. 1　蔡氏电路原理图及非线性电阻 R 的伏安关系曲线

a）蔡氏电路原理图　b）非线性电阻 R 的伏安关系曲线

非线性电阻 R 的实现电路如图 5. 10. 2 所示。

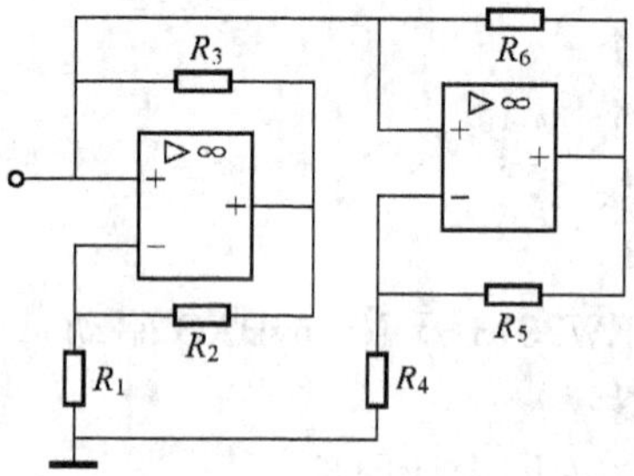

图 5. 10. 2　非线性电阻 R 的实现电路

2）仿真过程。

绘制电路原理图：

- ±15V 供电电源和接地：Place→Component→Sources→POWER SOURCES→VCC、VEE 和 GROUND，设置 VCC 为 15 V，VEE 为 −15 V。
- 电阻：Place→Component→Basic→Resister，3. 3 kΩ、22 kΩ、2. 2 kΩ 和 220 kΩ。
- 电容：Place→Component→Basic→CAPACITOR，100 nF 和 10 nF。
- 电感：Place→Component→Basic→INDUCTOR，25 mH。
- 运算放大器：Place→Component→Analog→OPAMP→TL082CD。
- 示波器：在主窗口右侧的虚拟仪器工具栏，单击 Oscilloscope，鼠标在屏幕上单击一次，放置一个示波器。
- 连线，将示波器的 A 通道和 B 通道分别连接到可调电阻 R_8 的两端。完成连线的电路如图 5. 10. 3 所示。

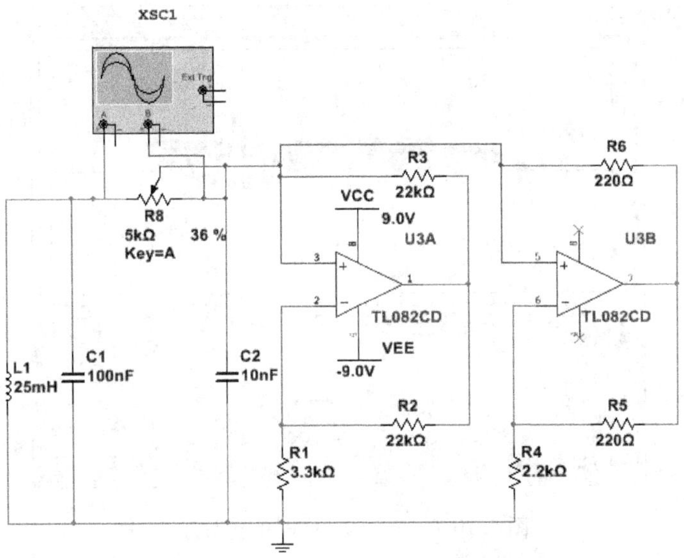

图 5. 10. 3　Multisim 中的电路原理图

观察仿真结果：

在菜单栏单击“Simulate”→“Run”。双击示波器便可看到仿真结果。在示波器窗口的扫描基线 timebase 栏选择“A/B”模式，即显示李沙育图形。当 $R_8=0$ kΩ 时，仿真结果如图 5. 10. 4所示，此时 R_8 两端的电压频率相同。$R_8=1.5$ kΩ 时可以观察到单涡旋吸引子，如图 5. 10. 5所示。当 $R_8=2$ kΩ 时，可观察到双涡卷吸引子的图像，如图 5. 10. 6 所示。

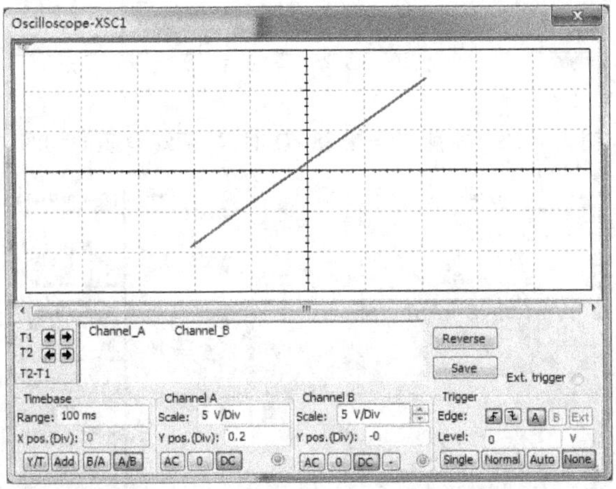

图 5. 10. 4　$R_8=0$ kΩ 时的仿真结果图

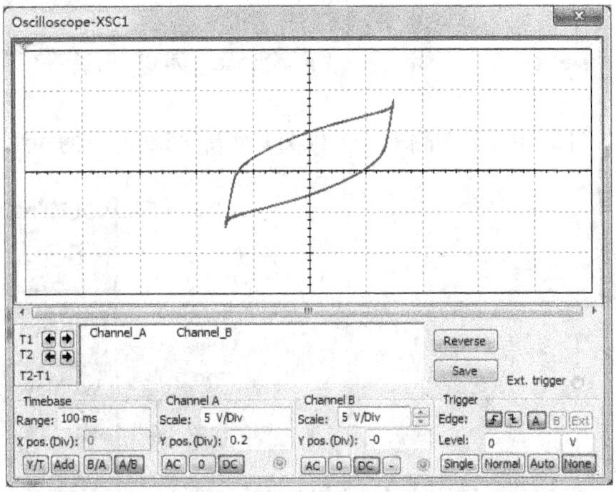

图 5. 10. 5　$R_8=1.5$ kΩ 时的仿真结果

实测结果：

按图 5. 10. 3 搭建实际电路。图 5. 10. 7 所示为当 $R_8=1.96$ kΩ 时 R_8 两端电压的相图，可看到此时 R_8 两端电压均处于周期 1 状态。减小电阻 R_8 的阻值，R_8 两端电压逐渐进入混沌状态，当 $R_8=1.88$ kΩ 时，R_8 两端电压的相图如图 5. 10. 8 所示，形成单涡卷吸引子。继续减小 R_8，R_8 两端电压会进入图 5. 10. 9 所示的双涡卷吸引子状态。最终，当 $R_8=1.52$ kΩ 时，R_8 两端电压又变为周期 1 状态，如图 5. 10. 10 所示。

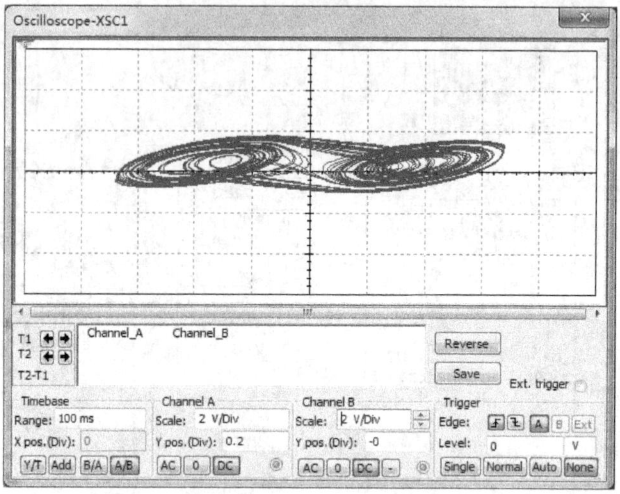

图 5.10.6　$R_8=2\ \text{k}\Omega$ 时的仿真结果

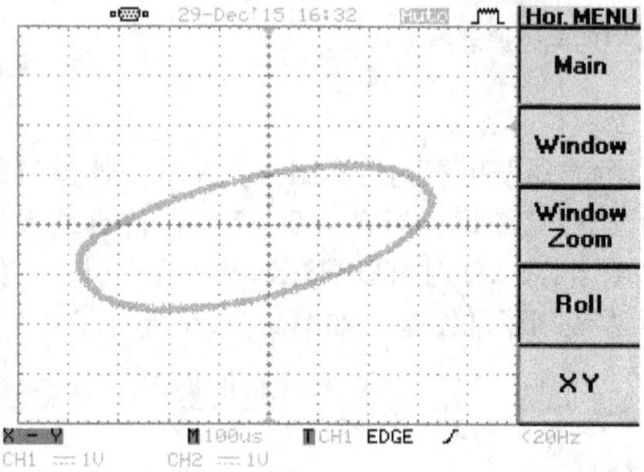

图 5.10.7　实测 $R_8=1.96\ \text{k}\Omega$ 时 R_8 两端电压的相图

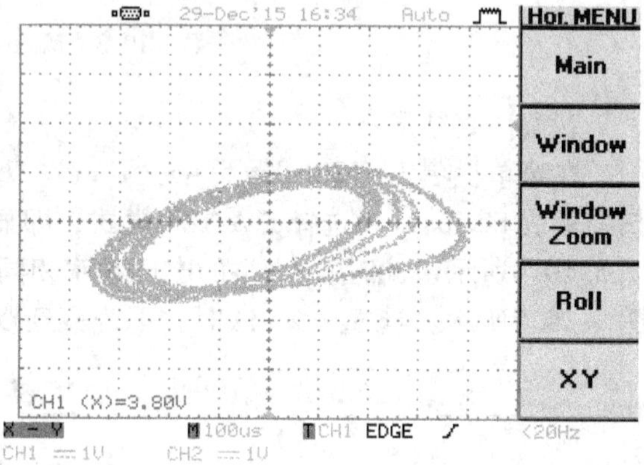

图 5.10.8　实测 $R_8=1.88\ \text{k}\Omega$ 时 R_8 两端电压的相图

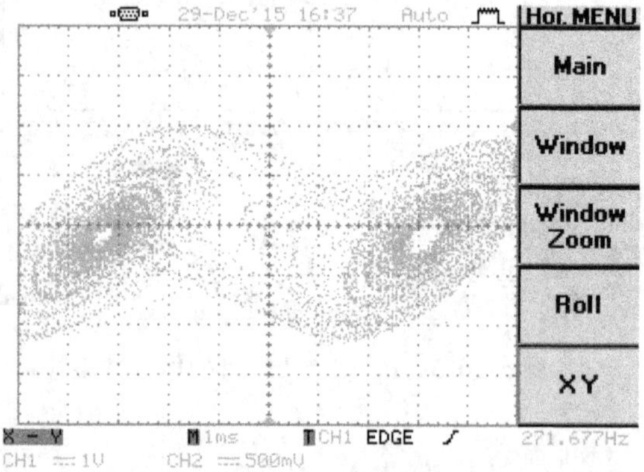

图 5.10.9　实测 $R_8=1.78\ \text{k}\Omega$ 时 R_8 两端电压的相图

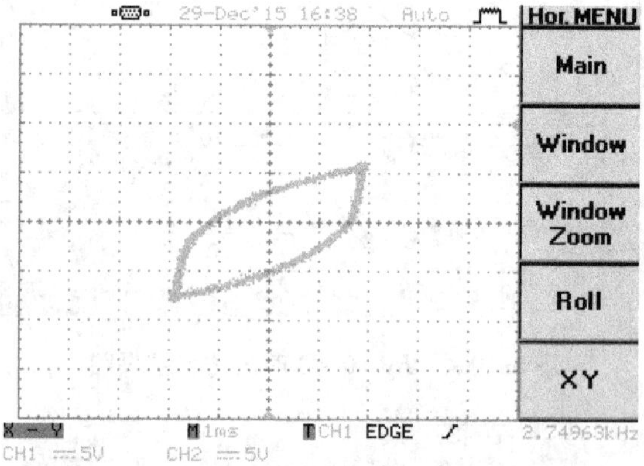

图 5.10.10　实测 $R_8=1.52\ \text{k}\Omega$ 时 R_8 两端电压的相图

（2）混沌电路同步

1）原理说明。

混沌电路同步原理如图 5.10.11 所示。左边混沌单元 A 与右边混沌单元 B 的电路参数一致，它们自身的振荡周期也具有很大的相似性，只是因为它们的相位不一致，所以看起来都杂乱无章，看不出它们的相似性。

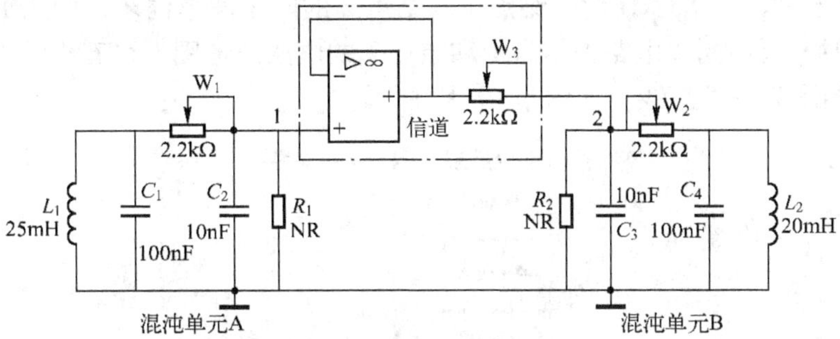

图 5.10.11 混沌同步电路

如果能让它们的相位同步，将会发现它们的振荡周期非常相似。特别是将 W_1 和 W_2 作适当调整，会发现它们的振荡波形不仅周期非常相似，幅度也基本一致。整个波形具有相当大的等同性。

让它们相位同步的方法之一就是让其中一个单元接受另一个单元的影响，受影响大，则能较快同步，受影响小，则同步较慢，或不能同步。为此，在两个混沌单元之间加入了“信道”。

“信道”由一个电压跟随器和一只电位器 W_3 组成。电压跟随器的作用是单向隔离，它让前级（混沌单元 A）的信号通过，再经电位器 W_3 之后去影响后级（混沌单元 B）的工作状态，而后级（混沌单元 B）的信号却不能影响前级的工作状态。

电位器的作用是调整它的阻值，用以改变混沌单元 A 对混沌单元 B 的影响程度。

混沌单元 A 信号经过电压跟随器后，其信号特性可认为没发生改变，等于原来混沌单元 A 的信号。

2）实测结果。

对图 5.10.11 实测。当信道断开，在混沌单元 A 中，$W_1 = 1.79\ \text{k}\Omega$ 时，W_1 两端电压的相图为双涡卷吸引子，如图 5.10.12 所示。图 5.10.13 为在混沌单元 B 中，信道断开，$W_2 = 1.55\ \text{k}\Omega$ 时，W_2 两端电压的相图为周期 1 状态。

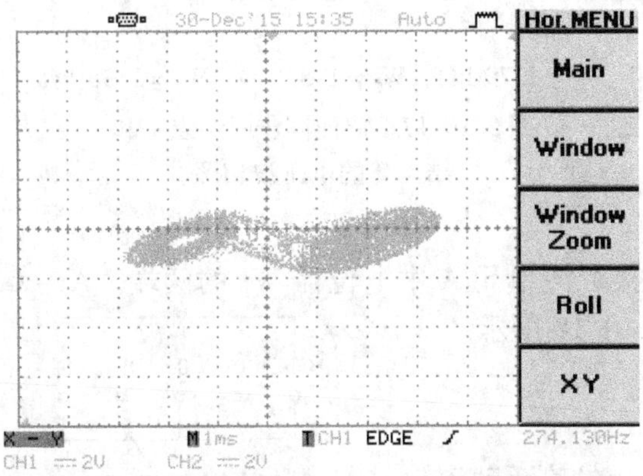

图 5.10.12 混沌单元 A 中 W_1 两端电压的相图

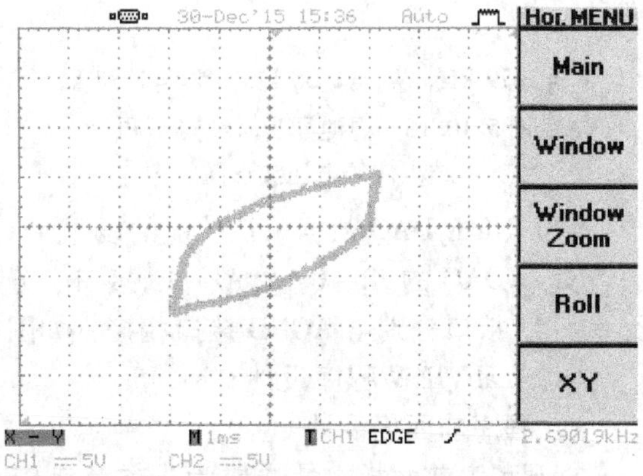

图 5.10.13 混沌单元 B 中 W_2 两端电压的相图

连接信道后，调节 W_3，可发现，当 $W_3 = 4.54\ k\Omega$ 时，混沌同步电路中结点 1 和结点 2 的电压波形如图 5.10.14 所示，两个电压不同步，其相图也无规律，如图 5.10.15 所示。调节 W_3，发现当 $W_3 < 2.83\ k\Omega$ 时，结点 1 和结点 2 的电压波形同步，图 5.10.16 所示为当 $W_3 = 1.38\ k\Omega$ 时，混沌同步电路中结点 1 和结点 2 的电压波形图，可看出结点 1 和结点 2 的电压同步。其相图为一条直线，如图 5.10.17 所示。

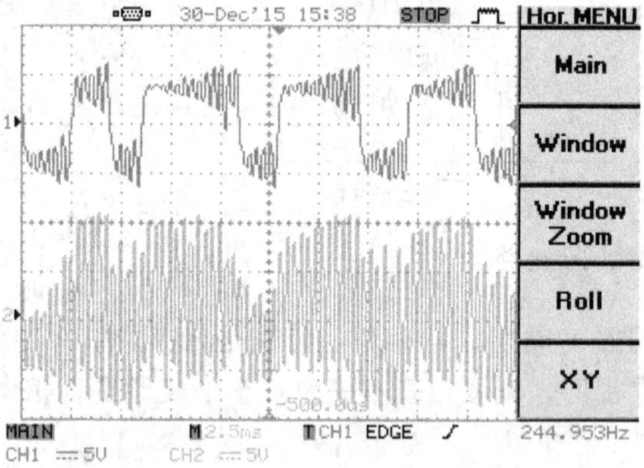

$W_1 = 1.79\ k\Omega$，$W_2 = 1.55\ k\Omega$，$W_3 = 4.54\ k\Omega$

图 5.10.14　混沌不同步时结点 1 和结点 2 的电压波形图

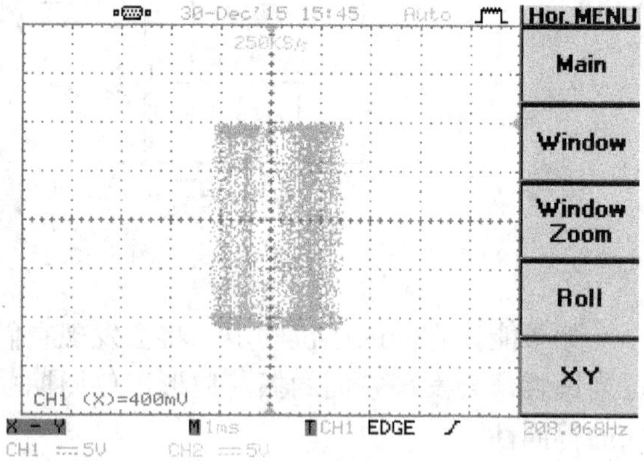

$W_1 = 1.79\ k\Omega$，$W_2 = 1.55\ k\Omega$，$W_3 = 4.54\ k\Omega$

图 5.10.15　混沌不同步时结点 1 和结点 2 的电压波相图

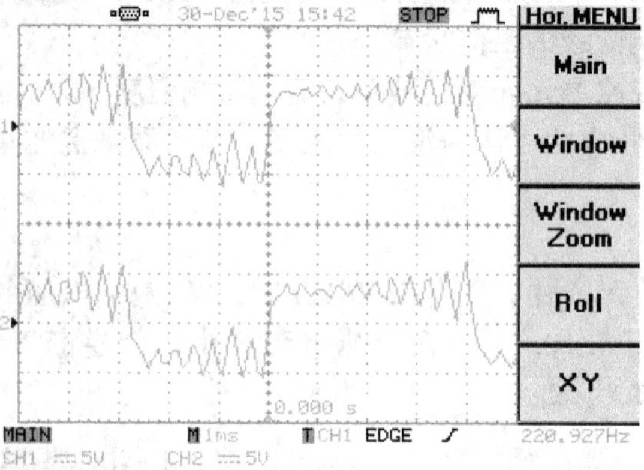

$W_1 = 1.79\ k\Omega$，$W_2 = 1.55\ k\Omega$，$W_3 = 1.38\ k\Omega$

图 5.10.16　混沌同步时结点 1 和结点 2 的电压波形图

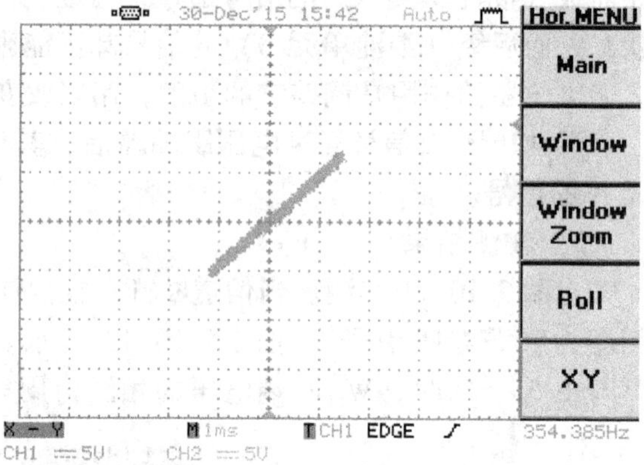

$W_1 = 1.79\ k\Omega$，$W_2 = 1.55\ k\Omega$，$W_3 = 1.38\ k\Omega$

图 5.10.17　混沌同步时结点 1 和结点 2 的电压波相图

（3）NI myDAQ 数据采集功能的设置

NI myDAQ 的 $AI-0^+$ 及 $AI-1^+$ 接口，分别接混沌单元 A 中电位器 W_1 的两端。$AI-0^-$ 及 $AI-1^-$ 接口分别与 AGND 接口相接，如图 5.10.18 所示。

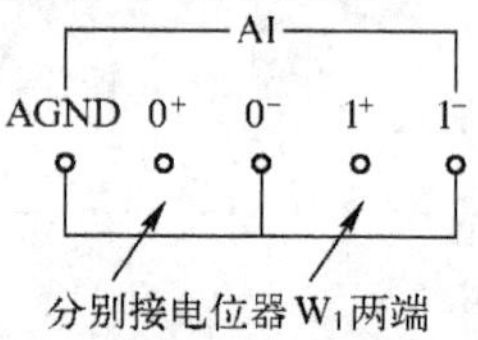

图 5.10.18　NI myDAQ 连线图

（4）LabVIEW 程序设计

1）程序前面板设计。

打开程序前面板，使之成为当前活动窗口，在其活动窗口中，右键打开控件选板：

• 添加 1 个“XY 图”图形显示控件用于显示采集到的信号波形：控件选板→新式→图形→XY 图控件。
• 添加 1 个“停止”控件用于控制整个程序的结束：控件选板→新式→布尔→停止控件。

设计完成的 LabVIEW 前面板如图 5.10.19 所示。

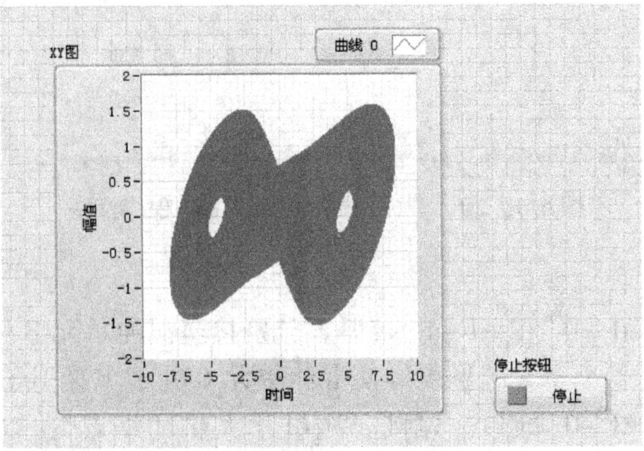

图 5.10.19　混沌电路的 LabVIEW 前面板

2）程序框图设计。

打开程序框图面板，使之成为当前活动窗口，在其活动窗口中，右键打开函数选板：

• 添加 1 个 while 循环结构：函数选板→编程→结构→while 循环，用鼠标在程序框图中拖动，画出 while 循环的框图。
• 添加“DAQ 助手”：函数选板→Express→输入→DAQ 助手→采集信号→模拟输入→电压→myDAQ1→aI0→完成。从 AI－0 接口采集可调电阻一端的电压信号。双击“DAQ 助手”控件打开其对话框→添加通道→myDAQ1→aI1→完成。设置采集 AI－0 和 AI－1 两通道信号。
• 添加 1 个“从动态数据转换”函数：函数选板→Express→信号操作→从动态数据转换。双击“从动态数据转换”控件打开其对话框→在“转换”下拉列表框中选择“二维标量数组－行是通道”，将 aI0 和 aI1 两通道采集的信号存入二维标量数组中，且以行为对应通道号的信号数据。
• 添加 2 个数组“索引数组”函数：函数选板→编程→数组→索引数组。设置“索引数组”的索引（行）一个为常数 0，一个为常数 1。
• 添加 1 个“捆绑”函数：函数选板→编程→簇与变体→捆绑。将 2 个“索引数组”数据输出端与捆绑函数的输入端相接；捆绑函数的输出端与 XY 图控件的输入端连接。

按图 5.10.20 所示连线，完成数据流编程任务。

3）调试方法。

对图 5.10.11 所示电路调试步骤如下：

• NI myDAQ 的 AI－0^+ 和 AI－1^+ 接口，分别接混沌单元 A 中电位器 W_1 的两端。
• 运行 LabVIEW 程序，调节电位器 W_1，观察 XY 波形图，使混沌单元 A 处于双吸引子

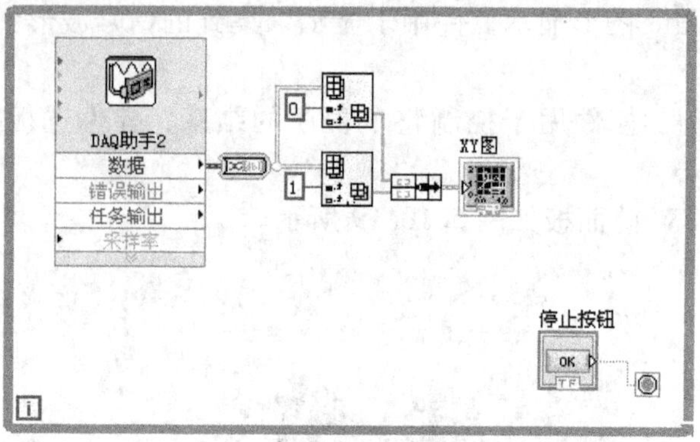

图 5.10.20　混沌电路的 LabVIEW 程序框图

混沌状态。

- 将 NI myDAQ 的 AI－0⁺和 AI－1⁺接口，分别接至混沌单元 B 中电位器 W_2 的两端。
- 调节电位器 W_2，观察 XY 波形图，使混沌单元 B 处于单吸引子混沌状态。
- 将 NI myDAQ 的 AI－0⁺接口，连接混沌单元 A 中的结点 1。NI myDAQ 的 AI－1⁺接口，连接混沌单元 B 中的结点 2。
- 缓慢调节电位器 W_3，使显示的波形成为约 45°的细斜线。此时，说明这两路波形基本同步。线的长度表达了波形的振幅，线的粗细代表两路波形的幅度和相位在细节上的差异。所以这条线的优劣表达出了两路波形的同步程度。应尽可能将这条线调细，但同时必须保证混沌单元 A 和混沌单元 B 处于混沌状态。

图 5.10.21 为搭建好的混沌同步电路实物图。

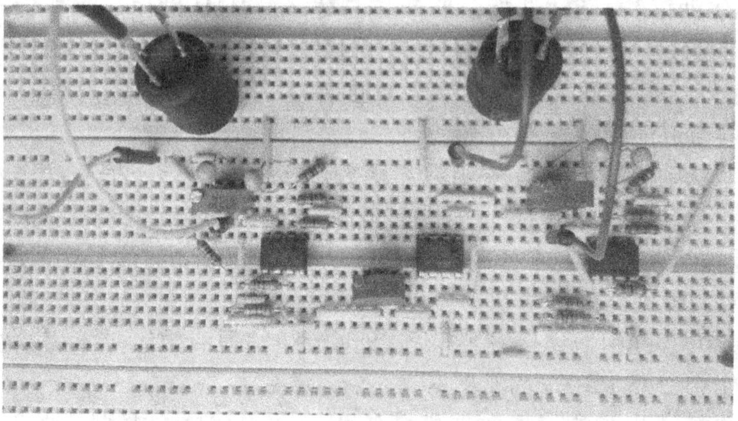

图 5.10.21　混沌同步电路实物图

附　　录

附录 A　相关器材介绍

A.1　电阻、电感和电容

A.1.1　电阻

根据结构的不同，电阻可以分为实心电阻、薄膜电阻和绕线电阻等普通电阻，以及阻值随温度、湿度和光强等变化的特殊电阻，有关特殊电阻的详细资料可参考相关专业书籍。

1. 实心电阻（RS）

该类电阻的优点是可靠性高、过载能力强、体积小、价格便宜，缺点是稳定性较差、噪声大。

2. 薄膜电阻

薄膜电阻是在绝缘体上喷镀导电膜，再喷保护漆制成的，其阻值的大小可通过镀膜的厚度来控制。根据镀膜材料的不同薄膜电阻又分为如下几种：

1）碳膜电阻（RT）：具有成本低、噪声小等优点，但此类电阻的误差较大、温度系数较低。

2）金属膜电阻（RJ）：该类电阻具有精度高、噪声小、温度系数小和功率容量大等优点，相同功率下，其体积一般小于碳膜电阻，但价格高于碳膜电阻。

3）氧化膜电阻（RY）：该类电阻在高温下的化学性质稳定，电阻值一般较低。

3. 绕线电阻（RX）

这种电阻器的优点是耐高温、功率容量大，缺点是自感较大、高频特性差。

4. 电阻元件的主要技术指标

1）额定功率：在一定条件下连续工作所允许消耗的最大功率。选择电阻器的额定功率时，一般应留有一定的容量，通常是计算值的 1.5 ~ 2 倍以上。其表示方法如图 A.1.1 所示。

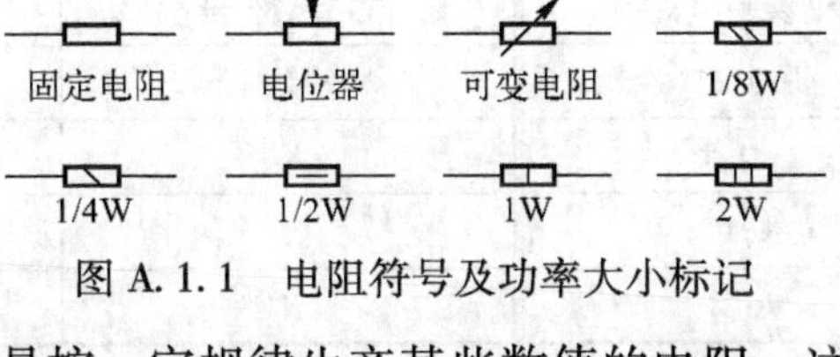

图 A.1.1　电阻符号及功率大小标记

2）标称值：国家标准是按一定规律生产某些数值的电阻，这些数值是不连续的，这组系列值又称为标称值。常用电阻的标称值应为表中所列数值之一再乘以 10^n（n 为正、负整数），见表 A.1.1。

表 A.1.1　$E_{24}/E_{12}/E_6$标称值系列

系列代号	E_{24}	E_{12}	E_6
允许误差（%）	±5	±10	±20
标　称　值	1.0、1.1、1.2、1.3 1.5、1.6、1.8、2.0 2.2、2.4、2.7、3.0 3.3、3.6、3.9、4.3 4.7、5.1、5.6、6.2 6.8、7.5、8.2、9.1	1.0、1.2、1.5 1.8、2.2、2.7 3.3、3.9、4.7 5.6、6.8、8.2	1.0、1.5、2.2、 3.3、4.7、6.8

E_{48}/E_{192}标称值系列属高精密电阻器，这个系列的允许误差分别为±2%和±0.5%。

3）准确度：电阻实际值与其标称值间允许的相对误差范围，一般分为五个等级，见表 A.1.2。其中Ⅰ、Ⅱ级比较常用。

表 A.1.2　电阻准确度等级

允许误差（%）	±0.5	±1	±5	±10	±20
准确度级别	005	01	Ⅰ	Ⅱ	Ⅲ

4）温度系数：以25℃作为标准温度，当温度变化1℃时，电阻值的变化量为 dR，则有

$$\alpha = (1/R_{25})(\mathrm{d}R/\mathrm{d}T)$$

式中，α为温度系数；R_{25}为温度在25℃时的电阻值；dT为温度的变化量。

5）噪声：电阻内部因载流子浓度的变化而引起电阻器端电压不规则的波动称为电阻器噪声。电阻器噪声将会对电路信号产生一定干扰。

5. 电阻的标记方法

1）直接标记法：是将电阻值和准确度等级印在元件上，见表 A.1.3。

表 A.1.3　直接标记方式及其含义

标记方式	含　义
1.3 MΩ±5%	阻值为1.3 MΩ，允许误差±5%
3.6 kΩⅠ	阻值为3.6 kΩ，允许误差±5%
5k6Ⅱ	阻值为5.6 kΩ，允许误差±10%

2）文字标注法：将电阻值和准确度等级印在元件上，但与直接标记法有所不同。如4k7K的含义是：电阻器的阻值为4.7 k，允许误差为10%。表示误差的字符见表 A.1.4。

表 A.1.4　允许误差的符号

文字符号	允许误差（%）	文字符号	允许误差（%）
C	±0.25	J	±5
D	±0.5	K	±10
F	±1	M	±20
G	±2	N	±30

3）色环标记法：用4～5条彩色环标注在电阻器上，表示电阻器的阻值和允许误差的方法。用色标法表示标称电阻值时，电阻器的单位为“Ω”，如图 A.1.2 所示。

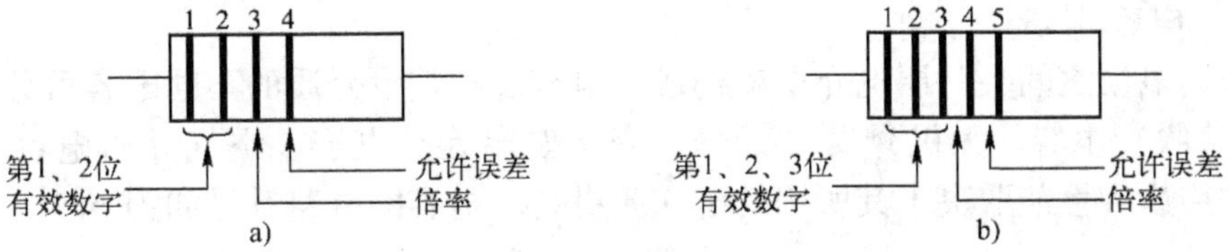

图 A. 1. 2　电阻的色环标记法

色环所表示的含义见表 A. 1. 5。

表 A. 1. 5　色环颜色的规定

颜　色	黑	棕	红	橙	黄	绿	兰	紫	灰	白	金	银	无
有效数字	0	1	2	3	4	5	6	7	8	9			
允许误差（%）		±1	±2			±0.5	±0.2	±0.1			±5	±10	±20
倍　率	10^0	10^1	10^2	10^3	10^4	10^5	10^6	10^7	10^8	10^9	10^{-1}	10^{-2}	

A. 1. 2　电感

1. 电感

将漆包线绕在绝缘管、铁心或磁心上就构成了电感线圈，用“L”表示。与电阻和电容不同，电感一般没有系列产品，在实际工作中需根据要求自行设计与制作，其电路符号如图 A. 1. 3所示。

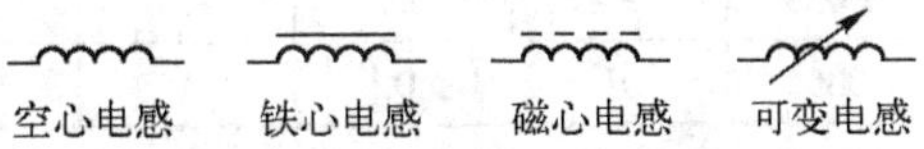

图 A. 1. 3　电感线圈的电路符号

2. 电感线圈的主要参数

1）电感量：电感量的大小与线圈匝数、绕制方式以及磁心的材料等因素有关。

2）品质因数：品质因数用“Q”表示，它与电感线圈的结构、工作频率有关。品质因数值越高，表明电感线圈的功率损耗越小，效率越高。

3）额定电流：电感线圈长期连续工作时，允许通过的最大电流值。用字母 A ~ E 来表示额定电流的等级，见表 A. 1. 6。

表 A. 1. 6　电感线圈额定电流的等级

标　　记	A	B	C	D	E
标称电流值/mA	50	150	300	700	1600

4）分布电容：电感线圈匝与匝之间、两个电极之间存在的电容，称为分布电容。当工作频率升高到一定时刻，电感线圈的感抗与分布电容的容抗相等，电路将发生谐振，对应的频率称为电感线圈的固有频率。如果继续增加工作频率，则电感线圈将不再具有电感的特性，而相当于一个小电容。分布电容会使电感线圈的工作频率受到限制，并使它的 Q 值下降。

A.1.3 电容

两个金属电极之间夹一层电介质就构成了电容。根据电介质的不同电容可分为有机介质（纸、有机薄膜）电容、无机介质（云母、瓷、玻璃等）电容、空气介质电容和电解电容等，电容的用途和性能取决于其所用的电介质材料。电容的电路符号如图 A.1.4 所示。

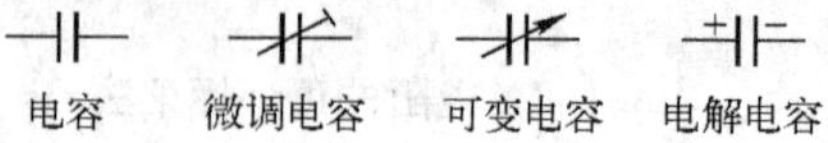

图 A.1.4 电容的电路符号

1. 电容的主要技术指标

1）额定电压：在规定条件下，电容器在电路中连续长时间工作而不被击穿的最大直流电压，它与电容器的结构、电介质以及介质厚度有关。

2）标称容量：与电阻类似有 $E_{24}/E_{12}/E_6$ 标称值系列。1μF 以上电容的标称容量见表 A.1.7。

表 A.1.7 电容的标称系列

标称系列													
1	2	4	4.7	6	8	10	15	20	30	47	50	60	80

3）准确度：电容实际值与其标称值间允许的相对误差范围，称为电容的准确度，见表 A.1.8。

表 A.1.8 电容准确度等级

允许误差（%）	±0.5	±1	±2	±5	±10	±20	+20～-10
准确度级别	005	01	0	Ⅰ	Ⅱ	Ⅲ	Ⅳ

4）绝缘电阻：由所用的介质及其厚度决定。它反映了电容漏电的大小。

5）频率特性：在高频条件下工作的电容，其电参量随电场频率而变化的性质。

6）温度系数：在一定范围内，温度每变化 1℃，电容量的相对变化值。影响电容温度系数的主要因素是介质材料的温度特性及其结构。

2. 电容容量的标记方法

1）直接表示法：把电容的型号、规格直接标注在电容的外壳上，示例见表 A.1.9。

表 A.1.9 电容器外壳标记

标　记	含　义
CJ3-400-0.01-Ⅱ	额定电压为 400 V，容量 0.01 μF，误差为 ±10% 的密封金属纸介质电容器

2）字符数字表示法：用字母 P、N、μ、m、F 表示电容量的单位，单位之前的数字表示电容量的整数位，单位之后的数字表示电容量的小数位。

例如，P10 和 1 μ0 分别表示 0.1 pF 和 1.0 μF。

3）色环标记法：与电阻的色环表示法类似，可参阅表 A.1.5。用色环标记的电容容量，单位一般为 pF。

3. 如何选用电容

根据工作需要，在选择电容时应考虑以下几个方面：类型、额定电压、频率特性、准确度和温度系数等。

1）类型：电容类型及其适用范围见表 A. 1. 10。

表 A. 1. 10　电容型号及其适用范围

类　型	适用范围
容量 1 ~ 22 μF，电解电容	低频放大器
10 ~ 220 μF，电解电容	发射极旁路电容
0. 01 ~ 0. 1 μF，纸介、金属化纸介、有机薄膜电容	中频电路
云母电容、瓷介电容	高频电路
电解电容	滤波电路
电解电容	退耦电路

2）额定电压：额定工作电压应高于实际工作电压，一般高于实际工作电压10% ~20%。

3）频率特性：在高频电路中，电容的引线要尽可能短，以减小引线电感对电路的影响。

4）准确度：并非所有场合都要求电容有很高的准确度，根据电容在电路中的作用，表 A. 1. 11提供的适用范围，仅作参考。

表 A. 1. 11　电容准确度及其适用范围

适用范围	准确度要求
低频耦合、旁路和退耦电路	电容量略大于设计值
振荡电路、延时电路和音调控制电路	尽可能与计算值一致
滤波器、网络电路	选用高精度电容器

5）温度系数：为了提高电路的工作的稳定性，应选择温度系数较小的电容。

A. 2　二极管

二极管是一种具有单向导电的二端器件。在半导体二极管内部有一个 PN 结，即由 p 型半导体和 n 型半导体烧结形成的 p – n 结界面。在其界面的两侧形成空间电荷层，构成自建电场。当外加正向电压时，在正向特性的起始部分，正向电压很小，不足以克服 PN 结内电场的阻挡作用，正向电流几乎为零，这一段称为死区。这个不能使二极管导通的正向电压称为死区电压。当正向电压大于死区电压以后，PN 结内电场被克服，二极管正向导通，电流随电压增大而迅速上升。在正常使用的电流范围内，导通时二极管的端电压几乎维持不变，这个电压称为二极管的正向电压。当二极管两端的正向电压超过一定数值 V_{th}，内电场很快被削弱，特性电流迅速增长，二极管正向导通。V_{th}叫做门坎电压或阈值电压，硅管约为 0.5 V，锗管为 0.1 V。硅二极管的正向导通压降为 0. 6 ~ 0. 8 V，锗二极管的正向导通压降为 0. 2 ~ 0. 3 V。当外加反向电压不超过一定范围时，通过二极管的电流是少数载流子漂移运动所形成反向电流。由于反向电流很小，二极管处于截止状态。

二极管种类有很多，根据其不同用途，可分为限幅二极管、稳压二极管、发光二极管、整流二极管以及开关二极管等。二极管的电路符号如图 A. 2. 1 所示。

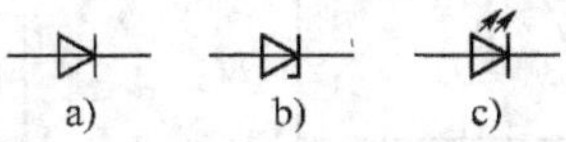

图 A. 2. 1　二极管的电路符号

a）普通二级管　b）稳压管　c）发光二极管

1. 限幅二极管

二极管一般在电路中起单向导电作用。由于二极管正向导通后，它的正向压降基本保持不变（硅管为0.7 V，锗管为0.3 V）。利用这一特性，在电路中作为限幅元件，可以把信号幅度限制在一定范围内。

2. 稳压二极管

这种二极管是利用二极管的反向击穿特性制成的，在电路中其两端的电压保持基本不变，起到稳定电压的作用，是代替稳压电子二极管的产品，它通常被制作成为硅的扩散型或合金型，是反向击穿特性曲线急骤变化的二极管，作为控制电压和标准电压使用。二极管工作时的端电压（又称齐纳电压）从3 V左右到150 V，按每隔10%，能划分成许多等级。在功率方面，也有从200 mW至100 W以上的产品。工作在反向击穿状态，硅材料制作，动态电阻RZ很小，一般为2CW、2CW56等；将两个互补二极管反向串接以减少温度系数则为2DW型。

3. 发光二极管

发光二极管简称为LED。由含镓（Ga）、砷（As）、磷（P）和氮（N）等的化合物制成。当电子与空穴复合时能辐射出可见光，因而可以用来制成发光二极管。在电路及仪器中作为指示灯，或者组成文字或数字显示。砷化镓二极管发红光，磷化镓二极管发绿光，碳化硅二极管发黄光，氮化镓二极管发蓝光。因化学性质又分有机发光二极管OLED和无机发光二极管LED。接线时一般长引脚为正，短引脚为负。

A.3 运算放大器

1. 741型运算放大器

741型运算放大器具有广泛的应用。宽范围的共模电压和无阻塞功能可用于电压跟随器。高增益和宽范围的工作电压特点在积分器、加法器和一般反馈应用中能使电路具有优良性能。此外，它还具有如下特点：

1）无频率补偿要求。

2）短路保护。

3）失调电压调零。

4）大的共模、差模电压范围。

5）低功耗。

741型运放双列直插封装的俯视图如图A.3.1a所示。紧靠缺口（有时也用小圆点标记）下方的引脚编号为1，按逆时针方向，引脚编号依次为2，3，…，8。其中，引脚2为运放反相输入端，引脚3为同相输入端，引脚6为输出端，引脚7为正电源端，引脚4为负电源端，引脚8为空端，引脚1和5为调零端。通常，在两个调零端接一个几十千欧的电位器，其滑动端接负电源，如图A.3.1b所示，调整电位器，可使失调电压为零。

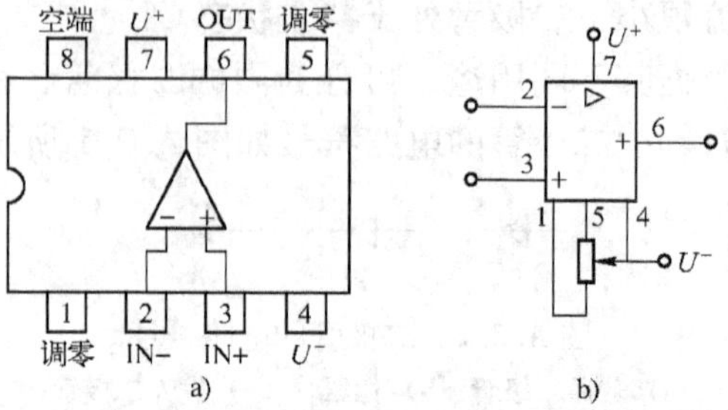

图A.3.1　741型运算放大器的封装图及引脚图

a）741型运算放大器的封装图　b）引脚图

741 型运算放大器的典型性能参数见表 A. 3. 1。

表 A. 3. 1　$T=25℃$，$U^{+}=+15\ V$，$U^{-}=-15\ V$

参数名称	测试条件	最小	典型	最大	单位
输入失调电压	$R_s \leqslant 10\ k\Omega$		1.0	5.0	mV
输入失调电流			20	200	nA
输入偏置电流			80	500	nA
输入电阻		0.3	2.0		MΩ
输入电容			1.4		pF
大信号电压增益	$R_L \geqslant 2\ k\Omega$，$U_o \geqslant \pm 10\ V$	50k	200k		
输出电阻			75		Ω
输出短路电流			25		mA
电源电流			1.7	2.8	mA
功耗			50	85	mW
转换速率	$R_L \geqslant 2\ k\Omega$		0.5		V/ms
共模抑制比	$R_s \leqslant 10\ k\Omega$，$U_{CM}=\pm 12\ V$	70	90		dB
增益带宽乘积			1		MHz

2. TL082 型运算放大器

TL082 在同一基片上集成了两个性能相同的运算放大器，封装如图 A. 3. 2 所示。

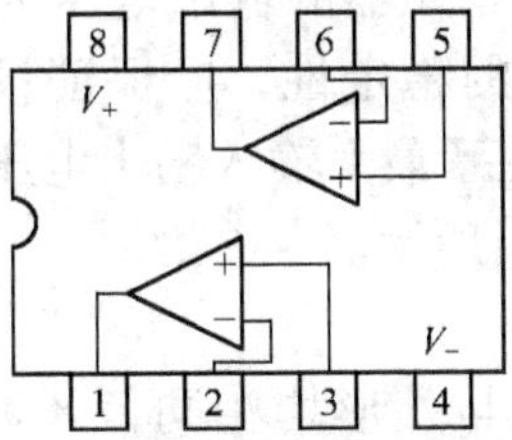

图 A. 3. 2　TL082 运算放大器封装图

3. LM324 型运算放大器

LM324 在同一基片上集成了四个性能相同的运算放大器，每个运算放大器内部都有一个内部补偿电容，它在振荡器和多路放大器和比较器等中使用较广。LM324 在双电源工作时，最大电源电压为 ±16V，它也可在单电源条件下工作，此时，引脚 11 接地，最大正电源电压为 32V。LM324 为 14 引线双列直插式封装，如图 A. 3. 3 所示。其电特性见表 A. 3. 2。

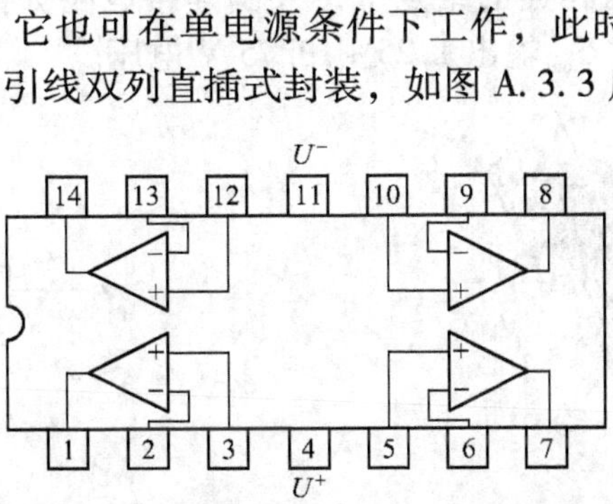

图 A. 3. 3　LM324 运算放大器封装图

表 A.3.2　$U^{+}=5\sim30$ V，$T=25$℃

参数名称	测试条件	最小	典型	最大	单　位
输入失调电压	$U_o\approx1.4$V，$R_s=0$		2.0	7.0	mV
输入失调电流			5.0	50	nA
输入偏置电流			45	250	nA
大信号电压增益	$U^{+}=15$ V，$R_L=5$ kΩ	88 k	100 k		
电源电流	$U^{+}=30$ V，$U_o=0$，$R_L=\infty$	1.5	3.0		mA
共模抑制比	$R_s\leqslant10$ kΩ	65	70		dB

A.4　集成稳压器

集成稳压器又称为集成稳压电路，可将不稳定的直流电压转换成稳定的直流电压。近年来，集成稳压器已得到广泛应用，其中以小功率的三端式串联型稳压器应用最为普遍。电路中常用的集成稳压器主要有固定式 78××系列、固定式 79××系列及可调式 LM317。

1. 固定式 78××系列

固定式 78××系列稳压器是将取样电阻、补偿电容、保护电路以及大功率调整管等都集成在同一芯片上，使整个集成电路对外只有三个引脚，分别是输入端、接地端和输出端。它的输出电压由具体型号中的后面两个数字代表，有 5 V、6 V、8 V、9 V、12 V、15 V、18 V 以及 24 V 等档次。例如，7805 表示稳压器的输出电压为 5 V。78××系列稳压器输入电压的极限值为 36 V，为确保输出电压的稳定性，应保证最小输入输出电压差。一般使用时，压差应保持在 3 V 以上。同时又要注意最大输入输出电压差范围不能超出规定范围。固定式 78××系列稳压器外形图如图 A.4.1 所示。

2. 固定三端稳压器 79××系列

79××系列与 78××系列功能与外形均相同，区别在于 79××系列输出负电压，而 78××系列输出正电压。

3. 可调式三端稳压器 LM317

LM317 是美国国家半导体公司制造的可调节三端正电压稳压器。引脚 1 为调节端，引脚 2 为输出端，引脚 3 为输入端。输入引脚接输入正电压，输出引脚接负载，电压调节引脚接在固定电阻 R_1 与可调电阻 R_2 相连的结点上，外围连接电路如图 A.4.2 所示。当电阻 $R_1=1$ kΩ，$R_2=0\sim10$ kΩ 时，则 U_{out} 输出 1.25～13.75 V 电压。

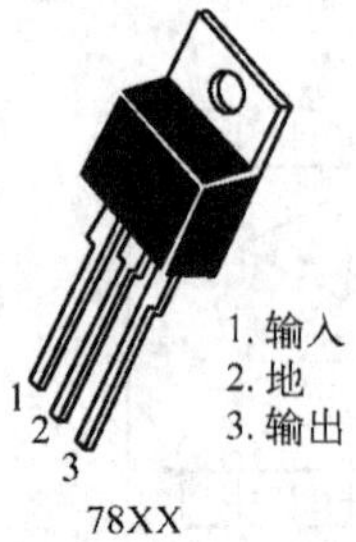

图 A.4.1　固定式 78××系列稳压器外形图

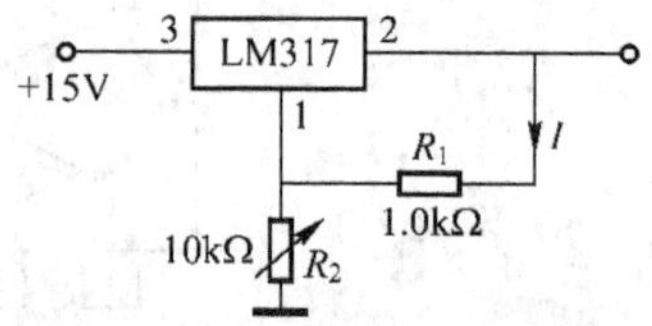

图 A.4.2　LM317 外围电路

决定 LM317 输出电压的是电阻 R_1 与 R_2 的比值。因为 LM317 输出端的电位高，电流经 R_1、R_2 流入接地点。它的控制端消耗非常少的电流，可忽略不计，所以控制端的电位是 IR_2，又因为 LM317 控制端和输出端引脚间的电位差为 1.25 V，所以 U_{out}（输出）的电压是 $U_{out}=1.25+IR_2$。又由于输出端与调节端引脚间的电位差为 1.25 V，电流 I 为 $1.25/R_1$，因此：

$$U_{out}=1.25+IR_2=1.25+\frac{1.25}{R_1}\times R_2=1.25\times\left(1+\frac{R_2}{R_1}\right)$$

LM317 主要参数如下：

输出电压：DC 1.25 ~ 37 V。

输出电流：5 mA ~ 1.5 A。

芯片内部具有过热、过流及短路保护电路。

最大输入 - 输出电压差：DC 40 V。

最小输入 - 输出电压差：DC 3 V。

使用环境温度：-10 ~ +85℃。

存储环境温度：-65 ~ +150℃。

A.5 NE555 集成电路

NE555 是一种应用特别广泛的集成电路，属于小规模集成电路，在很多电子产品中作为定时器应用。其内部结构如图 A.5.1 所示。其组成包括 3 个阻值为 5 kΩ 的电阻组成的分压器、两个电压比较器 C_1 和 C_2、基本 RS 触发器、放电晶体管 TD 和缓冲反相器 G_4。点画线边沿标注的数字为引脚编号。其中，引脚 1 为接地端；引脚 2 为低电平触发端，由此输入低电平触发脉冲；引脚 6 为高电平触发端，由此输入高电平触发脉冲；引脚 4 为复位端，输入负脉冲（或使其电压低于 0.7 V）可使 555 定时器直接复位；引脚 5 为电压控制端，在此端外加电压可以改变比较器的参考电压，不用时，经 0.01 μF 的电容接地，以防止引入干扰；引脚 7 为放电端，555 定时器输出低电平时，放电晶体管 TD 导通，外接电容元件通过 TD 放电；

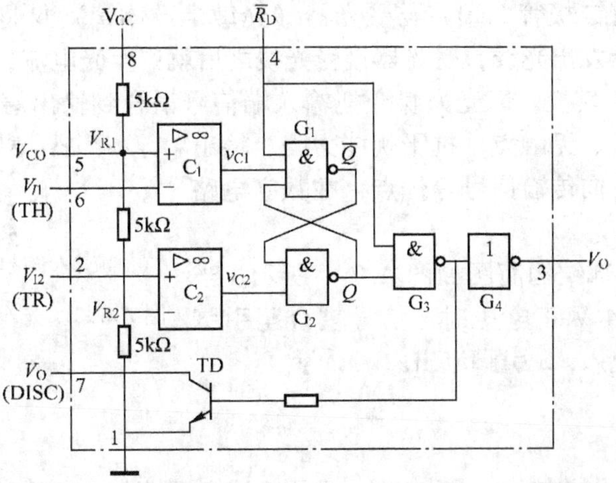

图 A.5.1　555 集成电路内部结构

引脚 3 为输出端，输出高电压低于电源电压 1 ~ 3 V，输出电流可达 200 mA，因此可直接驱动继电器、发光二极管和指示灯等；引脚 8 为电源端，可在 5 ~ 18 V 范围内使用。

555 定时器工作时过程如下：引脚 5 经 0.01 μF 电容接地，比较器 C_1 和 C_2 的比较电压为 $V_{R1}=2/3Vcc$、$V_{R2}=1/3Vcc$。当 $V_{I1}>2/3Vcc$，$V_{I2}>1/3Vcc$ 时，比较器 C_1 输出低电平，比较器 C_2 输出高电平，基本 RS 触发器置 0，G_3 输出高电平，放电晶体管 TD 导通，555 定时器输出低电平。当 $V_{I1}<2/3Vcc$，$V_{I2}>1/3Vcc$ 时，比较器 C_1 输出高电平，比较器 C_2 输出高电平，基本 RS 触发器保持原状态不变，555 定时器输出状态保持不变。当 $V_{I1}>2/3Vcc$，$V_{I2}<1/3Vcc$ 时，比较器 C_1 输出低电平，比较器 C_2 输出低电平，基本 RS 触发器两端都被置 1，G_3 输出低电平，放电晶体管 TD 截止，555 定时器输出高电平。当 $V_{I1}<2/3Vcc$，$V_{I2}<1/3Vcc$时，比较器 C_1 输出高电平，比较器 C_2 输出低电平，基本 RS 触发器置 1，G_3 输出低电平，放电晶体管 TD 截止，555 定时器输出高电平。555 电路双列直插封装的俯视图如图 A.5.2 所示。

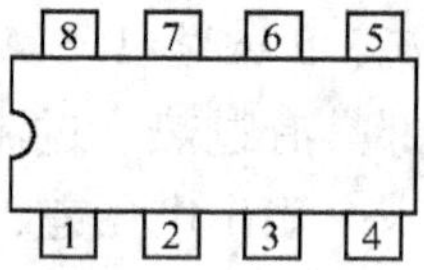

图 A.5.2　555 电路双列直插封装的俯视图

A.6　继电器 HF－49F

继电器是一种电控制器件，即当输入量（激励量）的变化达到规定要求时，在电气输出电路中使被控量发生预定的阶跃变化的一种电器。它具有控制系统（又称输入回路）和被控制系统（又称输出回路）之间的互动关系。通常应用于自动化的控制电路中，它实际上是一种用小电流去控制大电流运作的“自动开关”。故在电路中起着自动调节、安全保护和转换电路等作用。继电器有多种型号，HF－49 引脚如图 A.6.1 所示。对直流 5 V 驱动型，当直流 5 V 电压正极接入引脚 1，负极接入引脚 2 时，动合继电器 HF49F 的引脚 3、4 闭合，接通后续电路。

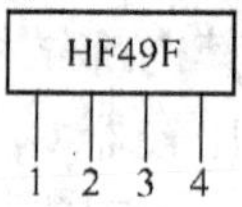

图 A.6.1　继电器 HF－49 引脚说明

A.7　光耦 LP521

光耦亦称光隔离器或光耦合器，简称光耦。它是以光为媒介来传输电信号的器件，通常把发光器（红外线发光二极管 LED）与受光器（光敏半导体管）封装在同一管壳内。当输入端加电信号时发光器发出光线，受光器接受光线之后就产生光电流，从输出端流出，从而实现了“电—光—电”转换。以光为媒介把输入端信号耦合到输出端的光电耦合器，由于其具有体积小、寿命长、无触点、抗干扰能力强、输出和输入之间绝缘以及单向传输信号等优点，在数字电路上获得广泛的应用。

光耦 TLP521 的内部结构简图如图 A.7.1 所示。当引脚 1－2 间输入 0 ~ 4 V 正电压时，信号耦合至引脚 4－3，电流由 4 引脚流入，3 引脚流出。

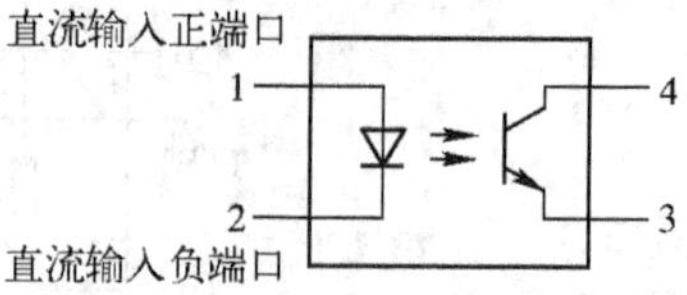

图 A.7.1　光耦 TLP521 内部结构简图

A.8　蜂鸣器

蜂鸣器是一种一体化结构的电子讯响器，采用直流电压供电，广泛应用于计算机、打印机、复印机、报警器、电子玩具、汽车电子设备、电话机以及定时器等电子产品中作发声器件。蜂鸣器主要分为压电式蜂鸣器和电磁式蜂鸣器两种类型。接线时一般长引脚为正，短引脚为负。

A.9 晶体管

晶体管，全称为半导体晶体管，也称双极型晶体管，是一种控制电流的半导体器件，其作用是把微弱信号放大成幅度值较大的电信号，也用作无触点开关。晶体管是半导体基本元器件之一，具有电流放大作用，是电子电路的核心元件。晶体管是在一块半导体基片上制作两个相距很近的PN结，两个PN结把整块半导体分成三部分，中间部分是基区，两侧部分是发射区和集电区，排列方式有PNP和NPN两种。

晶体管按材料分有两种：锗管和硅管。而每一种又有NPN和PNP两种结构形式，但使用最多的是硅NPN和锗PNP两种晶体管。下面以图A.9.1 NPN管为例说明其电流放大原理。

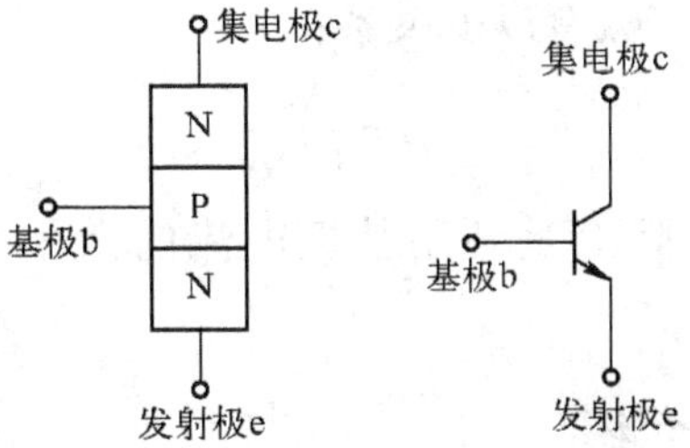

图A.9.1 NPN管结构及电路符号

对于图A.9.1中的NPN管，它由两块N型半导体中间夹着一块P型半导体所组成，发射区与基区之间形成的PN结称为发射结，而集电区与基区形成的PN结称为集电结，三条引线分别称为发射极e、基极b和集电极c。

当b点电位高于e点电位零点几伏时，发射结处于正偏状态，而c点电位高于b点电位几伏时，集电结处于反偏状态，集电极电源E_c要高于基极电源E_b。

在制造晶体管时，要有意使发射区的多数载流子浓度大于基区的，同时基区做得很薄，而且，要严格控制杂质含量，这样，一旦接通电源后，由于发射结正偏，发射区的多数载流子（电子）及基区的多数载流子（空穴）很容易地越过发射结互相向对方扩散，但因前者的浓度大于后者，所以通过发射结的电流基本上是电子流，这股电子流称为发射极电流。

由于基区很薄，加上集电结的反偏，注入基区的电子大部分越过集电结进入集电区而形成集电极电流I_c，只剩下很少（1%～10%）的电子在基区的空穴进行复合，被复合掉的基区空穴由基极电源E_b重新补给，从而形成了基极电流I_b。根据电流连续性原理得

$$I_e = I_b + I_c$$

即在基极补充一个很小的I_b，就可以在集电极上得到一个较大的I_c，这就是所谓电流放大作用，I_c与I_b维持一定的比例关系，即

$$\bar{\beta} = \frac{I_c}{I_b}$$

式中，$\bar{\beta}$为直流放大倍数。

集电极电流的变化量ΔI_c与基极电流的变化量ΔI_b之比为

$$\beta = \frac{\Delta I_c}{\Delta I_b}$$

式中，β 称为交流电流放大倍数。由于低频时 $\bar{\beta}$ 和 β 的数值相差不大，所以有时为了方便起见，对两者不作严格区分，β 值为几十至一百多。

$$\bar{\alpha} = \frac{I_c}{I_e}$$

式中，I_c 与 I_e 是直流通路中的电流；$\bar{\alpha}$ 也称为直流放大倍数，一般在共基极组态放大电路中使用，描述了射极电流与集电极电流的关系。

$$\alpha = \frac{\Delta I_c}{\Delta I_e}$$

表达式中的 α 为交流共基极电流放大倍数。同理，α 与 $\bar{\alpha}$ 在小信号输入时相差也不大。对于两个描述电流关系的放大倍数有以下关系：

$$\beta = \frac{\alpha}{1 - \alpha}$$

晶体管的电流放大作用实际上是利用基极电流的微小变化去控制集电极电流的巨大变化。

A.10　EIC－102B 面包板介绍

面包板是专为电子电路的无焊接实验设计制造的，又叫万用线路板或集成电路实验板。面包板采用工程塑料和优质高弹性的金属片制作而成，便于进行一些中小电路的实验和制作。

EIC－102B 面包板如图 A.10.1 所示。插座板中央有一凹槽，凹槽上下两边各有 65 列插孔，每列有 5 个小插孔，即 A、B、C、D、E 或 F、G、H、I、J，被一条金属片连在一起，因此插入同一列 5 个孔内的导线就被金属簧片连接在一起，这 5 个插孔彼此导通。不同列的插孔之间簧片彼此绝缘，不导通。这也就是通常所说的“纵通横不通”。插座上、下边缘各有两横排（＋、－）在电气上分别被金属簧片连接在一起的 50 个小插孔，分别作为电源与地线插孔用。因此，对上、下边上的横排来说，是“横通纵不通”，即标有“＋”或“－”标记的横排上的插孔彼此相连，相互导通，而“＋”和“－”标记的插孔之间簧片彼此绝缘，不导通。插孔间及簧片间的距离均与双列直插式（DIP）集成电路引脚的标准间距 2.54 mm相同，因而适于插入各种集成电路。

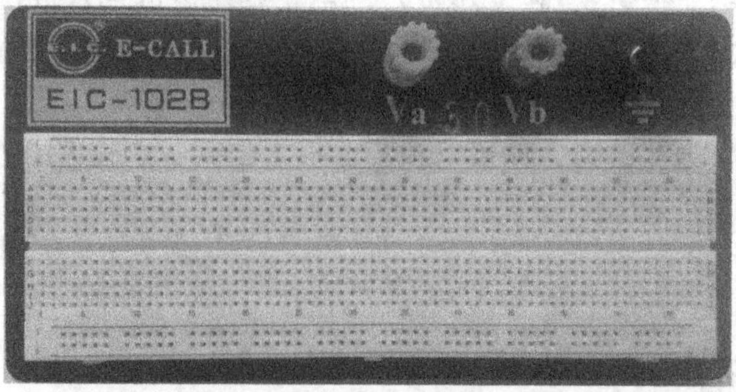

图 A.10.1　EIC－102B 面包板

各种电子元器件可根据需要随意插入插孔，免去了焊接，节省了电路的组装时间，也减少了导线数量，使得电路看起来简洁，所以非常适合学生实验使用。

附录 B 相关仪器介绍

B.1 YS1127 微波信号发生器

YS1127 微波信号发生器面板如图 B.1.1 所示，它工作于 0.5 ~4 GHz 频率范围，涵盖了 60 cm、22 cm、10 cm 及 5 cm 多个频段简易合成源。其准确度和稳定度高于在此类频段通常采用的微波晶体管振荡器或速调管类型及体效应管（砷化镓）腔体系列的微波信号发生器，适用于实验室及生产车间条件下作为微波工程设备的信号源。

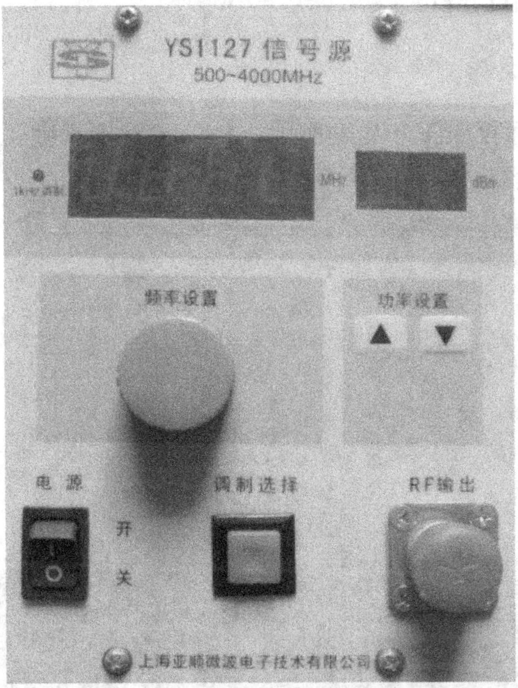

图 B.1.1 YS1127 微波信号发生器

频率范围：500 ~ 4000 MHz（最小步进 1 MHz）。

输出功率：$P_o \geqslant 10$ dBm。

调制选择：CW（等幅波）或 1 kHz ± 2 Hz（内方波调制）。

输出端驻波：≤1.25。

工作环境要求：仪器可连续工作 8 小时（ - 10 ~ + 40℃ 环境下）。

电源电压：220 V ± 10%，50 Hz ± 5%。

消耗功率：≤50 V · A。

端输出形式：L16 - 50 K。

使用方法：

1）按下电源开关，仪器上电后，LED 显示窗先显示“1127”数秒，然后显示上次调节的保留信息：频率、增益和工作状态（等幅或方波）。

2）“频率设置”旋钮用来改变频率，压按该旋钮可改变调节频率的设置单位，例如 1 MHz、10 MHz 和 100 MHz，同时数字单位的发光二极管随选择的单位变化，使用者可方便快捷地调节到所需频率。

3）“功率设置”按压↑↓键，可调节 RF 输出的功率，有 −15 dB ~ 10 dB 的调节范围。

4）“调制选择”是用来选择“方波”或“等幅”的按钮。等幅状态下无指示，待按动此键，则面板上的“1 kHz 调制”的小灯亮。再按一下，回复到等幅。切换功能十分方便。

注意事项：

1）本仪器一般在开机后就能正常工作，如要精密测试，预热时间为 30 min。

2）由于仪器的工作模式，切勿长时间空载开机，为保证仪器正常工作及延长使用寿命，在输出端接上负载后再开机。

B.2 YS3892 选频放大器

YS3892 选频放大器面板如图 B.2.1 所示，是一种能检测微弱信号的精密测量放大器。它与信号源和测量线配套使用，是微波测量系统中不可或缺的设备。

图 B.2.1 YS3892 选频放大器

工作频率：1000 Hz。

灵敏度：电表满偏转情况下，不低于 0.5 μV。

表头刻度：刻度 0 ~ 1000 mV，作为刻度 0 ~ 1000 mV 的指示器。

分贝 0 ~ 10 dB，作为刻度 0 ~ 10 dB（分贝）的衰减指示器。

驻波比 1 ~ 4，3.2 ~ 10，作为刻度 1 ~ 4，3.2 ~ 10 的驻波比指示器。

放大器量程：0 ~ 60 dB，每 10 dB ±0.5 dB 步进。

电源：交流电 220 V，50 Hz，10 W。

环境温度：0 ~ 40℃。

使用方法：

1）将被测信号输入连接器，连接器为 BNC 形式。

2）接通电源，根据信号的强弱适当选择“放大选择（dB）”开关的位置，0 dB 档可输入的信号幅度为最大。

3）调节“增益”旋钮，控制信号放大量的大小。该控制旋钮可在 0 ~ 5 dB 范围内连续调节。顺时针调节时，增益放大，逆时针调节时，增益降低。

4）调节“调谐”旋钮。当仪器接收到输入信号后，调节该调谐旋钮，可使仪器获得最大的灵敏度，即将输入信号的频率和仪器的选通频率调谐到最佳状态。调节时可以观察表头上表针的位置来判断，判断的依据是使表针指示到当时的最大值。

注意事项：

1）YS3892 选频放大器上的放大选择旋钮的 dB 数与电压放大倍数关系为

dB 数	0	10	20	30	40	50	60
电压放大倍数	1	3.16	10	31.6	100	316	1000

2）放大选择开关的位置最好不要选择在 50 dB 和 60 dB 位置上，因为在刚开始工作时，由于对被测信号的幅度不够了解，容易因被测信号过大使表头损伤。

3）增益控制旋钮尽可能放在中间位置。

4）频率调谐旋钮也尽可能放在中间位置。

5）通电后，预热 15 ~ 30 min 后再进行测试，测量结果更为准确。

附录 C　PSpice 9 工程软件使用介绍

C.1　PSpice 9 功能简介

（1）功能模块

PSpice 是面向电子线路和集成电路的仿真软件，通常包括 6 个基本功能模块：

1）电路原理图编辑程序 Capture。

2）激励源编辑程序 Stimulus Editor。

3）电路仿真程序 PSpice A/D。

4）曲线输出程序 Probe。

5）模型参数提取程序 Model Editor。

6）元器件模型参数库 LIB。

（2）元器件

PSpice 可直接输入的元器件有：

1）线性电路元件。

2）非线性受控源。

3）二极管、晶体管、MOS 晶体管等半导体器件。

4）晶闸管、电力晶体管、功率 MOS 管等功率器件。

5）运算放大器。

6）数字集成电路。

7）用于电子测量、控制等的常见集成芯片。

8）磁心、传输线及开关等。

利用以上类型的元器件和 PSpice 的子电路输入功能，PSpice 能够分析所有的集总参数电路。

（3）基本分析功能

PSpice 基本的分析功能有：

1）工作点分析（Basic Point）。除能够给出工作点处各电压、电流和电路的功耗外，还可进行工作点处的灵敏度分析和小信号直流增益分析。

2）瞬态分析或称时域分析（Time Domain Transient）。在瞬态分析完成后，也可以进行傅里叶分析，给出周期信号的前 9 次谐波分量和总谐波失真。

3）直流扫描分析（DC Sweep）。直流扫描分析相当于作多次工作点分析，当电路中某一参数在一定范围内变化时，对自变量的每一个取值，计算电路的直流偏置特性，给出输出与输入之间的对应关系。

4）正弦小信号分析（AC Sweep）。该项分析将电路在工作点处线性化，可给出电路的频响特性。在此分析中，PSpice 也可做噪声分析。

另外，PSpice 的数据后处理程序 Probe 就像一台功能强大的示波器，能根据计算数据绘制出相应的曲线。还可以对输出数据进行多种运算和分析。

C.2 运行要求

1）CPU 为 Intel 90 MHz Pentium 或等效的 CPU 芯片。

2）内存至少为 64 MB。

3）显示器分辨率至少为 800 × 600，最好为 1024 × 768。

4）硬盘空间为 250 MB。

C.3 PSpice 9 电路仿真过程

1）调用电路原理图编辑程序 Capture，完成电路原理图的绘制。

2）设置电路特性分析。

3）启动运行按钮“Run”仿真计算。

4）调用数据后处理程序 Probe，输出计算结果。

具体上机过程：

（1）绘制电路原理图

单击“桌面”→“程序”→“OrCAD”→“Capture CIS”→“File”→“New”→

"Project"，在弹出的图 C. 3. 1 对话框中输入工程文件名、选择数模混合分析及给定文件的存盘位置。

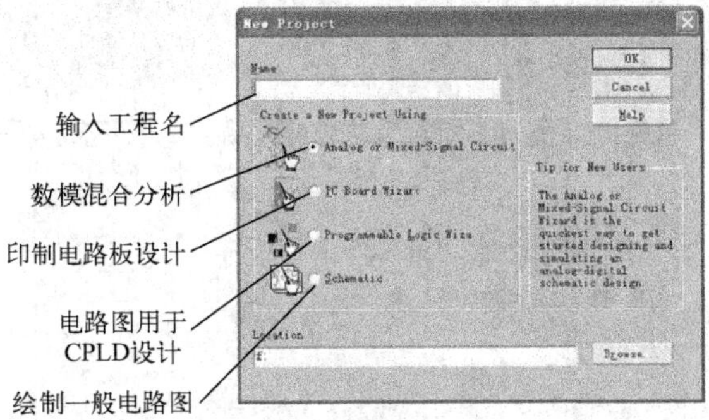

图 C. 3. 1　新建工程名

确定后，在弹出的图 C. 3. 2 对话框中选择需添加的元器件库。

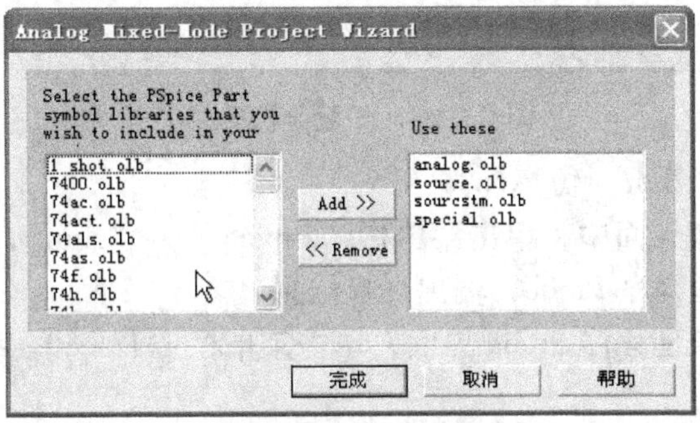

图 C. 3. 2　添加元器件库

单击"完成"后，在弹出的图 C. 3. 3 绘图工作界面中，绘制原理图。在图 C. 3. 3 右边的工具栏中，单击第二个图标，如图中标注所示，选取元器件。元器件名可用首字母表示。

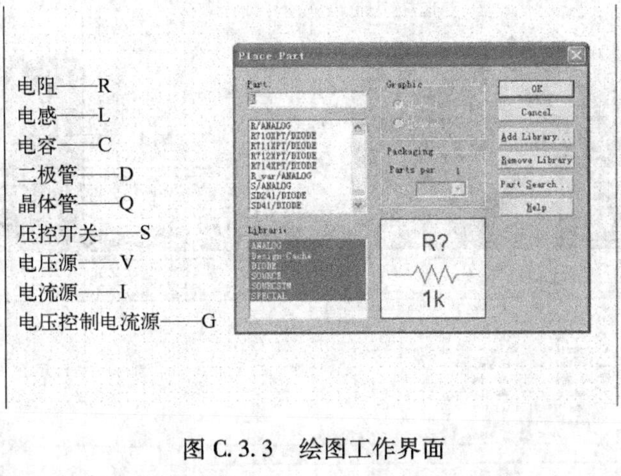

图 C. 3. 3　绘图工作界面

（2）设置电路特性分析

在图 C. 3. 3 绘图工作界面中，单击菜单栏 “Pspice” → “New Simulation Profile” →输入分析类型文件名，在弹出的图 C. 3. 4 对话框中设置分析类型。

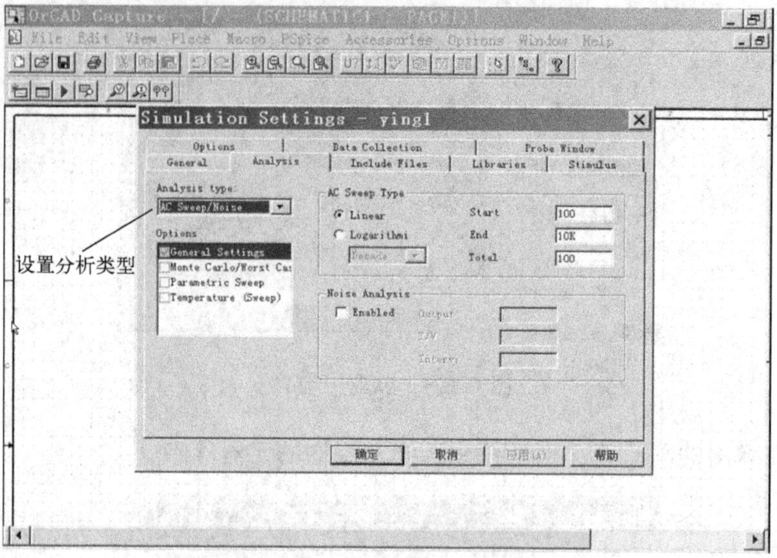

图 C. 3. 4 设置分析类型

（3）启动运行按钮 “Run” 仿真计算

在图 C. 3. 3 绘图工作界面中，单击菜单栏 “Pspice” → “Run”，开始仿真计算。

（4）调用数据后处理程序 Probe，输出计算结果

在图 C. 3. 5 数据后处理程序 Probe 界面，单击菜单栏 “Trace” → “Add Trace”，查看输出结果。

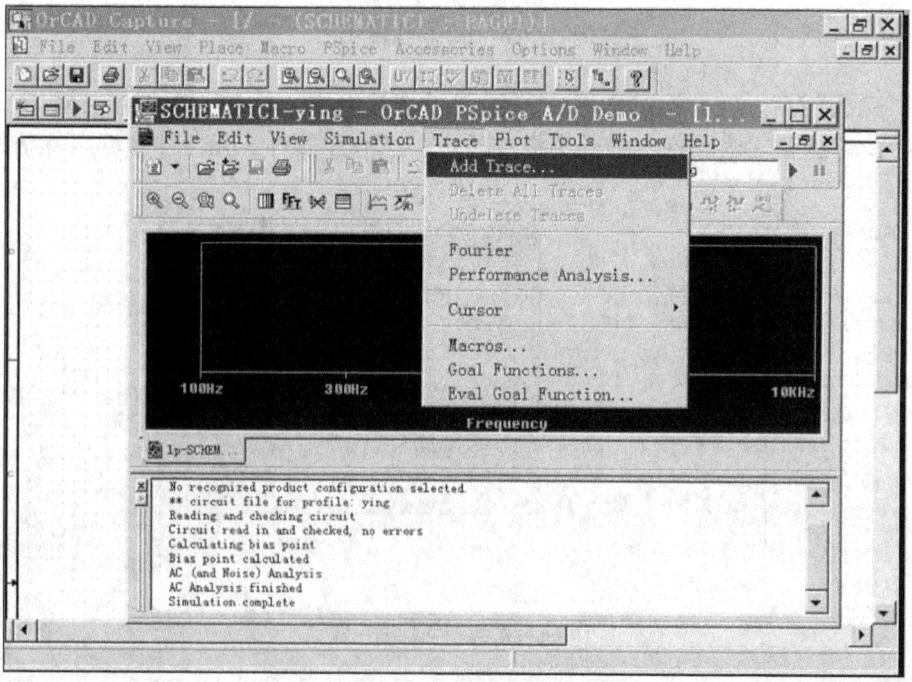

图 C. 3. 5 查看输出结果

附录 D　基于 NI myDAQ 可开展的研究项目

1. 数码听诊器。
2. 温控杯。
3. 打地鼠游戏。
4. 手势控制器。
5. 音乐喷泉。
6. 钢琴楼梯。
7. 电源稳压系统。
8. 电子琴。
9. 手势控制的特雷门琴。
10. 函数信号发生器的设计。
11. 示波器的设计。
12. 温控报警系统。
13. 音频信号采集、滤波和输出。
14. 交通信号灯的控制。
15. 追光器的设计。

参 考 文 献

[1] 赵录怀．电路与电磁场实验［M］．北京：高等教育出版社，2001.

[2] 罗先觉，邱关源．电路［M］．5 版．北京：高等教育出版社，2006.

[3] 黄大刚，刘毅平，朱连津．电路基础实验［M］．北京：高等教育出版社，2008.

[4] 王勤，余定鑫，等．电路实验与实践［M］．北京：高等教育出版社，2013.

[5] 李彩萍，郭爱莲．电路原理实践教程［M］．北京：高等教育出版社，2008.

[6] 姚缨英．电路实验教程［M］．北京：高等教育出版社，2006.

[7] 汪建．电路实验［M］．武汉：华中科技大学出版社，2004.

[8] Fawwaz T Ulaby，Michel M Maharbiz. NI myDAQ and Multisim Problems for Circuits［M］. Austin：National Technology and Science Press，2011.

[9] NI myDAQ 用户指南．

[10] Barry Paton. 电子学教育平台实验教程 NI ELVISⅡ，Multisim，LabviewTM. 达尔豪斯大学．

[11] 梁青，侯传教，熊伟，等．Multisim 11 电路仿真与实践［M］．北京：清华大学出版社，2012.

[12] 黄智伟，等．基于 NI Multisim 的电子电路计算机仿真设计与分析［M］．修订版．北京：电子工业出版社，2011.

[13] 张新喜，等．Multisim10 电路仿真及应用［M］．北京：机械工业出版社，2011.

[14] 雷跃，等．Multisim11 电路仿真应用［M］．北京：电子工业出版社，2011.

[15] 王冠华．Multisim11 电路设计及应用［M］．北京：国防工业出版社，2010.

[16] NI LabVIEW 入门指南．National Instruments Corporation，2010.

[17] 郑对元，等．精通 Labview 虚拟仪器程序设计［M］．北京：清华大学出版社，2012.

[18] Jeffrey Travis，Jim Kring. LabVIEW 大学实用教程．［M］．乔瑞萍，等译．3 版．北京：电子工业出版社，2010.

[19] 贾新章，等．OrCAD/PSpice 9 实用教程［M］．西安：西安电子科技大学出版社，1999.

[20] 高文焕，汪惠编．模拟电路的计算机分析与设计——PSpice 程序应用［M］．北京：清华大学出版社，1999.

[21] 贾新章，郝跃编．电子线路 CAD 技术与应用软件［M］．西安：西安电子科技大学出版社，1993.

[22] 唐赣，吴翔，苏建峰．Multisim 10& Ultiboard 10 原理图仿真与 PCB 设计［M］．北京：电子工业出版社，2008.

[23] 刘耀年，蔡国伟．电路实验与仿真［M］．北京：中国电力出版社，2006.

[24] 党宏社．电路、电子技术实验与电子实训［M］．2 版．北京：电子工业出版社，2006.

[25] 远坂俊昭．测量电子电路设计——滤波器篇［M］．彭军译．北京：科学出版社，2006.

[26] 杨拴科．模拟电子技术基础［M］．北京：高等教育出版社，2010.

[27] 段手敏．变压器的受控源电路模型［J］．太原科技，1999，5：26－27.

[28] 王淑仙等．电路基础实验［M］．北京：机械工业出版社，2013.